Pflanzengeographisches Hilfsbuch

Zugleich ein botanischer Führer
durch die Landschaft

Von

Dr. August Ginzberger

a. o. Professor der Pflanzengeographie
an der Universität Wien

Unter Mitwirkung von

Dr. Josef Stadlmann

Wien

Mit 77 Textabbildungen

Wien
Verlag von Julius Springer
1939

ISBN-13: 978-3-7091-5234-8   e-ISBN-13: 978-3-7091-5382-6
DOI: 10.1007/978-3-7091-5382-6

Vorwort.

Das „Pflanzengeographische Hilfsbuch“, das ich hiermit der Öffentlichkeit vorlege, ist, soviel ich weiß und man mir von geographischer Seite bestätigt, eine Neuheit. Es möge daher als ein Versuch beurteilt werden, allen Interessierten eine Zusammenfassung aller derjenigen die Pflanzen, ihr Aussehen, ihren Aufbau, manche von ihren Lebenserscheinungen, sowie ihr Zusammenvorkommen und ihre Verbreitung betreffenden Tatsachen an die Hand zu geben, die ihnen helfen, zunächst als Lernende die Landschaft und ihr Zustandekommen, soweit dies von den Pflanzen abhängt, zu verstehen. Der Rahmen dessen, was an Pflanzen und ihren Lebensäußerungen in der Landschaft unmittelbar in die Erscheinung tritt, was daselbst für den sie Durchwandernden ohne besondere Hilfsmittel sichtbar, hörbar, riechbar ist, wird in diesem Buche allerdings in doppelter Hinsicht überschritten: Es werden erstens eine Anzahl grundlegend wichtiger Tatsachen angeführt, die, ohne selbst landschaftsgestaltend zu sein, es erst ermöglichen, die oben erwähnten, für die Landschaftsbildung unmittelbar maßgebenden Erscheinungen zu verstehen, wobei ich, wenn es mir für den angestrebten Gesamtzweck wichtig genug erschien, auch davor nicht zurückgeschreckt bin, über Bildungen von mikroskopischen Ausmaßen (z. B. Zellen und deren Inhalt) oder im Innern der Pflanzen sich abspielende Vorgänge (Ernährung, Wasserleitung, Stoffwechsel) das Allernötigste zu sagen. Zweitens aber mußte der Umstand berücksichtigt werden, daß in weiten Gebieten der Erdoberfläche, vor allem in den dichter bevölkerten „Kultur“-Ländern längst nicht mehr die ursprüngliche, natürliche Pflanzenwelt ihre ehedem maßgebende Rolle in der Landschaft spielt, sondern diesbezüglich einerseits von oft massenhaft angebauten Nutzpflanzen durchsetzt oder abgelöst worden ist, daß aber anderseits in derlei Ländern die Landschaft mehr oder weniger stark besetzt ist von einzeln oder in Gruppen angeordneten „mächtigen Gestalten“, von Schöpfungen der Technik, deren Werkstoff der Pflanzenwelt entstammt oder ohne Absicht des Erbauers durch Pflanzen mannigfach verändert wird; sie bieten mancherlei Erscheinungen dar, die von der Siedlungskunde, der Kunstwissenschaft usw. wenig beachtet werden, aber landschaftlich keineswegs bedeutungslos sind (Verfärbung von Holzgebäuden und Zäunen, Pflanzenwuchs auf Dächern und Mauern usw.).

Aus dem Gesagten, das als Programm dieses Buches angesehen werden mag, möge mit aller Deutlichkeit entnommen werden, daß es mir ganz und gar nicht darum zu tun war, ein pflanzengeographisches Kompendium für Geographen zu schreiben. Solche Darstellungen gibt es in bester Qualität genug, jedes neuere Handbuch der physischen Geographie enthält eine solche.

Wenn trotzdem der erste Teil von den Grundtatsachen, Aufgaben und Richtungen der Pflanzengeographie handelt, so scheint mir das kein Widerspruch zu sein; ich glaubte, von der geographischen Betrachtungsweise der Pflanzenwelt ausgehend, diejenigen Begriffe entwickeln zu müssen, die für die weiterhin folgenden, weniger pflanzengeographischen als botanischen Abschnitte, namentlich für die Darstellung der Vegetationsformen, die auch die Anleitung zum Beobachten enthält, richtunggebend waren.

Für die Gruppierung der Vegetationsformen (Wuchsformen) war mir in erster Linie maßgebend, daß nicht nur der lernende, sondern auch der forschende Geograph mit dieser Übersicht insofern etwas anfangen kann, als er imstande sein soll, Pflanzen, die ihm bei seinen Begehungen und Reisen begegnen, bezüglich der Vegetationsform zu erkennen, zu „bestimmen".

Diese Anwendung der „Übersicht der Vegetationsformen" im Gelände wird nur möglich sein, wenn für deren Charakteristik in erster Linie das Gesamtaussehen (Habitus) maßgebend ist, wenn also diese Übersicht keine ökologische, sondern in erster Linie eine physiognomische ist. Ich habe in diesem Teile meines Buches auch die Gelegenheit benutzt, an geeigneten Stellen allerhand Wissenswertes über einzelne Pflanzen oder Pflanzengruppen zu erwähnen und Richtigstellungen verbreiteter Meinungen zu bringen — all dies in Kleindruck oder in Anmerkungen. Man wird darunter mancherlei recht „alltägliche" oder „gewöhnliche" Dinge finden, die gleichwohl der Beachtung, ja bisweilen eingehender oder neuerlicher Untersuchung wert sein dürften. — Die Verteilung der einzelnen Wuchsformen auf die Sippen sowie ihre Verbreitung auf der Erdoberfläche und ihr Vorkommen in den Pflanzengesellschaften wird stets erwähnt. Um die Beziehungen der in dem Buche erwähnten Pflanzengattungen und -arten zu den größeren Gruppen des Systems, von denen viele auch so manchem Nichtbotaniker geläufig sind, kenntlich zu machen, wurde im Abschnitt D eine Übersicht gebracht, in der die im Text erwähnten Farn- und Blütenpflanzen genannt werden.

Die Abbildungen sollten vor allem helfen, das Charakteristische des Habitus der Vegetationsformen zur Darstellung zu bringen; Abbildungen von morphologischen und anatomischen Einzelheiten, die ohnehin in jedem Lehrbuch für höhere Schulen zu finden sind, wurden nur in Ausnahmsfällen gebracht.

Daß man ein Buch wie das vorliegende mit seinem vielfältigen Inhalt, nicht ganz ohne Mitarbeit anderer verfassen kann, ist klar. Unter den Geographen sei zunächst ROBERT GRADMANN (Erlangen-Tübingen) genannt, der auch Botaniker ist und dessen kleiner Arbeit „Pflanzen und Tiere im Lehrgebäude der Geographie" (Berlin: E. S. Mittler & Sohn, 1919) ich einen guten Teil der Anregung zu vorliegendem Buche verdanke; mit HUGO HASSINGER (Wien) sprach ich den Aufbau des Buches durch, und ihm verdanke ich mancherlei Anregungen und Ratschläge, sowie auch dem verstorbenen NORBERT LICHTENECKER und in früheren Zeiten OTTO LEHMANN (jetzt Zürich). Meinen engeren Fachgenossen bin ich für vielerlei Mitteilungen und für die Durchsicht von Teilen des Manuskriptes zu besonderem Dank verpflichtet, so: L. GEITLER, H. GLÜCK, H. HANDEL-MAZZETTI, K. HÖFLER, K. HUECK, E. JANCHEN, K. KEISSLER, J. KISSER, H. NEUMAYER, O. PORSCH, K. RONNIGER, F. ROSENKRANZ, J. SCHILLER, C. TROLL.

Meinen ehemaligen Schülern M. ONNO und G. WENDELBERGER verdanke ich mancherlei Hilfe durch Beschaffung von Literatur; letzterer half bei Anlegung der systematischen Übersicht (Abschnitt D). — Meine Frau AGATHE half beim Niederschreiben großer Teile des Manuskriptes. Viele der als „Original" bezeichneten Abbildungen sind nach photographischen Aufnahmen von ihr in Brasilien angefertigt. — Ganz besonderen Dank bin ich meinem Fachkollegen und langjährigen Freund JOSEF STADLMANN schuldig. Mein Gesundheitszustand war besonders in der letzten Zeit wenig zufriedenstellend, und er half mir in wahrhaft aufopfernder Weise bei den inhaltlichen und formellen Abschlußarbeiten dieses Buches, das mich schon seit Jahren beschäftigt hatte. — Dem Verlag Julius Springer danke ich für manches Entgegenkommen und die gute Ausstattung des Buches.

Der hier gebotene Versuch, „die Botanik für den Geographen zu sehen und darzustellen", wird — so hoffe ich — nicht nur Interessenten dieser Wissenschaftsgruppe vorliegen, sondern auch meinen Fachgenossen. Darin lag für mich natürlich eine Schwierigkeit. Für erstere hoffe ich eine Auswahl getroffen zu haben, die ihnen auch manch neuen Aufschluß bringt und sich nicht zu sehr in Einzelheiten verliert, letztere bitte ich nochmals, zu bedenken, daß viele botanisch hochwichtige Tatsachen dem Landschaftsforscher ganz fern liegen. Wohlmeinender, auch stofflicher Kritik und Verbesserungsvorschlägen sehe ich von jeder Seite gerne entgegen.

Wien, im Mai 1939.

AUGUST GINZBERGER.

Inhaltsverzeichnis.

Inhaltsverzeichnis. VII

A. Einführung in die Grundbegriffe der Pflanzengeographie.

Die Pflanzendecke als eines der wichtigsten Elemente der Landschaft.

Als eigentliche Aufgabe der Geographie gilt die anschauliche Beschreibung der Landschaft in den verschiedenen Teilen der Erdoberfläche und die Erklärung ihres Zustandekommens, d. h. es sind die einzelnen Elemente der Landschaft aufzuzeigen und darzulegen, welchen qualitativen und quantitativen Anteil jedes dieser Elemente daran hat und wie sie miteinander verknüpft sind.

Daß die Pflanzenwelt ein sehr wichtiges Landschaftselement ist, bedarf kaum einer ausführlichen Darlegung, denn eine mehr oder minder dichtgewebte „Pflanzendecke“, ein „Pflanzenkleid“ überzieht den größten Teil der Landoberfläche der Erde, und selbst denjenigen Gegenden, in denen es sehr lückenhaft ist oder streckenweise ganz fehlt, verleiht gerade dieser Mangel jenes charakteristische Merkmal, das eben für eine „Wüste“ bezeichnend ist. Schon vor mehr als hundert Jahren hat ALEXANDER VON HUMBOLDT in seiner 1806 erschienenen grundlegenden Schrift „Ideen zu einer Physiognomik der Gewächse“ der Überzeugung von der vorherrschenden Wichtigkeit der Pflanzen für das Zustandekommen der Landschaft in folgendem Satze Ausdruck gegeben: „Wenn auch der Charakter verschiedener Weltgegenden von allen äußeren Erscheinungen zugleich abhängt, wenn Umriß der Gebirge, Physiognomie der Pflanzen und Tiere, wenn Himmelsbläue, Wolkengestalt und Durchsichtigkeit des Luftkreises den Totaleindruck bewirken, so ist doch nicht zu leugnen, daß das Hauptbestimmende dieses Eindrucks die Pflanzendecke ist.“

In diesem klassischen Satze des Altmeisters der Pflanzengeographie[1] kommt freilich nur der Einfluß zum Ausdruck, den die Pflanzenwelt auf das Zustandekommen des Aussehens der Landschaft hat; es ist aber nicht zu übersehen, daß auch Töne und Düfte, die von Pflanzen aus-

---

[1] Ähnlich äußert sich auch ein anderer „Vater“ der Pflanzengeographie (und Pflanzensoziologie), ANTON KERNER VON MARILAUN in seinem klassischen Buch „Das Pflanzenleben der Donauländer“ (S. 3), das 1864 erschienen und 1929 von F. VIERHAPPER neu herausgegeben worden ist.

gehen, von Bedeutung für die Landschaft sein können; so das je nach der Zusammensetzung verschiedenartige Rauschen der Wälder, das Lispeln des Schilfs, der Duft, den manche Pflanzen unserer Wiesen — frisch und als Heu — ausströmen, oder den das Harz unserer Nadelhölzer und die ätherischen Öle der Blätter vieler Pflanzen der Mittelmeerländer und anderer warmer Gegenden verbreiten, wenn sie von der Sonne beschienen werden.[1]

Es mag gleich hier die bekannte Tatsache hervorgehoben werden, daß für die Farbe der Landschaft, soweit sie durch die Pflanzenwelt bedingt wird, in erster Linie deren Blätter maßgebend sind und daß daher eine einigermaßen im Naturzustande verbliebene Gegend mit nicht zu schütter stehenden Pflanzen wenigstens während der Vegetation, also außerhalb der Ruhezeiten, weitaus überwiegend verschiedene Abstufungen von Grün zeigt. In weiten Gebieten herrscht diese Farbe das ganze Jahr, so in allen immergrünen Waldgebieten, während in sommergrünen Laubgehölzen die Färbung des Herbstlaubes zeitweise die Landschaft beherrscht und besonders bunt erscheinen läßt, wenn, wie im nordöstlichen Nordamerika, zahlreiche Holzarten den Wald zusammensetzen. Aber auch im Walde sind die Blüten zeitweise von Einfluß auf die Farbe der Landschaft. Weiß leuchten einzelne wilde Kirschbäume aus dem jungen Grün unserer Laubwälder und in die meist einförmig sattgrünen Laubmassen der tropischen Regenwälder schalten einzelne blühende Bäume bunte Flecken ein. In Trockengebieten mit warmer Ruheperiode, in der die Holzgewächse blattlos, die Blätter der krautigen Pflanzen verdorrt sind, blühen viele Pflanzen während der Trockenzeit, und das gelbe oder braungelbe Gesamtbild des kahlen Geländes erhält dadurch eine freundliche Note.

Halbwüsten verwandeln sich, wenn einer der seltenen Regen die wenig auffallenden, zum Teil nur als Samen die Dürre überdauernden, kleinen Pflanzen zu raschem Blühen bringt, für kurze Zeit in wahre Blumengärten. Daß unsere Wiesen, namentlich wenn es sogenannte Naturwiesen sind, recht bunt sein können, ist bekannt; dabei wiegen oft zu verschiedenen Zeiten des

---

[1] Von Napoleon wird gesagt, daß er, in der Verbannung des Duftes der Gebüsche seiner Heimat gedenkend, zu sagen pflegte: „Les yeux fermées à l'odeur seul je reconnaîtrai la Corse!". — Zur Berühmtheit hat ein 1906 erschienenes Tierbuch C. G. Schillings „Der Zauber des Elelescho" diesem zu den Korbblütlern [108] gehörigen Strauch oder kleinen Baum (bis 5 m hoch) verholfen. Er hat ölbaumähnliche, trübgrüne, unterseits hellfilzige Blätter und wächst im Hochwald und im Gebirgsbuschwald, in Ostafrika von Abessinien (und Arabien) bis Südafrika. Wo er in Menge vorkommt, teilt sich sein „starker würziger" Duft der ganzen Landschaft mit. — Aber auch in kühlerem Klima kann man bei warmem Wetter Ähnliches beobachten, wenn Bestände einer stark duftenden Pflanze von der Sonne beschienen werden, so auf den „Speikböden" unserer Alpen. (Echter Speik, [103]).

Jahres verschiedene Farben vor, so vor dem ersten Schnitt Gelb und Blau, zwischen erstem und zweitem Weiß.[1] — Selten beherrscht eine Blütenfarbe die Landschaft vollkommen: so ist in vielen Gegenden Nordwesteuropas im Spätsommer das Lila der Blüte des „Heidekrautes" [83] über das ganze Land gegossen und verdeckt nicht nur die Farbe der Blätter dieser Pflanze, sondern es tauchen aus dem Meer des Lilas auch nur einzelne Baumgruppen als grüne Inseln auf.

Auch massenhaft gebaute Kulturpflanzen können zur Blütezeit die Farbe der Landschaft stark beeinflussen: purpurne Klee- und Esparsette- [51], leuchtend hochgelbe, übrigens resedaartig duftende Lupinen- [51] und Raps- [38], hellblaue Leinäcker [66], blaßrosa oder weiße Buchweizenfelder [22], die bunten Tulpen- und Hyazinthenbeete [113] Hollands, die Blumenkulturen der Riviera einerseits, unsere Obstgärten anderseits sind gute Beispiele dafür.

Nicht nur die Farbe, sondern auch die Gestalt, der Wuchs oder Habitus der einzelnen Pflanzen ist von größter Bedeutung für die Gestaltung der Landschaft, ebenso die Größe (Hoch-, Mittel-, Nieder-, Zwergwuchs).[2]

Grundtatsachen und Aufgaben der Pflanzengeographie (Geobotanik).

Pflanzengesellschaften, Pflanzensoziologie.

Jede Reise, ja jeder Spaziergang ins Freie läßt einen einigermaßen aufmerksamen Beobachter einige wichtige Tatsachen betreffend die Pflanzendecke erkennen. Erstens läßt sich leicht feststellen, und ist schon lange, bevor es eine wissenschaftliche Botanik gegeben hat, erkannt worden, daß nicht überall auf der Erdoberfläche dieselben Pflanzenarten wachsen, und zwar gilt dies nicht nur für weit voneinander entfernte Gebiete, sondern auch für Örtlichkeiten, die nahe beieinander liegen, aber in ihrer Beschaffenheit, z. B. Licht und Schatten oder Feuchtigkeit des Bodens, voneinander verschieden sind.

Überall auf der Erdoberfläche hängt die Pflanzenwelt zunächst vom Klima ab, und zwar in ihren großen Zügen vom „Großklima", und wir werden später noch sehen, daß, so wie die Hauptgebiete desselben sich als

---

[1] Manchmal beherrscht eine auffallende Blütenfarbe das Aussehen einer Wiese, und zwar nur zu einer bestimmten Jahreszeit, z. B. die der leuchtend gelben Sumpf-Dotterblume [31] im Frühjahr an sumpfigen Stellen, Graben- und Teichrändern.

[2] So beobachtete ich am 30. Juni 1938 bei trockenem, warmem Wetter auf einer Fahrt von Wien über Linz a. D. ins westliche Mühlviertel (zirka 200 bis 500 m) durch Bauernland mit meist kleinen Grundstücken, wie der verschiedene Zustand der Aberntung und Entwicklung der Kulturpflanzen der ganzen Landschaft ein fast scheckiges Aussehen verlieh: Die Wiesen waren gemäht, das Heu in Schobern, das Kleeheu an Stangen („Hiefel" in Österreich) zu schmalen, schwarzbraunen Schobern gehäuft. Korn reif, die hohen Halme und übergeneigten Ähren fahlgelb. Weizen von oben gesehen noch grün, Halme aufrecht, niedriger als Korn, Ähren dicker, unterer Teil, von der Seite gesehen, infolge der Farbe der Blätter fahlgelb. Gerste niedrig, gelblichgrün, mit schlanken, langgrannigen Ähren. Hafer sehr niedrig, graugrün, Rispen noch wenig auffallend. Kartoffel reichlich blühend.

Gürtel oder Zonen um den Erdball und an den Hängen der Gebirge hinziehen, dies im großen mit den Hauptverbreitungsgebieten der Pflanzen der
Fall ist. Im einzelnen bringt das „Kleinklima" und die Beschaffenheit
des Bodens Mannigfaltigkeit in das vom Großklima geschaffene Bild,
so daß Klima und Boden als die Hauptbedingungen der Verbreitung
der Pflanzen erscheinen. Letztere sind bis in Einzelheiten „Anzeiger"
oder „Indikatoren" (s. S. 19) von Klima und Boden, sie sind der sichtbar gewordene Ausdruck dieser Bedingungen und ihrer Bestandteile
und drücken deren Qualität, Quantität und Zusammenwirken nicht nur
in jedem einzelnen Zeitpunkt, sondern auch durch die Jahreszeiten und
verschiedenen Jahre genauer und sinnfälliger aus als lange Reihen
von Zahlen.

Schon seit der Mitte des 18. Jahrhunderts hat man (durch KARL VON
LINNÉ angeregt) zunächst in Finnland begonnen, an weitverbreiteten und
leicht kenntlichen Pflanzen, namentlich Holzgewächsen, das Datum des Ein-
trittes gewisser periodischer Erscheinungen, wie Beginn der Belaubung, Entfaltung der Blüten, Laubverfärbung und Laubfall, zu beobachten, und konnte,
indem man dies durch eine Reihe von Jahren fortsetzte, ein mittleres Datum
für den Eintritt einer jeden dieser Erscheinungen finden; diese Forschungs-
richtung, die sich naturgemäß vornehmlich in der nördlich gemäßigten Zone
entwickelt hat, heißt Phänologie (Erscheinungslehre). Ihre größte wissenschaftliche Bedeutung besteht darin, daß sie es ermöglicht, das Gesamtklima
oder die Jahreszeiten verschiedener Orte und Gebiete mittels des Entwick-
lungsganges der Pflanzen miteinander zu vergleichen. Durch phänologische
Beobachtungen wird z. B. ungemein anschaulich dargestellt, daß der Einzug
des Frühlings, beurteilt nach dem Aufblühen von 13 Obstbäumen und Zier-
gehölzen, in der oberrheinischen Tiefebene zwischen 22. und 28. April, in
Memel zwischen 20. und 26. Mai, also einen Monat später stattfindet.

Es wird noch davon die Rede sein, daß man die ganze Pflanzenwelt der Erde oder die eines Gebietes unter zwei verschiedenen Reihen
von Gesichtspunkten betrachten kann und daß man im einen Fall von
Vegetation, im anderen von Flora spricht. Es ist ohne Erörterung
dieser Gesichtspunkte kaum möglich, eine Definition dieser beiden Begriffe zu geben, und so mag für jetzt nur darauf hingewiesen werden, daß
die Betrachtung der Pflanzenwelt als Vegetation für den Geographen
eine große, als Flora dagegen nur eine geringe Bedeutung hat.

Eine zweite, unschwer festzustellende Tatsache, die Pflanzendecke
betreffend, ist, daß die verschiedenen Pflanzenarten nicht regellos durch-
einanderwachsen, sondern daß sie „Gesellschaften" oder „Vereine"
bilden, die aus ganz bestimmten Pflanzenarten zusammengesetzt sind.
Auch das haben die Menschen lange vor einer wissenschaftlichen Untersuchung des Gegenstandes erkannt, und wenn die Sprache des gewöhnlichen Lebens von Wald-, Wiesen-, Sumpfpflanzen spricht, so will sie
damit sagen, daß eben für jede dieser Pflanzengesellschaften (Wald,
Wiese, Sumpf) bestimmte Arten bezeichnend sind.

Die Erforschung der Verbreitung der einzelnen Pflanzenarten auf der Erdoberfläche sowie der Zusammensetzung und Verbreitung der Pflanzengesellschaften, zu denen sie sich vereinigen, ferner der Bedingungen, welche für diese Verbreitung und für das Zusammenvorkommen der Pflanzen, anders ausgedrückt: für die Zusammensetzung der Pflanzengesellschaften maßgebend sind, bilden den Inhalt jenes Wissensgebietes, das schon lange vor HUMBOLDT als Pflanzengeographie bezeichnet worden ist[1] und für welches namentlich in den letzten Jahrzehnten auch der von AUGUST GRISEBACH erstmalig 1866 verwendete Name Geobotanik gebraucht wird. Die Lehre von den Pflanzengesellschaften, welche seit etwa 25 Jahren einen außerordentlichen Aufschwung genommen hat, wird gegenwärtig als eigene Teilwissenschaft betrachtet und Pflanzensoziologie genannt. Die beiden Bezeichnungen Pflanzengeographie und Geobotanik lassen erkennen, daß es sich hier um ein Grenzgebiet zwischen Geographie und Botanik handelt, das im ersteren Fall als eine Teilwissenschaft der Geographie, im zweiten als eine solche der Botanik erscheint. Streng genommen bedeuten die beiden Worte nicht genau dasselbe, weil den Geographen an der Pflanzendecke nur das interessiert, was für das Zustandekommen der Landschaft von Bedeutung ist, und er auf eine Menge von Einzelheiten verzichten kann, die hierfür gleichgültig sind, während der Botaniker diese alle berücksichtigen muß.

Die Verbreitung der meisten Pflanzenarten (mag sie für den Botaniker noch so wichtig sein) ist einfach eine Tatsache, die ebensogut zur Charakteristik einer Pflanzenart gehört wie etwa die Anzahl der Staubgefäße, worauf der Geograph nicht so genau einzugehen braucht, wenn es sich nicht um Pflanzen handelt, die durch Größe oder massenhaftes Vorkommen oder beides landschaftsgestaltend wirken; auch kleine Pflanzen können da von Bedeutung sein, wie etwa das Schneeglöckchen [115] in unseren Auen oder die Renntierflechte in den Tundren; ebenso sind hier im großen gebaute Kulturpflanzen zu nennen (Getreide, Kokospalme).

Ähnliche Gesichtspunkte gelten für das Interesse des Geographen an der Zusammensetzung der Pflanzengesellschaften und ihrer Verbreitung auf der Erde.

Faktoren in der Pflanzengeographie.

Standort.

(Fundort oder Fundstelle.)

Es ist seit langer Zeit bekannt, daß das Vorkommen und die Verbreitung jeder Einzelpflanze (Individuum) sowie jeder Pflanzenart und Pflanzengesellschaft von einer Anzahl von Bedingungen abhängig ist, die man einzeln als Faktoren, in ihrer Gesamtheit als Standort (franz.

---

[1] Zum erstenmal wahrscheinlich von CHRISTIAN MENTZEL (1622 bis 1701). (Nach DU RIETZ.)

station, engl. habitat) bezeichnet. Das Wort Standort hat also keine topographische Bedeutung; eine derartige Angabe nennt man vielmehr „Fundort" oder, vielleicht um die Ähnlichkeit mit „Standort" zu vermeiden, „Fundstelle", Wuchsort, Wuchsstelle, Lokalität. Wenn man z. B. von einer Pflanze angibt, daß sie 3 km südwestlich von Mödling in Niederösterreich wächst, so ist das eine Fundorts- oder Fundstellenangabe; fügt man aber hinzu, daß sie daselbst an felsigen Stellen eines lichten Schwarzföhrenwaldes an einem südseitig geneigten Abhang in 400 m Seehöhe auf Kalkboden vorkommt, so ist damit sehr vieles über ihren „Standort" gesagt.

Man hat einen „neuen", d. h. bisher unbekannten „Standort" einer Pflanze entdeckt, wenn man sie unter Umweltsverhältnissen gefunden hat, die von den bisher bekannten verschieden sind; man hat aber eine „neue Fundstelle" entdeckt, wenn das Vorkommen an diesem Orte bisher nicht bekannt war. Eine neue Fundstelle kann natürlich auch zugleich ein neuer Standort sein.

Die Standortsfaktoren sind bei keiner Pflanze von einiger Größe im ganzen Bereich derselben gleich, sie sind bei einer Landpflanze im unterirdischen Teil andere als im oberirdischen, und wenn dieser hoch genug in die Luft ragt, in verschiedenen Höhen auch verschieden. In der bodennahen Luftschicht herrschen andere Verhältnisse als in den höheren, in der Krone eines Baumes lebt ein „Schattenblatt" unter ganz anderen Bedingungen von Licht, Wärme und Wind als ein „Sonnenblatt"; der Standort der größeren Pflanzen ist also nicht homogen.

Klimatische Faktoren.

Derjenige Faktorenkomplex, der, wie schon erwähnt, der Pflanzendecke in erster Linie und auf weite Strecken seinen Stempel aufdrückt, ist das Klima: Zusammensetzung der Luft, Licht, Temperatur, Niederschläge, Wind; unter den genannten Faktoren sind wieder Temperatur und Niederschläge am wichtigsten und für die Unterschiede des Pflanzenkleides in den verschiedenen Teilen der Erde am meisten maßgebend.

Für die klimatischen Elemente liefert die Klimatologie in reicher Fülle Daten und Zahlen, die sich oft auf viele Jahre erstrecken und ausgezeichnete Mittelwerte ergeben. Aber sie beziehen sich auf die Gesamtheit eines größeren Raumes, auf das „Großklima" (regionale Klima), sie berücksichtigen nicht seine Mannigfaltigkeit im einzelnen, und damit kann sich die Pflanzengeographie nicht begnügen. Ganz abgesehen davon, daß, wie erwähnt, die klimatischen Bedingungen jeder höherwüchsigen Pflanze inhomogen sind, ist auch zu berücksichtigen, daß ganz nahe beieinander, etwa im Schatten und in der Sonne, an verschiedenen Seiten eines Felsens, in verschiedenen Tiefen einer Schlucht oder Doline die

Pflanzen unter ganz verschiedenen Temperatur- und Windverhältnissen leben. Dieses Studium des Kleinklimas (Mikroklima, Lokalklima) wird erst seit kurzer Zeit eingehender betrieben, nur Lichtmessungen sind schon vor langer Zeit in großer Zahl gemacht worden.

Unter den gewöhnlich angegebenen klimatologischen Daten sind so manche pflanzengeographisch von recht geringer Bedeutung, z. B. die mittlere Jahrestemperatur. Diese ist z. B. in London und Wien nahezu gleich (9,8°, 9,2°); trotzdem halten dort eine Menge immergrüner Holzgewächse den Winter im Freien aus, hier nicht; maßgebend hierfür ist der Umstand, daß in Wien regelmäßig durch längere Zeit Frost eintritt (mittlere Temperatur des Januar —1,7°), in London nicht (Januartemperatur +3,4°). Manchmal wieder ist die Übereinstimmung zwischen einer Isotherme und einer Pflanzengrenze recht gut, z. B. die der +10°-Juli-Isotherme und der arktischen Baumgrenze. In dem oben angeführten Beispiel (Wien-London) hat es sich gezeigt, daß in manchen Fällen der Frost während der Ruheperiode für die Verbreitung der Pflanzen maßgebend ist; in vielen Fällen kommt es umgekehrt auf die Temperatur der Vegetationsperiode und deren Dauer, genauer gesagt, darauf an, daß die Temperatur sich lange genug über einer gewissen Höhe hält; der Frost kann dann unter gewissen Umständen sehr stark sein, ohne zu schaden. So liegt einer der kältesten Orte der Erde (Werchojansk in Ostsibirien), dessen mittleres Kälteextrem —61° beträgt, nicht etwa jenseits der arktischen Baumgrenze, sondern mitten im Waldgebiet. Der Sommer mit +15,4° mittlerer Julitemperatur und +28° mittlerem Wärmeextrem ist offenbar genügend warm und lang.

Auch diejenigen klimatischen Eigentümlichkeiten, die sich in dem Gegensatz ozeanisch-kontinental ausdrücken, sind für die Verbreitung vieler Pflanzen und mancher Pflanzengesellschaften von großer Bedeutung. In den Ostalpen z. B. ist die Rotbuche auf die Randgebiete (Klima ozeanisch) beschränkt und fehlt dem Innern der Alpen (Klima kontinental) fast ganz, während es bei der Lärche so ziemlich umgekehrt ist (sie kommt in den Randgebieten spärlicher vor als im Innern).

Bei den Niederschlägen kommt es auf deren Menge während eines Jahres und auf die Verteilung über die einzelnen Monate an. In einigen Ländern, z. B. im indomalaiischen Gebiet, auch in Teilen Mittel- und Westeuropas, kann diese Verteilung so gleichmäßig sein, daß der niederschlagärmste Monat sogar mehr als halb soviel Niederschlag hat als der niederschlagreichste; in weiten Gebieten gibt es wenigstens keinen niederschlagslosen oder sehr niederschlagsarmen Monat, in anderen aber deren mehrere, so daß eine oft mehrmonatliche Trockenzeit herrscht, wobei ein solches Gebiet oft eine größere Niederschlagsjahresmenge haben kann als eines ohne Trockenzeit, z. B. das im sommerdürren Dalmatien gelegene Dubrovnik (Ragusa) doppelt soviel als die mittlere Niederschlagsmenge

Deutschlands (1420 mm — 710 mm). Diese Trockenperiode tritt am ausgesprochensten in den eigentlichen Wüsten auf, wo oft jahrelang kein Niederschlag fällt. Für die Pflanzen ist auch die Zahl der Regentage von Bedeutung sowie Anzahl, Dauer und Stärke der einzelnen Regenfälle; eine große Menge Niederschlag, die in kurzer Zeit als Platzregen herabstürzt, wie z. B. in den Herbstmonaten der Mittelmeerländer, nutzt ihnen weit weniger als ein sanfter, länger dauernder Landregen, wie er häufig in Mitteleuropa fällt, auch wenn seine Gesamtmenge geringer ist. Die klimatologischen Messungen beziehen sich nur auf Regen, Schnee und Hagel, nicht aber auf Tau und Reif. Taumessungen werden in neuerer Zeit namentlich von Pflanzenphysiologen vorgenommen, weil sich die Bedeutung des Taues für die Pflanzen besonders in Trockengebieten erst jetzt deutlich herausgestellt hat (s. S. 63). Der Schnee hat nicht nur als Wasserspender Bedeutung, sondern schützt infolge seiner lockeren Beschaffenheit auch die von ihm bedeckten zarten Pflanzenteile vor dem Vertrocknen durch Kälte, besonders durch kalte Winde. In kalten, schneereichen Gebieten, z. B. in größeren Höhen der Gebirge, ist die Dauer der Schneedecke, die Zeit zwischen Einschneien und Aperwerden, einer der wichtigsten Standortsfaktoren.

Die bewegte Luft, der Wind, wirkt auf die Pflanzen vernichtend, gestaltend, verbreitend. Wo häufig starke Winde in einer bestimmten Richtung wehen, so in der Kampfzone des Gehölzes im Gebirge, an Seeküsten, ist ihre gestaltende Wirkung auf Bäume und Sträucher, auf Wälder und Gebüsche oft so stark, daß sehr auffallende und landschaftlich hervortretende Wuchsformen entstehen (z. B. einseitig beastete „Wetterbäume"; Gebüsche, die an der Luvseite wie mit der Gartenschere behandelt aussehen und wegen ihrer Ähnlichkeit mit Dünen als „Vegetationsdünen" bezeichnet werden). Für die Verbreitung von Blütenstaub, Sporen, Früchten und Samen ist die bewegte Luft von großer Wichtigkeit; für ersteren hauptsächlich schwache Strömungen, für Sporen, Früchte und Samen auch starke, insbesondere in Gebieten, in denen durch einen großen Teil des Jahres die gleiche Windrichtung herrscht (z. B. auf den ozeanischen Inseln der gemäßigten Gebiete der Südhalbkugel).

Bodenbeschaffenheit (edaphische Faktoren).

Auf nacktem, nicht verwittertem Fels wachsen fast nur niedrig organisierte Pflanzen. Der Boden („Erde", Krume, Dammerde), in dem sich die unterirdischen Teile der Pflanzen ausbreiten, besteht aus mechanisch und chemisch verwittertem Gestein, gemischt mit den Resten von Pflanzen und Tieren, dem Humus. Zwischen den Bodenteilen ist Wasser (in dem viele Stoffe gelöst sind) und Luft vorhanden. Der Boden ist von sehr zahlreichen Pflanzen und Tieren bewohnt; die mikroskopisch kleinen leben darin in ungeheurer Anzahl, und unter ihnen sind namentlich die Bodenbakterien für das Leben der höher organisierten Pflanzen von außerordentlicher Bedeutung.

Von den chemischen Eigenschaften des Bodens wird später die Rede sein; unter den physikalischen ist eine der wichtigsten die Korngröße, weil von ihr mehrere andere abhängen. Schotter, Grus, Sand, Ton sind Ausdrücke dafür. Gröberer Boden faßt in seinen Poren zwar mehr Wasser als feiner, aber er trocknet auch leichter aus („leichter" — „schwerer" Boden) und erwärmt sich daher auch stärker („warmer" — „kalter" Boden). Leichter Boden ist für Wasser durchlässiger als schwerer. Der Grundwasserstand ist, da die Wurzeln sehr verschieden tief in den Boden dringen (in Wüsten 20 bis 30 m), sehr wichtig.

Die Farbe der Böden ist, wie überhaupt die ganze Bodenbildung, sehr vom Klima abhängig. Es hat sich gezeigt, daß die Bodentypen viel weniger durch das Gestein als vielmehr durch das Klima bedingt werden, so z. B. Alpenhumus durch dasjenige des Hochgebirges, Schwarzerde durch das Steppenklima. Grau- und Braunerden sind für die kalten und gemäßigten, Roterden für warme, mäßig feuchte Gebiete (z. B. Mittelmeerländer), Laterit für die Tropen bezeichnend.

Relief-Faktoren.

Klima und Bodenbeschaffenheit sind von der unbelebten Natur gelieferte „unorganische" Standortsfaktoren. Zu ihnen gehören auch noch die „Relief-Faktoren": Neigung oder Böschungswinkel des Bodens, seine Neigungsrichtung oder Exposition; sie modifizieren das Kleinklima und bedingen bei Bergrücken und Tälern, besonders wenn diese ostwestlich verlaufen, den Unterschied zwischen der Pflanzendecke der Sonn- und Schattseite.

Organische oder biotische Faktoren.

a) Konkurrenz der Pflanzen; Lianen, Epiphyten.

Den unorganischen Faktoren stehen die organischen oder biotischen gegenüber. Nur in wüstenähnlichen Gebieten wachsen die Einzelpflanzen in solchen Entfernungen voneinander, daß keine ihren nächsten Nachbarn den Raum streitig macht oder mit ihren Wurzeln in den Bereich derselben kommt oder ihren Lichtgenuß schmälert. In allen aus einigermaßen dichtstehenden Pflanzenindividuen gebildeten Pflanzengesellschaften dagegen findet eine Konkurrenz um Raum, Nahrung und Licht statt, und dieser Kampf ist der wichtigste Faktor, in dem sich die Beziehungen der Einzelpflanzen zueinander ausdrücken. In besonders dichten Pflanzengesellschaften, vor allem in den Wäldern der warmen Gegenden der Erde ohne Trockenzeit („Regenwälder"), führt der Kampf ums Licht dazu, daß manche Pflanzen mit dünnen Stengeln die Stämme benachbarter Gewächse als Stütze verwenden, um aus dem dunklen Waldgrunde möglichst rasch in höhere, lichtreichere Regionen zu gelangen (Lianen oder Kletterpflanzen; gewöhnlich, aber nicht ganz korrekt, Schlingpflanzen genannt), während andere infolge der leichten Verbreitbarkeit ihrer Samen die Möglichkeit haben, sich hoch oben auf Ästen und Zweigen und in Rissen der Rinde, Astgabeln usw. anzusiedeln und mit verschiedenen Mitteln an den Stämmen und Ästen selbst oder seltener in kleinen Erdansammlungen festzuhalten (Epiphyten oder Baumsiedler). Verhältnismäßig wenige únter den Lianen und Epiphyten entsenden Organe in das Innere ihrer Stützpflanze, um ihnen Säfte zu entnehmen oder Teile ihres Körpers zu zerstören (sie gehören zu den Parasiten oder Schmarotzern); die meisten Lianen und Epiphyten nützen ihre Stützpflanzen eben nur als solche aus, und die Ausdrücke Lianen und Epiphyten werden auch meist nur für nicht schmarotzende Pflanzen dieser Lebensweise gebraucht.

b) Das Tier als Standortsfaktor. Lebensgemeinschaften (Biozönosen).

Jede Pflanzengesellschaft und auch fast jede Einzelpflanze wird von Tieren aufgesucht oder ist von solchen dauernd bewohnt und gewährt ihnen Aufenthalt, Obdach und Nahrung, und so gibt es streng genommen in Wirklichkeit überhaupt keine reinen Pflanzengesellschaften, sondern nur Vereinigungen von Pflanzen und Tieren, die man Lebensgemeinschaften oder Biozönosen nennt. Die wichtigste Beziehung zwischen Pflanzen und Tieren besteht darin, daß letztere, auch wenn sie keine Pflanzenfresser, sondern Tierfresser oder, wie man gewöhnlich sagt, Raubtiere sind, unbedingt und ausnahmslos auf die Pflanzen als primäre, ursprüngliche Nahrungsquelle angewiesen sind. Die wichtigste Form, in der das Tier als Standortsfaktor der Pflanze auftritt, ist also die einer Schädigung durch Bezug von Nahrung. Diese Schädigung wird jedoch von der Pflanzenwelt kraft ihrer außerordentlichen Überlegenheit an Stoffmenge und durch ihre große Fähigkeit, verlorengegangene Körperteile zu ersetzen („Regeneration"), ohne weiteres ertragen, ohne daß unter natürlichen Verhältnissen ein ernstlicher, dauernder Schaden entsteht (s. S. 70).

Für die Blütenpflanzen sind namentlich flugfähige Insekten und Vögel von großer Bedeutung als Überträger des Blütenstaubes auf das weibliche Organ der Blüte (Bestäubung). Blume und Tier sind in verschiedenem Grade in der Körperform, und letzteres in seinen Bewegungen beim Besuch der Blüte aufeinander abgestimmt („angepaßt"), ja sehr oft in ihrer Existenz aufeinander angewiesen. Wo es z. B. keine Hummeln gibt, fehlt der Eisenhut [31], von dem einige dunkelblau blühende Arten gern in den Alpen in der Nähe der Sennhütten wachsen. Unter den Insekten kommen in erster Linie flugfähige (wie Bienen, Schwärmer) in Betracht. Blütenbesuchende Insekten finden sich in allen Teilen der Erde, dagegen gibt es an die Ausbeutung von Blumennahrung (Honig oder Nektar, Blütenstaub oder Pollen) körperlich angepaßte und davon abhängige Blumenvögel, deren vollkommenste die auf Amerika beschränkten Kolibris und die ihnen durch Konvergenz sehr ähnlichen, ausschließlich altweltlich-tropischen Honigsauger sind, fast nur in wärmeren Gebieten,[1] weil sie selbstverständlich nur dort das ganze Jahr existieren können, wo das Blühen der Pflanzen nicht durch eine Vegetationsruhe, die ihnen ja die Nahrung nehmen würde, unterbrochen ist.

Zum Besuch der Blüten angelockt werden Insekten und Vögel durch Farben und, wenigstens erstere, auch durch Düfte, und es ist auch für Geographen beachtenswert, daß unter den Farben Hochrot, also ein reines Rot ohne Stich ins Blaue, zwar für das Vogelauge in Betracht kommt, nicht aber für manche Insekten, so für die bei uns als Bestäuber außerordentlich wichtige Honigbiene. Daher fehlt bei uns, wo es ja keine Blumenvögel gibt, Hochrot als Blütenfarbe den bodenständigen Pflanzen und kommt nur bei einzelnen wohl nicht einheimischen Unkräutern vor. Die Blüten unserer bodenständigen Pflanzen, die man oft kurzweg als rot bezeichnet, sind rosa bis purpurn, haben also mehr oder weniger einen Stich ins Blaue.[2]

Auch Samen und Früchte werden häufig von Tieren verbreitet. Ameisen spielen in dieser Hinsicht namentlich in Mittel- und Südeuropa für gewisse Pflanzen eine wichtige Rolle; Teile oder Anhängsel der Samen der verschiedensten Art enthalten Stoffe, die von den Ameisen als Nahrung begehrt werden, und veranlassen sie, die Samen usw. zu ergreifen und fortzuschleppen. Im Pelz von Säugern oder Gefieder von Vögeln bleiben Samen und Früchte sehr häufig hängen, wozu allerhand Haare, Borsten, Haken sie befähigen; sie werden dann von den Tieren als lästig empfunden und abgestreift. Wasser- und Sumpfvögel verschleppen Sporen, Früchte und Samen, die sich im Schlamm der Gewässer vorfinden, und zwar oft über weltweite Strecken, weil gerade unter diesen Vögeln ausgezeichnete Flieger sind. Fleischige Früchte dienen vielen Tieren zur Nahrung und die Samen gehen unverdaut durch den Körper durch oder es werden Früchte oder Samen, die als Nahrung verwendet werden, unabsichtlich fallengelassen und dadurch verbreitet. Die Farben derselben, unter denen auch bei uns das auch für das Vogelauge empfindliche Hochrot häufig ist, dienen als Anlockungsmittel namentlich bei Früchten und Samen mit fleischiger Hülle.

Zu erwähnen sind auch die Fälle, in denen Tiere durch ihre Bauten stellenweise die Beschaffenheit des Bodens so beeinflussen, daß z. B. Maulwurfshaufen und die Bauten erdbewohnender Ameisen (Rasenameisen) eine andere Vegetation zeigen als ihre nächste Umgebung; die gelockerte, wärmere und trockene Erde ist dafür maßgebend, und manche Pflanzen, z. B. die Quendelarten [94], die überdies eine auffallende Blütenfarbe haben und stark duften, sind sehr bezeichnend für derlei Stellen.

Eine ähnliche, die ganze Landschaft weithin beeinflussende Erscheinung rufen im tropischen und subtropischen Ostafrika die Erdbauten von Ter-

---

[1] Wenige Arten halten sich zeitweilig in kühleren Gebieten (z. B. Kolibris in Alaska und Feuerland) auf, unternehmen aber der Nahrung wegen Wanderungen.

[2] Für diese Darstellung der Beziehungen zwischen Blume und Tier bekam ich von Herrn Hochschulprofessor Dr. OTTO PORSCH mehrere wichtige Ratschläge.

miten, in Südamerika, östlich von den Anden (Llanos am Mamoré und in Venezuela, Amazonasmündung) diejenigen von Blattschneiderameisen hervor, indem diese Bauten das regelmäßige Auftreten von „Waldinseln", d. h. von scharf umgrenzten Gruppen von bestimmten Holzarten ermöglichen, die von den gewöhnlichen Savannenbäumen verschieden sind und höhere Ansprüche an die Feuchtigkeit des Bodens stellen als diese; so entsteht eine Landschaftsform, die von Carl Troll (Norbert Krebs-Festschrift, 1936, S. 193) als Termitensavanne bezeichnet worden ist.

c) Der Mensch als Standortsfaktor. Fremdpflanzen, „Unkräuter". Rekonstruktion der Urlandschaft. Naturschutz.

Auf einem sehr großen Teil der Landoberfläche der Erde gehört zu den Standortsfaktoren auch der Einfluß des Menschen, der namentlich in den dichtbesiedelten Gebieten von überragender Bedeutung ist. Der primitive Mensch nahm und nimmt an den Pflanzen seiner Umgebung keine anderen Veränderungen vor als irgendein pflanzenverzehrendes Tier, höchstens daß er einzelne pflanzliche Produkte, z. B. Holz, zu technischen Zwecken sich aneignet. Aber wenn diese Stufe des bloßen „Sammlers" überwunden ist und er zum Anbau von Pflanzen übergeht (ein Vorgang, der sich im Tierreich nur bei wenigen staatenbildenden Insekten, wie Ameisen und Termiten, vollzieht), beginnt jene gewaltige Veränderung an der ursprünglichen Pflanzenwelt, welche z. B. in den dichter besiedelten Ländern die ganze Landschaft von Grund aus umgestaltet hat, so daß man aus der jetzt sichtbaren Kulturlandschaft nur sehr schwer und unvollständig die Natur- oder Urlandschaft im Geiste wiederherstellen (rekonstruieren) kann. Um für den Anbau der Kulturpflanzen Raum zu schaffen, müssen natürliche Pflanzengesellschaften ganz verschwinden, Wälder müssen geschlagen, angezündet[1] und gerodet, Steppen umgeackert, Sümpfe und Moore trockengelegt, Halbwüsten und Wüsten bewässert werden. Häufig treten an die Stelle dieser natürlichen Gesellschaften nicht Pflanzungen von Kulturgewächsen, die oft aus fernen Gegenden stammen, sondern es entwickeln sich unter dem Einfluß von wiederholter Schlägerung der Bäume oder durch Weidegang der Haustiere oder durch regelmäßige Mahd an Stelle der Wälder Pflanzengesellschaften, welche zwar aus im Gebiet heimischen und sich zufällig einfindenden Arten bestehen, deren Zusammensetzung aber Menschenwerk ist („Halbkulturgesellschaften"). Hierher gehören im Waldgebiet der nördlich gemäßigten Zone die meisten Wiesen, die ja aus einheimischen Pflanzenarten bestehen, aber als Pflanzengesell-

---

[1] Der große Einfluß des Feuers betrifft nicht nur die Wälder, sondern auch Steppen, Savannen und andere Formationen, die als Weideland benutzt werden. Näher kann darauf nicht eingegangen werden. Auch für den Geographen sehr wichtige Hinweise enthält: J. Braun-Blanquet, Pflanzensoziologie (Berlin: Julius Springer 1928), S. 232 bis 247.

schaften nur der regelmäßigen Mahd ihre Existenz und ihr dauerndes Bestehen verdanken (s. S. 219 f.).

Wie aus obiger Darstellung hervorgeht, hat die Tätigkeit des Menschen die größten Veränderungen an den Pflanzengesellschaften hervorgebracht. Aber er hat auch so viele Standorte geändert, daß (gewiß zum großen Teil unabsichtlich) das Verbreitungsgebiet vieler Pflanzenarten verkleinert oder auch vergrößert worden ist. Namentlich haben im Waldgebiet der nördlich gemäßigten Zone und in den Mittelmeerländern zunächst sicherlich alle diejenigen dort heimischen Pflanzenarten viele nèue Besiedlungsmöglichkeiten erlangt, die sonnige Standorte schattigen vorziehen; aber auch viele von weither stammende, wahre Fremdpflanzen sind aus Aufforstungen und Gärten „geflüchtet" und haben sich mitten unter heimischen Arten angesiedelt, wie, um einige Amerikaner zu nennen, die Robinie oder „Falsche Akazie" [51] bei uns, die Agave (fälschlich „Aloë") [125] und der Feigenkaktus [25] im Mediterrangebiet.

An dieser Stelle mag einiges über die sogenannten Unkräuter gesagt werden. Mit diesem ihre Wertschätzung herabsetzenden Namen werden im Publikum, besonders aber von allen, die den Boden bebauen oder sonst für ihre Zwecke benutzen, alle Pflanzen bezeichnet, die dort wachsen, wo man sie nicht haben will. Dieser egozentrische Standpunkt ist für den Vertreter der reinen Wissenschaft, die nichts will als feststellen, was ist und „wie sich die weltlichen Dinge gegeneinander verhalten",[1] durchaus unbrauchbar, weil er nicht leidenschaftslos ist. Es widerstrebt übrigens auch dem Empfinden jedes nicht materiell daran interessierten Menschen, wenn man z. B. die weiße Narzisse [115] oder die Herbstzeitlose [113] als „Wiesenunkraut", die Alpenrosen [83] als schädliches „Almunkraut" bezeichnet. Mögen die Praktiker das halten, wie sie wollen, für uns kann nur der objektive Standpunkt der reinen Wissenschaft maßgebend sein, und daher wollen wir denn den herabsetzenden Namen „Unkräuter" (und zwar nur deshalb, weil wir über keinen anderen eingebürgerten Ausdruck verfügen) für alle diejenigen und nur diejenigen Pflanzenarten gebrauchen, die ohne Zutun oder gar Absicht des Menschen immer oder gewöhnlich nur auf Boden wachsen, der durch den Menschen einmal irgendwie beeinflußt worden ist oder dauernd oder zeitweilig (oft periodisch) beeinflußt wird, die aber an mehr sich selbst überlassenen („natürlichen") Standorten nicht vorkommen. Das ist nun, namentlich in dichtbesiedelten Gebieten an Standorten sonst recht verschiedener Art der Fall, und darnach kann man unterscheiden:

1. Saatunkräuter (Segetalpflanzen), die unter dem Getreide wachsen. Ihre Früchte, Samen und Sporen kommen als „Verunreinigungen" des Saatgutes mit diesem aufs Feld.[2] Beispiele: Acker-Schachtelhalm [3], Kornrade [26], Feld-Rittersporn [31], Klatschmohn [37], Ackerveilchen oder wildes Stiefmütterchen [43], mehrere Wickenarten [51], Feld-Kratzdistel, Kornblume [108], Quecke [122].

2. Brachfeldpflanzen. Sie besiedeln Stoppel- und Brachfelder, unbebaute Gartenbeete sowie die Zwischenräume zwischen weitständig kultivierten Nutzpflanzen („Hackfrucht", wie Kartoffeln, Rüben; Gemüse, Mais; Weinstöcken usw.). Hierher gehören: Sternmiere [26], kleine Brennessel [18],

---

[1] GOETHE, „Hermann und Dorothea", 1. Gesang.

[2] Diese und die später angeführten Beispiele beziehen sich alle auf Mitteleuropa. Anderwärts, besonders in wärmeren Ländern, treten andere Pflanzen als Unkräuter auf.

kleine Taubnessel [94], mehrere kriechende Arten Ehrenpreis [88], ferner Ackersenf und wilder Rettich [38], ersterer zitrongelb, letzterer blaßgelb blühend, beide in Österreich „Hederich" genannt und oft in solchen Mengen wachsend, daß es aussieht, als wären sie angebaut.

    3. Ruderalpflanzen.[1] Sie wachsen am Rande von Wegen, neben Zäunen und Häusern, zwischen Eisenbahngeleisen, auf Abfallplätzen, auf Hafengelände, Baustellen und anderen, zeitweilig nicht benutzten „wüsten" Plätzen, auf denen die ursprüngliche Pflanzenwelt ebenso vernichtet ist wie auf den landwirtschaftlich genutzten Flächen. Solche Plätze sind oft durch Ablagerung organischer Abfälle stark gedüngt, der Boden sehr reich an stickstoffhaltigen Substanzen.

    Ferner sind die Ruderalpflanzen besonders in Dörfern außerordentlich üppig. Hierher gehören die Große Brennessel [18], Melden- und Gänsefußarten [23], so der bis zu den Sennhütten emporsteigende „Gute Heinrich", mehrere Kreuzblütler [38], darunter das Hirtentäschel, Käsepappeln [62], Bilsenkraut und Stechapfel [87], Kamillen, darunter die „Eisenbahnkamille", Beifuß- oder Wermutarten, Kletten, echte und Kratzdisteln [alle 108], Mauer- oder Mäusegerste [122]. Sind derlei Standorte feucht, z. B. Straßengräben, dann wuchern dort Knöterich- und Ampferarten [22], Minzen [94], gemeine Beinwurz [86] u. a. Sogar zwischen den Pflastersteinen minder begangener Stellen der Straßen und Plätze wachsen, bisweilen in zwerghaften Stücken, mancherlei Ruderalpflanzen, denn trotz der Enge dieser Standorte ist die Erde dort tiefgründig, wird eifrig gedüngt und in gut geleiteten Gemeinwesen regelmäßig bespritzt, so daß diese Ritzen oft eine recht üppige Vegetation aufweisen und ein grünes Gitter zwischen den hellen, staubigen, öden Pflasterwürfeln bilden, welches nur das Auge des Ordnungsfanatikers beleidigt (s. S. 211). Für wenig begangene Wege ist der Große Wegerich [95][2] und der Vogelknöterich [22] charakteristisch; bei dem genannten Wegerich vertragen die dem Boden angepreßten grundständigen Blätter, bei dem Knöterich die von der zentralen Wurzel nach allen Seiten wachsenden, niedergestreckten, kleinblättrigen Sprosse den Tritt des Fußgängers. Stark betretene Grasplätze, Spielplätze u. dgl. beherrscht eine Art Lolch, das Englische Raygras [122], das, oft geschoren und gut bewässert, der Hauptbestandteil des berühmten englischen Rasens ist. An künstlichen schiefen Flächen, wie Böschungen von Eisenbahndämmen und -einschnitten, wo der Boden, nach ihrer Herstellung nicht mehr in Bewegung versetzt, auch wenig betreten wird, stellen sich zunächst wohl auch Ruderalpflanzen ein, aber sie werden später durch ausdauernde Wiesenpflanzen ersetzt, unter denen so manche vor der Bodenbewegung dort oder in der Nähe ureinheimisch gewesene Pflanze eine Zuflucht findet; das ist auch an Feldrainen[3] der Fall sowie an den in Gegenden mit steinigem Boden häufigen Ansammlungen herausgeworfener Steine („Steinriegel").

---

[1] Rudus bedeutet im Lateinischen Schutt von eingestürzten Gebäuden. Eine gute deutsche Bezeichnung für Ruderalpflanzen gibt es nicht. Der manchmal gebrauchte Ausdruck „Schuttpflanzen" ist nicht zu empfehlen wegen Verwechslung mit den Pflanzen des Gebirgsschuttes, der Schutthalden, die von den Ruderalpflanzen gänzlich verschieden sind.

[2] Seine Fruchtstände heißen in Österreich „Vogelwürstel".

[3] Raine sind in stark kultivierten, namentlich Ackerbaugebieten oft die letzten Zufluchtsstätten der ureinheimischen Pflanzenwelt und dann für den Pflanzengeographen ein wichtiges Mittel der Forschung. Sie können so schmal sein, daß man sagen kann, sie fehlen. Das sah ich 1913 auf dem Plateau der Insel Malta.

Von den Unkräutern der drei Gruppen sind die Saatunkräuter in bezug auf den Standort am meisten wählerisch, während Brachfeld- und Ruderalpflanzen sich nicht selten miteinander mischen.

Die meisten Unkräuter sind ein- oder zweijährige Pflanzen; es ist auch ganz begreiflich, daß eine Pflanze, die in wenigen Monaten oder sogar Wochen ihre ganze Lebensarbeit von der Keimung bis zur Samenreife vollbringt, am ehesten in einem Boden aushalten kann, der öfter gepflügt, umgegraben usw. wird. Die wenigen mehrjährigen Unkräuter haben sehr tiefreichende Wurzelstöcke, die sie befähigen, sich trotz der öfteren und oft tiefgehenden Bodenbewegungen zu erhalten, z. B. der Ackerschachtelhalm [3], der Huflattich [108], die Acker-Kratzdistel [108], die Quecke [122], in Österreich „Beier" genannt.

Die Unkräuter, wenigstens diejenigen Mitteleuropas, findet man an einigermaßen naturbelassenen Standorten nicht; sie sind meist Fremdpflanzen, deren Urheimat heute oft gar nicht mehr festzustellen ist, aber wahrscheinlich vielfach im Süden oder Osten zu suchen ist; wenige stammen aus Nordamerika, und die Zeit ihres Auftretens in Europa und die fortschreitende, zum Teil noch andauernde Eroberung neuer Fundstellen (daher „Wanderpflanzen") ist in einigen Fällen auch dem Datum nach genau bekannt, so von der bereits erwähnten, aus Ostasien stammenden sogenannten „Eisenbahnkamille" [108], die 1852 bei Berlin angegeben wird, 1889 bei Wien, 1896 bei Triest, 1913 bei Feldkirch (Vorarlberg), jetzt für fast ganz Europa, Südchile, Neuseeland. Viel länger ist schon das Auftreten des aus Nordamerika eingewanderten kanadischen Berufkrautes [108] in Europa bekannt: vor 1674 Kreta (?), 1762 Wien, 1805 Innsbruck, nach 1850 Nordseeinseln, jetzt Kosmopolit. Einigen dieser Fremdlinge, besonders nordamerikanischen Korbblütlern [108], ist es auch gelungen, sich in einheimische, geschlossene Pflanzengesellschaften einzunisten und sich daselbst dauernd zu erhalten, ja diese durch massenhaftes Auftreten zu verdrängen; sie haben sich „eingebürgert".[1]

An die Unkräuter schließen sich die Mauerpflanzen an, die sich in den Ritzen zwischen den Steinen von Mauern ansiedeln, und zwar nicht nur von Weg- und Einfriedungs-, sondern auch von Hausmauern, die nicht aus mörtelverbundenen Ziegeln, sondern bloß aus rohen oder behauenen Steinen bestehen; auch in den Sprüngen, die Betonmauern nicht selten aufweisen, findet man Pflanzenwuchs. Die Mauerpflanzen mögen, da sie dem Eigentümer des Gemäuers unerwünscht sind, in seinem Sinn „Unkräuter" sein, wir aber können sie an diese doch nur in einigem Abstande anschließen, denn von den Ruderalpflanzen, an die man noch am ehesten denken könnte, trennt sie der Mangel einer Überdüngung des Bodens (Erde der Mauerritzen), und von allen Gruppen der Unkräuter sind sie dadurch verschieden, daß für sie das Merkmal: „Nichtvorkommen an einigermaßen naturbelassenen Standorten" zumindest in Europa nicht in dem Ausmaß gilt wie für die übrigen Unkräuter. Sie sind auch, wenigstens der Hauptsache nach, keineswegs Fremdpflanzen, sondern rekrutieren sich, man möchte sagen selbstverständlich, größtenteils aus den Felspflanzen des betreffenden Gebietes; das gilt sowohl für die Felsflächen bewohnenden Algen, Flechten und Moose, als auch für die Felsritzen besiedelnden Farne und Blütenpflanzen. Im Bild der Mauern um Grundstücke, von alten Befestigungs- und Hausmauern

---

[1] In Auen bilden z. B. hochwüchsige, zahlreiche kleine Blütenköpfchen tragende Arten von Goldruten, an Flußufern die einer kleinen Sonnenblume ähnelnde schlitzblättrige Rudbeckie Massenvegetation.

spielen Mauerpflanzen namentlich eine große Rolle in den Mittelmeerländern mit ihrem vielen mörtellosen Gemäuer, und dieses bietet, namentlich wenn es alt ist, oft einen prächtigen Anblick, besonders zur Blütezeit dieser Gewächse.[1]

Die Vegetation der Dächer ist natürlich vor allem von deren Material abhängig. Nur wenn Pflanzen in größerer Menge sich darauf angesiedelt haben, wird auch das Haus-, Dorf- oder Stadtbild dadurch beeinflußt. Hier kommen in erster Linie niedrige Häuser auf dem Lande in Betracht. Strohdächer zeigen auf ihren älteren Teilen oft einen dicken hellgrünen, graugrünen oder schwärzlichen Belag von Moos, in dem manchmal krautige Pflanzen mit Sporen, Samen oder Früchten, die der Wind hinaufgeweht hat (Farne, Weidenröschen [59], Korbblütler usw.), oder ein oder der andere Strauch oder ein Nadelbäumchen Fuß fassen. Auch Schindeldächer sind oft mit Moospolstern besetzt, ebenso mit Strauchflechten. Im Stadtbild spielen die Pflanzen der Dächer keine so bedeutende Rolle, erstens wegen der Höhe der Häuser und zweitens, weil das Deckmaterial und bei den Flechten gewisse Bestandteile der Stadtluft der Ansiedlung nicht günstig sind. Bei alten, eng gebauten Städten kann das aber doch der Fall sein, wenn es möglich ist, von einem mitten drinnen stehenden Turm oder dgl. das „Dächermeer" zu überblicken. In dem Städtchen Bracciano (nordwestlich von Rom) sah ich 1912, daß alle von dem Aussichtspunkt sichtbaren Dächer (aus Stein) durch eine gelbe Flechte gefärbt waren.

Hecken. Auf der ganzen Erde besteht das Bedürfnis, Gärten, Gehöfte, zur Bodenbearbeitung oder als Weideland genutzte Grundstücke usw. einzufrieden. Dies kann, soweit von der Pflanzenwelt geliefertes Material hierzu verwendet wird, teils durch Planken und Zäune aller Art geschehen, die auch in Europa noch oft eine für die Gegend sehr bezeichnende Form haben, z. B. in den österreichischen Alpen, teils aber durch lebende Pflanzen, durch Hecken („lebende Zäune"). Gern werden hierzu Holzgewächse verwendet, die nach Schnitt reich austreiben und sich stark verzweigen, so in Mitteleuropa Fichte, Hainbuche, Weiß- und Schlehdorn u. a., also heimische Pflanzen, in den Mittelmeerländern und in anderen trockenwarmen Gebieten auch fremdländische dornige Sukkulente, wie Kakteen (Säulen- und Feigenkakteen) und Agaven, lauter Amerikaner, die in den Kulturländern der Alten Welt nicht wenig dazu beitragen, ein fremdes Element in die Landschaft zu bringen, um so mehr, als sie leicht verwildern. In Nordwestdeutschland spielen die Wallhecken („Knicks") eine besondere landschaftliche Rolle,

---

[1] Aus Mauerritzen hängen die gewaltigen rundblättrigen Kappernsträucher [37a] herab mit sehr großen (5 bis 7 cm im Durchmesser) zartrosa Blüten; die Aaronsrute [106] reckt im Hochsommer ihren reichblütigen, über meterhohen blauen Blütenstand empor und kleinere Glockenblumen bedecken mit ihren azurnen sternförmigen Blüten dicht die Mauern. Buntblühende Löwenmaul- [88] und Schwertlilienarten [116] sind daselbst ebenfalls häufig. Von heimischen Mauerpflanzen seien erwähnt: das Schöllkraut [37] mit hellgelben Blüten und ebensolchem Milchsaft, eine ausgesprochene Schattenpflanze, ferner das Zimbelkraut [88] mit herzförmigen, gelappten Blättern und dünnen, lang herabhängenden Stengeln (daher „Judenbart").

da schon ihre Erdwälle, auf denen die Bäume (Eichen, Hainbuchen, Ulmen) stehen, 1 m Höhe erreichen. Wie alle Hecken bei uns zu Lande sind sie durch den Stacheldraht bedroht und stehen daher unter Naturschutz.

Die vielen Veränderungen, die der Mensch an der Landschaft hervorgebracht hat, haben bei Geographen und Geobotanikern den Wunsch entstehen lassen, wenigstens den Versuch zu machen, die Urlandschaft zu rekonstruieren, d. h. sich ein Bild davon zu machen, wie die Landschaft zu der Zeit ausgesehen haben mag, als der Mensch in größerer Zahl in ihr auftrat und die Natur stärker auszunutzen begann als etwa ein größeres, anspruchsvolleres, gesellig lebendes Tier, das ja in seiner Art die Natur ebenfalls als Nahrungsquelle, zur Siedlung und für seinen Verkehr benutzt. Dieses Problem ist hauptsächlich ein pflanzengeographisches.[1]

Derartige Forschungen können sehr gefördert werden durch den Naturschutz, der in stärkerem Maße seit Beginn dieses Jahrhunderts in den Kulturländern und ihren Kolonien gepflegt wird. Von Bedeutung für den Landschaftsforscher ist da weniger der Schutz einzelner Pflanzenindividuen und -arten („Naturdenkmäler"), sondern besonders derjenige ganzer Pflanzenformationen oder größerer Geländestücke, auf denen jede Nutzung des Bodens und der gesamten Organismenwelt eingestellt ist (Naturschutzpark).

Der Standort als Faktorenkomplex.

Die Pflanze selbst als Faktor.

Wir haben im vorstehenden eine Anzahl Faktoren kennengelernt, deren gemeinsames Auftreten am Wuchsorte einer Pflanze dasjenige geschaffen hat, was wir als Standort bezeichnen. Es ist aus unseren Darlegungen wohl auch hervorgegangen, daß der Standort nicht als Summe der Faktoren zu bezeichnen ist, sondern mit Rücksicht auf die gegenseitige Beeinflussung eher als ihr Produkt erscheint. Dieses

---

[1] ROBERT GRADMANN hat für Deutschland schon vor längerer Zeit eine methodisch beispielgebende Untersuchung dieser Art geliefert: R. G., Das mitteleuropäische Landschaftsbild nach seiner geschichtlichen Entwicklung. Geogr. Ztschr. (A. Hettner), VII (1901), S. 361 bis 377, 435 bis 447. Vgl. auch HANS HAUSRATH, Pflanzengeographische Wandlungen der deutschen Landschaft. Leipzig: B. G. Teubner, 1911. — Später hat KURT HUECK in seiner „Pflanzengeographie Deutschlands" mit Vegetationsbildern und (zum Teil farbigen) Karten, Berlin: H. Bermühler, 1936, ein Werk geschaffen, das, allerdings auf das Altreich beschränkt, in erster Linie die natürliche Vegetation schildert. — Vom selben Verfasser stammt aus jüngster Zeit eine Karte 1 : 3 Mill. im „Atlas des deutschen Lebensraumes in Mitteleuropa", die ganz Mitteleuropa umfaßt und die Verteilung der natürlichen Vegetation zu einem Zeitpunkt darstellt, als der Mensch noch nicht landschaftsverändernd eingegriffen hatte.

bildet die Umwelt der Einzelpflanze oder Pflanzengesellschaft, das-jenige, was man bei Tieren Lebensort oder Biotop nennt.

Zur Gesamtheit der Faktoren gehört aber auch die Pflanze selbst. Am selben Standort, unter dem Einfluß derselben Faktoren gedeiht die eine Art gut, die andere schlecht, und auch Individuen derselben Art können sich verschieden verhalten. Daher darf bei der Anführung der Faktoren niemals die Pflanze selbst vergessen werden, nie ihre Eigen-art und ihre Fähigkeit, sich unter den gegebenen Standortsbedingungen zu behaupten. Das alles bildet gewissermaßen einen Komplex innerer Faktoren, der im Gegensatz zu den äußeren des Standortes steht. Daß trotzdem manchmal auf den Faktor „Pflanze" vergessen wird, dürfte unter anderem der leider auch in Kreisen der Forscher nicht ganz fehlen-den Neigung entspringen, beim „Erklären" einer Erscheinung oder einer Gruppe von Erscheinungen nach der (einer) Ursache statt nach den (mehreren) Bedingungen zu fragen.

Messung der Faktoren.

Nun soll noch kurz die Frage erörtert werden, ob und inwieweit man die Standortsfaktoren messen kann, sowie ob und in welchem Maße derartige Messungen für die Erkenntnis des Zusammenspieles der Faktoren einerseits, der Verbreitung von Einzelpflanzen, Pflanzenarten und -gesell-schaften anderseits von Wert sind. Für die Charakteristik des Groß-klimas besitzen wir bekanntlich überaus zahlreiche Angaben, während die Erforschung des Kleinklimas erst in den Anfängen steckt; nur Lichtmessungen sind, wie schon erwähnt wurde, bereits vor längerer Zeit in größerer Zahl gemacht worden. Über die Beschaffenheit des Bodens in physikalischer und chemischer Beziehung, also über Korn-größe, Wasser- und Luftgehalt, Temperatur, Gehalt an verschiedenen Salzen, Farbe, haben die Land- und Forstwirte seit langer Zeit Unter-suchungen gemacht, und in der letzten Zeit ist namentlich der Säure-gehalt (Azidität), gemessen durch die Wasserstoffionenkonzen-tration,[1] an vielen Orten bestimmt worden. Die zahlenmäßige Fest-stellung der Relieffaktoren bietet ja keinerlei Schwierigkeit, während es wohl nur selten möglich sein wird, für den Einfluß der Pflanzen unter-einander, der Tiere und des Menschen auf die Pflanzen einen zahlenmäßigen Ausdruck zu finden. Dagegen ist es bisweilen wohl möglich, die Rolle der Pflanze selbst als Standortsfaktor durch eine Zahl zum Ausdruck zu bringen, z. B. Untersuchungen darüber anzustellen, wie das Verhältnis zwischen Aufnahme und Abgabe von Wasser unter bestimmten Stand-ortsverhältnissen ist oder wieviel Substanz eine Pflanze in einer be-stimmten Zeit produziert.

---

[1] Siehe: J. Braun-Blanquet, Pflanzensoziologie. S. 140 bis 142. Ber-lin: Julius Springer. 1928.

Aber selbst wenn viele und genaue derartige Messungen in den verschiedensten Richtungen vorliegen, werden doch immer nur gewisse und beiweitem nicht alle Wirkungen des Standortes zum Ausdruck kommen, und außerdem ist zu bedenken, daß sich ja alle diese Zahlen nur auf einen Zeitpunkt beziehen und daß man, um das Leben einer Einzelpflanze oder gar einer Pflanzengesellschaft aus den Standortsfaktoren zu verstehen, doch eigentlich derartige Zahlenkomplexe für eine Vegetationsperiode, ja bei mehrjährigen Pflanzen für mehrere Perioden zur Verfügung haben müßte. Eine derartige Problemstellung, ganz wörtlich und vollständig genommen, darf wohl als unlösbar bezeichnet werden.

Viel eher als Zahlen und Tabellen kann uns über den Charakter eines Standortes die Anführung von Pflanzenarten und -gesellschaften etwas sagen, denn die Vegetation ist, wie schon erwähnt, der getreue Ausdruck der Standortsbedingungen, und so spricht man mit Recht von Zeigern (engl. Indicators) eines bestimmten Standortes oder Faktors. Man spricht von Kalkpflanzen und von kalkmeidenden Pflanzen, von Salzpflanzen, von Magerkeitsanzeigern, von Schattenpflanzen, von Feuchtigkeit oder Humus anzeigenden Pflanzen usw. Findet man derartige Pflanzen irgendwo, so kann man bei entsprechender Erfahrung eine Menge von Schlüssen auf die Beschaffenheit des Standortes ziehen.

Zahlenmäßige Angaben über einen Faktor haben am meisten Wert, wenn in einem bezüglich der anderen Faktoren einheitlichen Gebiet einer abändert und mit ihm auch die Vegetation, z. B., um einige genauer untersuchte Beispiele zu nennen, die Abhängigkeit von Pflanzenarten und -gesellschaften vom Grundwasserspiegel am Neusiedler See,[1] oder die Abhängigkeit der Vegetationszonen an den süddalmatinischen Felsküsten vom Meeresspiegel und dem windbewegten Meerwasser.[2]

Historische Faktoren.

Entwicklung der Pflanzenarten und Pflanzengesellschaften sowie ihrer Verbreitung.

Zur Erklärung aller Verbreitungstatsachen von Pflanzen und Pflanzengesellschaften sind die bis jetzt besprochenen Faktoren nicht ausreichend. Ganz besonders geben uns diejenigen Fälle zu denken, in denen eine fremdländische Pflanzenart durch menschliches Zutun, wenn auch nicht immer absichtlich, in ein Gebiet gebracht worden ist, in welchem sie ursprünglich nicht heimisch war, wo sie aber nunmehr nicht nur etwa sich durch menschliche Hilfe erhält, sondern sich unter der

---

[1] HUGO BOJKO in Sitzungsber. Akad. Wiss. Wien. I, Bd. 140 (1931), S. 685.

[2] AUGUST GINZBERGER in Karsten-Schenck, Vegetationsbilder, 17, 3 bis 4.

heimischen Vegetation behauptet oder, wie man sagt, eingebürgert hat,
z. B. mehrere Pflanzen aus dem östlichen Nordamerika, wie die Robinie
oder Falsche Akazie [51]. Da liegt nun die Frage nahe, warum eine an
die Vegetationsverhältnisse ihres neuen Verbreitungsgebietes offenbar so
gut „angepaßte" Pflanze nicht schon ursprünglich daselbst einheimisch
war.

Kein einziger von diesen sehr zahlreichen Fällen kann vollkommen be-
friedigend erklärt werden, wohl aber lassen sich für das Verständnis eines
solchen Vorkommens einige Gesichtspunkte finden. Vor allem ist zu bedenken,
daß nicht nur die Eigenschaften jeder Einzelpflanze und Pflanzenart, sondern
auch ihr Vorkommen, ihre Verbreitung und ebenso die Zusammensetzung und
Verbreitung jeder Pflanzengesellschaft das Ergebnis einer Entwicklung
sind. Kein Biologe, d. h. kein Botaniker oder Zoologe zweifelt heute mehr
an dem entwicklungsgeschichtlichen Zusammenhang aller Lebewesen oder,
anders ausgedrückt, daran, daß die heute lebenden Organismen von solchen
früherer Erdepochen, die ausgestorben sein können, abstammen. Diese durch
unzählige Tatsachen gestützte Anschauung nennt man Abstammungs- oder
Deszendenzlehre, im Publikum wohl auch nach ihrem berühmtesten und
erfolgreichsten Vertreter Darwinismus genannt, was nicht richtig ist, denn
die Lehre von Charles Darwin ist nicht die Abstammungslehre selbst,
sondern nur einer der Erklärungsversuche dafür, und es ist ganz wohl möglich,
den Darwinismus abzulehnen, an der Deszendenzlehre aber festzuhalten.

Aber nicht nur die Pflanzen selbst, sondern auch die Beschaffenheit der
Erdoberfläche und die Standortsfaktoren haben sich im Laufe der Zeit
geändert. Die Paläogeographie lehrt, daß die Verteilung von Wasser und
Land in den verschiedenen geologischen Epochen sehr verschieden war, die
Paläoklimatologie, daß sich auch das Klima an den einzelnen Orten der
Erdoberfläche geändert hat. Die sogenannten Landbrücken, welche jetzt
durch Wasser vollständig getrennte Landgebiete ehedem verbanden (z. B.
die Verbindung von Nordost-Sibirien nach Alaska oder von Hinterindien
nach den Sunda-Inseln), boten den Landpflanzen Möglichkeiten der Verbreitung, die heutzutage fehlen, umgekehrt wirkten größere Wasserflächen in
gegenwärtig zusammenhängenden Landgebieten als Hindernisse.

Kettengebirge wirkten bei ostwestlichem Verlauf als Hindernisse für
die Verbreitung (Alpen, Himalaja), bei nordsüdlichem als Förderer derselben
(Kordilleren). Die Eiszeit und ihr mehrfacher Klimawechsel lehren uns verstehen, daß in der Pflanzenwelt der Alpen auch Arten vorkommen, die im
hohen Norden verbreitet sind! Die Klimaänderungen der Nacheiszeit
(Postglazialzeit) haben bewirkt, daß das Waldkleid Mitteleuropas im Laufe
der letzten Jahrtausende mehrmals gewechselt hat, so daß in den .verschie-
denen Teilen verschiedene Waldbäume (nicht überall dieselben) vorherrschten.
Diese Erkenntnis beruht vornehmlich auf einer ganz jungen Methodik, nämlich
der stratigraphischen Untersuchung der relativen Häufigkeit des Blütenstaubes
(Pollen), der sich im Torf der den Wäldern benachbarten Moore ausgezeichnet
konserviert hat und daher wegen seiner charakteristischen Form zur Erkennung der einzelnen Holzarten und der Häufigkeit ihres Vorkommens verwendet werden kann (Pollenanalyse).

Die Wirksamkeit der gegenwärtigen und der historischen Faktoren hat
dazu geführt, daß jede Pflanzenart, aber auch jede Gattung, Familie,
kurz jede Sippe (s. S. 24) ein ganz bestimmtes Verbreitungsgebiet

(Wohngebiet, Areal) besitzt. Man nennt die Sippe endemisch in bezug auf den Erdraum, auf den sie beschränkt ist, und bezeichnet ganz allgemein diese Erscheinung als Endemismus, die Sippe selbst als Endemit. Der Erdraum kann sehr groß sein, z. B. ganz Europa umfassen, gewöhnlich aber gebraucht man diese Ausdrücke für kleine, wohlabgegrenzte Areale, die etwa nur einen Berg oder eine (oft sehr kleine) Insel umfassen.

Manche Gebiete sind besonders reich an endemischen Arten, so die Iberische Halbinsel, das Kapland, Südwestaustralien; auf landfernen Inseln sind manchmal alle Arten von Blütenpflanzen endemisch (St. Helena, 38 Arten). Einige Pflanzen kommen an geeigneten Stellen auf der ganzen oder nahezu der ganzen Erde vor (Schilf, Adlerfarn); man nennt sie Kosmopoliten; Pantropisten sind Bewohner des größten Teiles der Tropenzone; Ubiquisten heißen Arten, die innerhalb eines Gebietes auf Boden jeder Art wachsen können, also wenigstens bezüglich der Bodenfaktoren sehr wenig wählerisch sind.

Daß die Verbreitungsgebiete von Pflanzen und Tieren etwas Bestimmtes und gesetzmäßig Gewordenes sind, daß daher nicht überall dieselben Pflanzen und Tiere vorkommen (mindestens ohne Zutun des Menschen), gehört zu den am wenigsten ins Bewußtsein des „gebildeten" Publikums übergegangenen biologischen Erkenntnissen. Wundert sich jemand darüber, daß Kakteen und Agaven („Aloën") auf Bildern zur Odyssee die altgriechische Landschaft zieren, obwohl beide im wärmeren Amerika heimisch sind? Und noch immer darf in Feuilletons Mister Smith ungestraft in Afrika auf die Tigerjagd gehen!

Die beiden Richtungen der Pflanzengeographie oder Geobotanik.
Ökologische und genetische.

Jedenfalls lassen sich zweierlei Standortsfaktoren unterscheiden, nämlich gegenwärtig wirksame und solche, die in der Vergangenheit wirksam waren; erstere können direkt untersucht werden, während letztere aus verschiedenen Anzeichen geographischer, geologischer, paläontologischer, geobotanischer Natur erschlossen werden müssen.

Die Unterscheidung dieser beiden Gruppen von Standortsfaktoren hat, wie wir bald sehen werden, so weitreichende Folgen, daß wir darnach zwei Richtungen der Pflanzengeographie oder Geobotanik unterscheiden können, nämlich die ökologische und die genetische. Unter Ökologie, wörtlich übersetzt „Lehre vom Haushalt", versteht man in der Botanik und Zoologie die Lehre von der Lebensweise eines Organismus oder von seiner Abhängigkeit von den Faktoren oder Bedingungen seiner Umwelt. Genetisch bedeutet: die Entstehung (Genese) eines Gegenstandes betreffend. Während also bei der ökologischen Richtung nur gegenwärtige Verhältnisse in Betracht kommen, sind bei der genetischen auch frühere maßgebend.

Anpassungs- und Organisationsmerkmale.

Die beiden Richtungen der Pflanzengeographie betrachten schon die **Eigenschaften der Einzelpflanze und der Pflanzenart** von verschiedenen Gesichtspunkten. Jeder Organismus hat eine Reihe von Eigenschaften, die, insofern sie dazu geeignet sind, ihn von anderen Lebewesen zu unterscheiden, **Merkmale** genannt werden. Diese lassen sich in zwei Gruppen teilen, die **Anpassungs-** und die **Organisationsmerkmale**. Erstere sind solche, die mit den Faktoren der Umwelt in einem erkennbaren Zusammenhang stehen, bei letzteren muß dies nicht der Fall sein. Wenn wir etwa einen Gang durch einen Laubwald unserer Heimat unternehmen, so können wir leicht feststellen, daß alle seine Bäume und Sträucher, so verschieden sie in bezug auf Rinde, Stellung und Form der Blätter, Blüten und Früchte sein mögen, doch eine Gruppe von Merkmalen gemeinsam haben, nämlich verhältnismäßig große, dünne und zarte Blätter, welche im Herbst abgestoßen werden. Alle diese Merkmale stehen in einem leicht erkennbaren Zusammenhang mit den klimatischen Faktoren, insbesondere damit, daß es bei uns niemals regelmäßige, länger dauernde Trockenperioden gibt, so daß ein Schutz der Blätter gegen übermäßige Verdunstung, wie ihn z. B. saftreiche („fleischige") oder die derbhäutigen („lederigen") Blätter der immergrünen Holzgewächse der winterfeuchten, sommertrockenen Gebiete (z. B. der Mittelmeerländer) gewähren, nicht notwendig ist. Die einzige Jahreszeit, in der für die zarten Blätter unserer Laubhölzer Vertrocknungsgefahr besteht, ist der Winter, und dieser Gefahr entgehen die Blätter dadurch, daß sie abgestoßen werden. Auch die krautigen Gewächse, die den Grund der heimischen Laubwälder zieren, zeigen denselben Typus von Blättern wie die Holzgewächse. Die erwähnten Merkmale der Blätter unserer Laubwaldpflanzen sind also ausgesprochene **Anpassungsmerkmale**. Ganz anders stellen sich die oben erwähnten übrigen Merkmale dar: Beschaffenheit der Rinde, Stellung der Blätter zueinander (wechsel- oder gegenständig), Form der Blätter, Bau der Blüten, namentlich Zahl der einzelnen Blütenteile, Beschaffenheit der Früchte. Bei all diesen Merkmalen ist ein Zusammenhang mit den Umweltfaktoren nicht erkennbar: es handelt sich hier um **Organisationsmerkmale**, d. h. um Merkmale, die oft unter den verschiedensten äußeren Lebensbedingungen gleichbleiben und dadurch zeigen, daß sie von ihnen unabhängig oder, wie man sagt, in der Organisation begründet sind. Unsere Eichenarten sind sommergrün und haben die oben genannten Kennzeichen der Beschaffenheit aller heimischen Laubgehölze, dabei zeigen ihre Blätter die bekannte, fiederlappige Form. Die (immergrüne) Steineiche und die Korkeiche der Mittelmeerländer dagegen haben derbhäutige, immergrüne, übrigens längliche, nicht gelappte Blätter, die der Gefahr des Vertrocknens zur trockenheißen Sommerzeit dieser Gebiete widerstehen. Allen Eichen [12], von denen über 200 Arten bekannt sind, gemeinsam aber ist der Bau der Blüten und die bekannte Form der Früchte und ihrer becherartigen Hüllen, gleichgültig ob sie in unseren winterkahlen Laubwäldern, im sommertrockenen Mittelmeergebiet oder in den Bergwäldern der Tropen wachsen. Ein Paradebeispiel für den Unterschied zwischen Organisations- und Anpassungsmerkmalen sind die Arten der Gattung Wolfsmilch [27]. Die einheimischen Arten sind krautige, und zwar ein- oder mehrjährige Pflanzen von bescheidenen Ausmaßen, mit dünnhäutigen Blättern; in den Mittelmeerländern gibt es Arten mit holzigen Stämmen, Ästen und Zweigen, die bei manchen zum Teil dornig werden, eine davon stellt ein Bäumchen von 4 bis 5 m Höhe dar; auch bei diesen Arten sind die Blätter dünn und zart und werden zu Beginn der trocken-heißen Jahreszeit abgeworfen. In den Savannen Ostindiens und des tropischen Afrika wachsen kandelaberartig verzweigte Arten, welche die Größe von Bäumen erreichen, ganz verkümmerte Blätter besitzen und deren dicke Stämme und Äste von Milchsaft (der übrigens allen Wolfsmilcharten eigentümlich ist) strotzen. Die erwähnten Merkmale sind größtenteils als Anpassungsmerkmale an das Klima der betreffenden Gegenden leicht zu erkennen; insbesondere gilt dies von den Kandelaber-Wolfsmilchbäumen, bei denen die geringe Entwicklung der Blätter die Gefahr zu starker Verdunstung herabsetzt. Ganz besonders deutlich aber erweist sich als eine Anpassung an die langen Trockenzeiten ihrer Heimat die Umwandlung der Stämme und Äste in Flüssigkeitsreservoire, die infolge ihrer derben Oberhaut ebenfalls gegen starke Verdunstung geschützt sind. Pflanzen mit derartigen saftreichen Wasserbehältern gibt es in fast allen Gebieten der Erde, denen längere Trockenzeiten eigen sind. Man bezeichnet sie als Saftpflanzen oder Sukkulente und unterscheidet, je nachdem sich die Flüssigkeitsvorräte in den Stämmen und deren Verzweigungen oder in den Blättern vorfinden, Stammsukkulente und Blattsukkulente; die Kandelaber-Wolfsmilchbäume gehören zu den ersteren.

Den genannten Anpassungsmerkmalen steht als wichtigstes Organisationsmerkmal vor allem der vollkommen einheitliche Bau der Blüten gegenüber; auch der Umstand, daß der Saft, der sich in allen Teilen der Wolfsmilcharten in reicher Menge vorfindet, ein Milchsaft, d. h. kein klarer, sondern ein trüber Saft ist, muß als Organisationsmerkmal gewertet werden.[1]

---

[1] Milchsäfte bestehen wie die tierische Milch aus einer wäßrigen Flüssigkeit, in der verschiedene Körper aufgelöst sind, andere aber — bei der Milch Fettkügelchen, bei den pflanzlichen Milchsäften außerdem Gerbstoff-, Harz-, Kautschuk- und Stärkekörnchen — feinverteilt sind; diese nicht aufgelösten, sondern nur suspendierten Körperchen bewirken, daß die Flüssigkeit nicht klar, sondern trüb ist. Die Farbe der Milchsäfte ist meist weiß, selten gelb oder rot.

Auch in den Trockengebieten des wärmeren Amerika gibt es sehr zahlreiche Arten von Stammsukkulenten, die Kakteen [25]. Ihre Stämme, die fast immer ein nicht trüber, sondern klarer Saft (also nicht ein Milchsaft) erfüllt, sind wie diejenigen der Kandelaber-Wolfsmilcharten von einer derben Haut überzogen und tragen fast immer höchstens verkümmerte Blätter, dafür aber meist, sowie übrigens auch die saftreichen Wolfsmilcharten, Dornen, außerdem Stacheln und Haare. Viele von ihnen, namentlich gewisse Säulenkakteen, sehen den Kandelaber-Wolfsmilcharten im nichtblühenden Zustande so täuschend ähnlich, daß sie vom Publikum, besonders von den vielen Sukkulentenliebhabern, die übrigens auch sämtliche Blattsukkulenten öfter Kakteen nennen, dafür gehalten werden. Der großen Übereinstimmung der Kakteen und sukkulenten Wolfsmilcharten in den Anpassungsmerkmalen steht die gänzliche Verschiedenheit in den Organisationsmerkmalen gegenüber, namentlich was den Bau der Blüten betrifft.

Konvergenz und Verwandtschaft. Vegetationsformen (Wuchsformen) und Sippen (System).

Wie aus dem Gesagten hervorgeht, gibt es unter den Pflanzen (übrigens auch unter den Tieren) eine Ähnlichkeit, welche auf den Organisations-, und eine solche, welche auf den Anpassungsmerkmalen beruht. Auf Grund der ersteren werden die Wolfsmilcharten, so verschieden sie auch aussehen mögen, zusammengefaßt; auf Grund der letzteren bilden die Kandelaber- und andere stammsukkulente Wolfsmilcharten mit den Kakteen und einigen anderen ähnlich aussehenden Pflanzen die Gruppe der Stammsukkulenten. Die verhältnismäßig zartblättrigen Eichenarten unserer Laubwälder gehören ebenso wie die steifblättrigen Arten der Mittelmeerländer zu den Eichen; anderseits können erstere mit Buchen, Ahornen, Linden, Ulmen usw. zur Gruppe der sommergrünen Laubbäume zusammengefaßt werden. Es gibt also nicht nur zwei verschiedene Arten der Ähnlichkeit unter den Pflanzenarten, sondern auf diesen beruhen auch zwei verschiedene Arten der Einteilung. Die Einteilung nach den Organisationsmerkmalen ergibt die verschiedenen „Systeme" schlechthin; sie beruhen auf der langjährigen, eifrigen Arbeit vieler Botaniker und haben im Laufe der Zeit zu einem sehr befriedigenden Ergebnis geführt, dessen hoher Wert schon dadurch erwiesen ist, daß gegenwärtig aufgefundene, noch nicht beschriebene („neue") Pflanzen meistens zwanglos in einer der schon beschriebenen „Sippen" (s. oben S. 20) oder zwischen diesen untergebracht werden können. Pflanzenindividuen, welche in allen Merkmalen vollkommen übereinstimmen, gibt es überhaupt nicht, denn nicht zwei Lebewesen gleichen einander in jeder Beziehung, aber solche, die in den meisten als einigermaßen wichtig erkannten Merkmalen übereinstimmen, gibt es, und diese werden zu einer Art (Species)[1] zusammengefaßt; die nächst höhere Systemkategorie heißt Gattung (Genus) und auf diese folgt die Familie, auf sie die Ordnung oder Reihe, die Klasse und der Stamm. Diese verschiedenwertigen Gruppen sind in der angeführten Reihenfolge einander übergeordnet und heißen systematische Kategorien oder Sippen.

Benennung der Pflanzen (Nomenklatur).

Jede Pflanzenart, die neu beschrieben wird, erhält einen Namen. Die Benennung (Nomenklatur) unterliegt Regeln, die auf internationalen Vereinbarungen beruhen; nur wenn der Benenner (Autor) diese befolgt, kann der Name auf allgemeine Anerkennung und Anwendung seitens der Botaniker Anspruch erheben. Abgesehen von diesen Regeln ist die Wahl des Namens dem Gutdünken des Autors überlassen; auch wenn dieser eine von ihm ersonnene willkürliche Buchstabenfolge als Namen wählt, kann sie gültig sein. Gewöhnlich werden Worte oder Wortstämme, die dem Lateinischen oder Griechischen entnommen sind, zur Bildung der Namen verwendet und daher heißen diese im Publikum meist „lateinische"; richtiger ist die Bezeichnung „wissenschaftliche" Namen.

In der Mitte des 18. Jahrhunderts hat der bekannte schwedische Botaniker KARL V. LINNÉ eine sehr praktische wissenschaftliche Nomenklatur eingeführt, die sich bald allgemein durchgesetzt hat. Der Name jeder Pflanze besteht hiernach aus zwei Teilen: der erste bezeichnet die Gattung, zu der die Art gestellt wird, der zweite ist der eigentliche Artname; z. B. Prunus persica — Pfirsichbaum, Prunus armeniaca — Marillen- oder Aprikosenbaum, Prunus avium — Kirschbaum; diese und noch viele andere Arten bilden die Gattung Prunus (Steinobst). Ihr naheverwandte Gattungen sind: Pirus (Birnbäume), Malus (Apfelbäume), Rubus (Brombeeren), Fragaria (Erdbeeren), Rosa (Rosen). Diese und viele andere Gattungen werden zu einer Familie zusammengefaßt. Die Namen der Familien werden meist so gebildet, daß man an den Stamm des Namens einer dazugehörigen Gattung die Endung -aceae (germanisiert -azeen) anhängt; die Familie, zu der die oben genannten Gattungen gehören, heißt also Rosaceae (Rosazeen) [50]. Die Namen der Sippen höheren Ranges werden durch Anhängung von Endungen wie -inae, -ales gebildet.

Alle Völker haben ebenso wie anderen Gegenständen auch den Pflanzen ihrer Heimat und auch manchen anderswoher eingeführten Gewächsen Namen gegeben, lange bevor es eine wissenschaftliche botanische Nomenklatur gegeben hat. Natürlich haben nur diejenigen Pflanzen Volksnamen erhalten, die durch Größe, Schönheit, Häufigkeit auffielen oder durch Verwendbarkeit oder als „Unkräuter" von Interesse waren; die meisten Pflanzen eines Gebietes blieben daher unbenannt oder es wurden untereinander ähnliche unter gemeinsamen Namen (z. B. „Gras") zusammengefaßt. Bei den Kulturvölkern entstand, namentlich infolge der Bedürfnisse des Unterrichtes, das

---

[1] Viele Arten umfassen Individuengruppen, die in geringfügigen Merkmalen voneinander verschieden sind; man nennt derlei Gruppen Abarten oder Varietäten und, wenn die Unterschiede noch geringer sind, Formen. Letztere Bezeichnung wird auch allgemein für allerlei Sippen niederen Ranges gebraucht, wenn man davon absieht, die Höhe ihres Ranges zu berücksichtigen.

Verlangen nach Buchnamen, die der eigenen Sprache entnommen wurden, indem man teils die Volksnamen hierzu verwendete, teils Neubildungen schuf, meist durch Übersetzung der wissenschaftlichen Namen. So entstanden viele recht gute, bezeichnende und handliche Namen, aber auch manch bösartige Neubildung. Denn wenn ein Autor eine Person ehren will, dadurch, daß er ihren Namen zu einem wissenschaftlichen Namen verarbeitet, so kann man (wie bei chemischen Substanzen) auch Wortungeheuer, wie Krascheninnikowia, Carolofritschia oder Koeberliniaceae, hinnehmen oder Namen, die ein Unsinn sind, wie Amorpha fructicosa; denn da es „lateinische" Namen sind, wird das Sprachgefühl nicht berührt. Wenn man aber, um einen „deutschen" Namen zu schaffen, „Brahea Roezlii" mit „Roezls Brahee" „übersetzt", so ist damit für den angestrebten Zweck gar nichts getan — ganz abgesehen von der Häßlichkeit des so entstandenen Wortgebildes, das, weil es seiner Form nach einer lebenden Sprache angehört, das Sprachgefühl schwer beleidigt. Ebenso geht es nicht an, Amorpha fruticosa durch die Übersetzung „strauchige Unform" dem Publikum scheinbar mundgerecht zu machen. Da bleibt man lieber gleich bei den doch meist ganz hübschen und leicht zu merkenden „lateinischen" Namen. Bei der Schaffung solcher Buchnamen (die ja keinen internationalen Regeln unterliegen) kann man sich auch Willkürlichkeiten erlauben, die nur nicht gegen Vernunft und Sprachgefühl verstoßen dürfen; z. B. wird man das in Mitteleuropa wachsende Alyssum Arduini deutsch nicht als Arduinos Steinkraut, sondern — seinem Standort entsprechend — als Felsen-Steinkraut bezeichnen. — Die Grundsätze der Benennung der Tiere sind der Hauptsache nach die gleichen.

Wie schon oben erwähnt, kann man die Pflanzenarten auch nach der Ähnlichkeit in den Anpassungsmerkmalen zusammenstellen und dann ergeben sich Gruppen wie: Stammsukkulente, sommergrüne Laubbäume usw. Diese Gruppen nennt man, da für sie meistens ein gemeinsamer Habitus, d. h. eine Ähnlichkeit im Aussehen, in der äußeren Gesamt-Erscheinung (Tracht, Physiognomie) bezeichnend ist, gewöhnlich Vegetationsformen oder Wuchsformen. Auch die Ausdrücke Lebensformen, Grundformen, Pflanzenformen werden gebraucht.

Eine Vegetationsform ist offenbar viel leichter als solche zu erkennen als eine Sippe, weil die Anpassungsmerkmale meist viel deutlicher sind als die Organisationsmerkmale, und dennoch greifen letztere viel tiefer in das Wesen der Pflanze ein, und die Ähnlichkeit, die auf ihnen beruht, bedeutet für die Erkenntnis des Grades ihrer Verwandtschaft im Sinne der Deszendenzlehre viel mehr. Wir können daher bei großer Übereinstimmung der Organisationsmerkmale von einer Ähnlichkeit auf Grund von Verwandtschaft sprechen — eigentlich sollte man sagen: „von näherer Verwandtschaft"; denn verwandt im Sinne der Deszendenzlehre sind ja alle Lebewesen in irgendeinem Grade miteinander. Die Ähnlichkeit der zu einer Vegetationsform gehörigen Pflanzenarten kommt oft ganz anders zustande: Pflanzenarten, die recht weit voneinander entfernten Verwandtschaftskreisen angehören, kommen unter gleiche oder ähnliche Standortsfaktoren, und es bilden sich ähnliche Anpassungsmerkmale und eine Art von Ähnlichkeit heraus, die gewissermaßen von weiter voneinander entfernten Ausgangspunkten aus konvergierend einem Punkte zustreben; wir sagen daher diese Art von Ähnlichkeit beruhe auf Konvergenz. Die Ähnlichkeit der zu der Gattung Wolfsmilch gerechneten Arten beruht demgemäß auf Verwandtschaft, die Ähnlichkeit der zur Vegetationsform „Stammsukkulente" gerechneten Arten beruht auf Konvergenz.

Wie gerade unser „Paradebeispiel" zeigt, brauchen sich die beiden Einteilungen nicht zu decken — ja es ist dies sogar gewöhnlich nicht der Fall. In einer größeren Sippe sind meist mehrere Vegetationsformen vertreten: z. B. in der Gattung Wolfsmilch einjährige und ausdauernde Pflanzen, Sträucher, Dornpolstergewächse und Stammsukkulente; aber auch die meisten Vegetationsformen umfassen Pflanzen aus den verschiedensten Sippen; so setzt sich die Vegetationsform der Stammsukkulenten außer aus den oft genannten Wolfsmilcharten auch aus Kakteen, einigen Korbblütlern und noch Angehörigen einiger anderer Familien zusammen. Selten kommt es vor, daß alle oder fast alle Glieder einer Sippe höheren Grades einer und derselben Vegetationsform angehören, so z. B. sind alle Birkengewächse [11] sommergrüne Laubbäume. Die Individuen einer Pflanzenart gehören, wie zu erwarten, fast immer zur selben Vegetationsform; eine Ausnahme ist z. B. der Wasserknöterich [22], eine Wasserpflanze mit Schwimmblättern, die unter Umständen eine zu den ausdauernden krautigen Landpflanzen zu rechnende Landform auf demselben Individuum entwickelt.

Es wäre zum Schluß nur noch die Frage aufzuwerfen, warum sich die ökologische Richtung der Pflanzengeographie in erster Linie für die Anpassungsmerkmale, die genetische für die Organisationsmerkmale interessiert. Das erstere ist wohl ziemlich einleuchtend, denn die Anpassungsmerkmale stehen ja mit den gegenwärtigen Umweltsverhältnissen am Wuchsort in Beziehung. Wie die Organisationsmerkmale entstanden sind, wissen wir meistens nicht, aber manche davon werden wohl auf Anpassungsmerkmale zurückgehen, die dann durch die Vererbung so fixiert worden sind, daß sie ein fester Bestandteil der Organisation geworden sind und sich auch unter veränderten Verhältnissen erhalten haben. Da also ihre Entstehung jedenfalls der Vergangenheit angehört, so ist ihnen das Hauptinteresse der genetischen Richtung der Pflanzengeographie zugewandt.

Bedeutung der beiden Einteilungen
(nach Sippen und Vegetationsformen)
für den Botaniker und den Geographen.

Es ist nun die wichtige Frage zu erörtern, welche Bedeutung die beiden Einteilungen der Pflanzen für den Botaniker und für den Geographen haben. Daß für den ersteren das Sippensystem von weitaus größerer Wichtigkeit ist, liegt auf der Hand, da es (unter Berücksichtigung aller Merkmale) doch die Organisationsmerkmale in den Vordergrund stellt und so einen Einblick in den verwandtschaftlichen Zusammenhang der einzelnen Pflanzenarten gewährt. Das System der Vegetationsformen kann dem Botaniker immer nur als ein Notbehelf dienen, der ihm unter schwierigen Umständen eine erste Orientierung ermöglicht.

Ganz anders stellt sich der Geograph zu den beiden Systemen. Das Sippensystem enthält für ihn, den ja nur die landschaftsbildenden Eigenschaften der Pflanzenwelt interessieren, viel zuviel Einzelheiten, für deren Untersuchung außerdem eine Menge botanischer Fachkenntnisse erforderlich ist, die bei der Vielseitigkeit, zu der der Geograph gezwungen ist, unmöglich verlangt werden können. Übrigens mag er sich damit trösten, daß auch der Fachbotaniker, wenn er etwa in einem ihm noch unbekannten Gebiet mit einer artenreichen, aber äußerlich infolge von Konvergenz gleichartig aussehenden Pflanzenwelt, z. B. in einem tropischen Regenwald, reist, auf den ersten Blick die meisten Pflanzen nicht nach Art, Gattung, Familie usw. zu klassifizieren imstande ist, sondern nur nach der Vegetationsform. Nur ist, was für den Botaniker als Notbehelf zur ersten Orientierung erscheint, für den Geographen ein wichtiges Hilfsmittel der Forschung, denn es ist nicht schwierig, die Vegetationsformen bald sicher und rasch zu erkennen — ihre Klassifizierung hängt ja von auffälligen Merkmalen ab und ist insbesondere von den für das Sippensystem so wichtigen, oft unscheinbaren, ja nicht selten gerade nicht vorhandenen oder nicht gut entwickelten Blüten unabhängig. Das ist auch deshalb besonders wichtig, weil der Geograph ja meist in einem viel rascheren Tempo reist als der Botaniker, und wenn er sich im allgemeinen auf die Feststellung der Vegetationsformen beschränken kann, höchstens hier und da eine Pflanzenprobe als Beleg für eine Beobachtung mitzunehmen gezwungen ist, was insbesondere bei auffälligen oder im großen kultivierten Pflanzen der Fall sein wird.

Auch wird er schon deshalb, weil die bloße Anführung des Namens der Vegetationsform doch öfter nicht ausreicht, um den Habitus deutlich genug zu kennzeichnen, nicht ganz auf die Anführung gewisser Merkmale verzichten können, die natürlich leicht und rasch feststellbar und kurz zu bezeichnen sein müssen; welche da bei höheren Pflanzen in Betracht kämen, soll im folgenden angeführt werden (S. 88f.), ebenso wie eine Anleitung zum Sammeln und Präparieren von Pflanzenproben und Pflanzenteilen gegeben werden soll.

Am Schlusse des botanischen Teiles dieses Buches (S. 79f.) führe ich dasjenige System der Vegetationsformen (Wuchsformen) vor, das ich in etwas veränderter Form in meinen Vorlesungen über allgemeine Pflanzengeographie an der Universität Wien vorgetragen habe. Dasselbe ist mit freier Benutzung der Vegetationsformensysteme aufgestellt, die seit ALEXANDER VON HUMBOLDT erschienen sind, und verwendet insbesondere einige neuere Gesichtspunkte des Systems, das mein verstorbener Freund F. VIERHAPPER im Jahre 1921 in der „Naturwissenschaftlichen Wochenschrift" (Neue Folge XX. Band) hat erscheinen lassen.

Die Verfasser der verschiedenen Vegetationsformensysteme haben sich auch wiederholt mit der Frage beschäftigt, ob bei der Aufstellung derselben mehr das Aussehen oder mehr die Lebensweise, anders ausgedrückt, mehr der physiognomische oder der ökologische Gesichtspunkt berücksichtigt werden soll. Es ist klar, daß für die praktischen Zwecke des Geographen, also für eine rasche und sichere Klassifizierung der beobachteten Pflanzen, mehr der erstgenannte in Betracht kommt. Man könnte glauben, daß dies zu einer gar zu oberflächlichen und auf reine Äußerlichkeiten gestützten Einteilung führt, indessen ist zu berücksichtigen, in wie hohem Maße das Gesamtaussehen einer Pflanze, ihre Physiognomie (Gesamterscheinung, Tracht, Habitus) von der Lebensweise oder Ökologie abhängt; dies gilt sogar von Vegetationsformen, die lange vor einer wissenschaftlichen Behandlung des Gegenstandes vom Volke eine Bezeichnung erhalten haben; wenn man z. B. eine Pflanze als Baum bezeichnet, so ist damit nicht nur etwas über die Physiognomie, sondern auch sehr viel über die Ökologie ausgesagt; denn dafür, daß sich eine Pflanze als Baum entwickelt, sind ganz bestimmte ökologische Verhältnisse notwendig: Bäume meiden das Steppenklima und finden wegen der Kürze der Vegetationszeit gegen die Pole und gegen die Höhen der Gebirge bald ihre Grenze. Und ebenso ist es auch mit anderen auf eine bestimmte Physiognomie gegründeten Vegetationsformen.

Es war wichtig, dies festzustellen, denn so gewinnt ein zunächst auf physiognomischer Grundlage aufgebautes System eine erhöhte wissenschaftliche Bedeutung.

(Pflanzen-)Gesellschaft, Formation und Assoziation. Florenelement.

So wie die Einzelpflanze und ihre Merkmale von den beiden Richtungen der Pflanzengeographie in verschiedener Weise betrachtet werden, so wie sich auf Grund der zweierlei Ähnlichkeit zweierlei Gruppierungen der Pflanzen ergeben, so kann man auch die in einem pflanzengeographisch einheitlichen Gebiet zusammen vorkommenden Pflanzenarten in zweifacher Art zusammenfassen.

Die Pflanzen, welche einen einheitlichen Standort besiedeln, bilden eine Pflanzengesellschaft, welche aus ganz bestimmten Arten zusammengesetzt ist, und zwar sind die Arten in einem bestimmten Verhältnis gemischt, so zwar, daß einige vorherrschen (dominieren), andere häufig, noch andere seltener und manche nur ganz vereinzelt vorkommen.

Die ökologische Pflanzengeographie interessiert sich streng genommen nur dafür, welche Vegetationsformen in der Pflanzengesellschaft vertreten sind und nicht welche Arten; von diesem Standpunkt betrachtet, wird man sich z. B. bei der Schilderung eines sommergrünen Laubwaldes in Mitteleuropa damit begnügen, anzugeben, daß er aus Bäumen und Sträuchern mit dünnen, zarthäutigen, nicht „fleischigen", nicht „lederigen", im Herbst abfallenden Laubblättern besteht und daß im Schatten dieser Holzgewächse meist mehrjährige, krautige Pflanzen und grasartige Gewächse mit ähnlich beschaffenen Blättern wachsen; es braucht also in einer solchen Schilderung nicht ein Name einer Pflanzenart vorzukommen, und wer diese Schilderung entwirft, braucht keine einzige Art mit Namen zu kennen. So aufgefaßt und beschrieben, ist eine Pflanzengesellschaft nur durch ihre Vegetationsformen und damit ihre Ökologie charakterisiert und wir nennen sie in diesem Falle Pflanzenformation. Für die Schilderung der Landschaft genügt die Anführung der Vegetationsformen vollständig und darum ist die erwähnte Charakteristik auch für den Geographen vielfach genügend.

Bei näherer Betrachtung des angeführten Beispieles aber finden wir, daß die obige Beschreibung eines sommergrünen Laubwaldes nicht nur für Mitteleuropa, sondern auch für gewisse Gegenden Ostasiens (z. B. Mandschurei) und für den nordöstlichen Teil der Vereinigten Staaten von Nordamerika paßt. Die sommergrünen Laubwälder aller dieser Gebiete enthalten die gleichen Vegetationsformen, aber die Arten, aus denen sie in den verschiedenen Ländern zusammengesetzt sind, sind größtenteils andere. Wenn wir eine Pflanzengesellschaft nicht nur durch die Vegetationsformen, sondern auch durch die Artenliste charakterisieren, so nennen wir sie Assoziation, und das erwähnte Beispiel zeigt, daß einer Formation mehrere Assoziationen untergeordnet sein können. Die Schilderung einer Assoziation erfordert, da die Anführung der einzelnen Arten ein wesentlicher Bestandteil davon ist, natürlich eine umfassende Kenntnis der Pflanzenarten des Gebietes und daher viel mehr Mühe und Zeit.

Mit der Anführung der Artenliste bei Schilderung einer Pflanzengesellschaft kommt auch ein Gesichtspunkt der genetischen Pflanzengeographie dazu, während die ausschließliche Erwähnung der Vegetationsformen lediglich dem Interesse der ökologischen Richtung Rechnung trägt. Denn das Zustandekommen der Artenkombination, die für eine Assoziation bezeichnend ist, beruht nicht nur auf der Anpassung an die gegenwärtig herrschenden ökologischen Verhältnisse, sondern ist das Ergebnis eines historischen Vorganges.

Die Interessen der genetischen Richtung der Pflanzengeographie kommen noch in einer anderen Hinsicht zum Ausdruck. Wenn man nämlich für jede der einzelnen Arten, die eine Pflanzengesellschaft zusammensetzen oder die in einem geobotanisch einigermaßen einheitlichen Gebiet wachsen, aus der einschlägigen Literatur die Gesamtverbreitung feststellt, so kommt man stets zu dem Ergebnis, daß diese nicht für alle Arten dieser Pflanzengesellschaft oder dieses Gebietes dieselbe ist. Auf den niedrigen Kalkhügeln am Ostrand der Alpen südlich von Wien z. B. siedelt eine sehr artenreiche Flora, die außer aus weitverbreiteten mitteleuropäischen Pflanzen sich aus Gewächsen zusammensetzt, deren Hauptverbreitungsgebiet die östlichen Kalkalpen sind; dazu kommt noch eine Anzahl Pflanzen, deren Heimat die südrussischen und ungarischen Steppen sind, sowie einige Arten aus dem Nordwesten der Balkanhalbinsel. Die Pflanzen, die ein ähnliches Verbreitungsgebiet haben, rechnet man einem und demselben Florenelement zu; auf den erwähnten Kalkbergen wären also vier Florenelemente zu unterscheiden: das mitteleuropäische, das Florenelement der östlichen Kalkalpen, das „pontische" Steppenelement und das illyrische Element.

Vegetation und Flora.

Aus der bisherigen Darstellung geht hervor, daß man entsprechend den beiden Richtungen der Pflanzengeographie (Geobotanik) nicht nur die Einzelpflanze und die Pflanzenart, sondern auch die Gesamtheit der Pflanzen nach zwei Gesichtspunkten betrachten und schildern kann. Die ökologische Richtung interessiert sich für die Anpassungsmerkmale und teilt die Pflanzen darnach in Vegetationsformen ein, sie schildert auf Grund dieser die Pflanzengesellschaften, die man so betrachtet Formationen nennt. Die ganze Pflanzenwelt aber wird, wenn man die erwähnten Gesichtspunkte in den Vordergrund stellt, als Vegetation bezeichnet. Die genetische Richtung der Pflanzengeographie interessiert sich für die Organisationsmerkmale und teilt die Pflanzen auf Grund dieser in Sippen, d. h. Arten, Gattungen usw., ein; zur Charakterisierung eines Gebietes dienen ihr die Florenelemente; die ganze Pflanzenwelt, von diesem Standpunkt betrachtet, wird Flora genannt. Bei Verwendung der Ausdrücke Vegetation und Flora darf man aber nie vergessen, daß der betrachtete Gegenstand in beiden Fällen der gleiche ist, nämlich die Pflanzenwelt.

Klimax. Vegetations- und Florengebiete.

Es ist zu erwarten, daß beim Versuch, die Landoberfläche der Erde entsprechend den beiden Richtungen der Pflanzengeographie zu gliedern, sich ebenfalls verschiedene Einteilungen ergeben werden. Legt man die Merkmale der Vegetation zugrunde, so erhält man die „Vegetationsgebiete", baut man die Gliederung auf der Flora auf, so ergeben sich die „Florengebiete".

Für die Vegetationsgebiete sind die Pflanzenformationen bezeichnend und für diese, wie wir gehört haben, die Vegetationsformen. Unter den Pflanzenformationen gibt es nun solche, die mehr vom Klima, und solche, die mehr von den Bodenverhältnissen abhängen; erstere nennt man klimatische Formationen, letztere edaphische; außerdem gibt es in den meisten Gegenden Formationen, deren Entstehung und Fortdauer auf den mächtigsten biotischen Faktor, nämlich auf den Einfluß des Menschen zurückzuführen sind (anthropogene Formationen). Unter den klimatischen Formationen ist in jedem Vegetationsgebiet eine dadurch besonders bemerkenswert, daß sie die klimatischen Verhältnisse des Gebietes am reinsten zum Ausdruck bringt, und zwar in der Weise, daß sie überall auf einem Boden von nicht ausgesprochener Eigenart, von „mittleren Eigenschaften" gedeiht, also nicht auf felsigem, sandigem, nassem Boden, nicht auf zu nährstoffarmem, saurem, auch nicht auf zu nährstoffreichem, stark gedüngtem und nicht auf Boden, der gewisse Nährstoffe, wie Natriumsalze, in größerer Menge enthält. Diese Formation nennt man die Klimaxformation des betreffenden Vegetationsgebietes. Der Name hat mit Klima nichts zu tun, sondern kommt von dem griechischen Wort „klimax" (femin.), d. h. Leiter, Treppe, und soll besagen, daß diese Formation unter allen anderen des Vegetationsgebietes obenan steht und das Höchstmaß dessen darstellt, was die Pflanzenwelt unter den gegebenen Bedingungen zu leisten imstande ist. Die Klimaxformation entwickelt sich, wie schon erwähnt, dort, wo Boden von („mittlerer"), d. h. nicht extremer Beschaffenheit sich vorfindet, an dessen Bildung natürlich auch klimatische Einflüsse entscheidend beteiligt sind („Bodenklimax"), und da dies im größten Teil jedes Vegetationsgebietes der Fall ist, so nimmt die Klimaxformation unter allen Pflanzengesellschaften eines Vegetationsgebietes weitaus den größten Raum ein, natürlich nur solange der Einfluß des Menschen nicht überwiegt. Denken wir z. B. an das sommergrüne Laubwaldgebiet Mitteleuropas und an seine Vegetation, bevor der größte Teil des Landes vom Menschen in Kultur genommen worden ist! Damals trug aller „mittlere" Boden bis zu einer gewissen Höhengrenze im Gebirge sommergrünen Laubwald; nur der Sand der Dünen, der salzige Strand des Meeres, alle die spärlichen natriumsalzhaltigen Stellen des Binnenlandes, alle nassen Stellen, ferner Felsen und Schutt beherbergten andere Pflanzengesellschaften. Aber sie alle zusammen konnten sich an Ausdehnung nicht mit dem sommergrünen Laubwald messen, der in Mitteleuropa, abgesehen von den höheren Lagen der Gebirge, die Klimaxformation darstellt und sich bei ungestörter Entwicklung auf jedem mittleren Boden als bleibendes, stabiles Endstadium einstellt, mag das Anfangsstadium wie immer gewesen sein.

Daß die **Pflanzendecke** in ökologischer und physiognomischer Hinsicht ein untrügliches Spiegelbild der **Standortsfaktoren** überhaupt gibt, daß insbesondere die **Klimaxformation** jedes Gebietes der wichtigste **Klimazeiger** des betreffenden Raumes ist, wurde bereits mehrfach hervorgehoben. Da für diese Formation stets das **Zusammenspiel** einer **Reihe klimatischer Faktoren** maßgebend ist, so wurde namentlich in der letzten Zeit mehrfach der Versuch gemacht, die Hauptklimafaktoren, Temperatur und Niederschlag, „in einer Formel zusammenzufassen und diese mit pflanzengeographischen Grenzen in Einklang zu bringen". Für die ganze Erdoberfläche hat F. ROSENKRANZ, indem er den „**Ozeanitätsindex**" für eine große Anzahl von Stationen der ganzen Erde berechnete, gezeigt, daß hier eine „weitgehende Übereinstimmung mit den großen klimabedingten Formationen" vorliegt. Dieser Index wurde nach folgender Formel berechnet:[1]

$$\frac{\text{Jahresniederschlag in Zentimeter} \times (\text{halber Summe von Maximum und Minimum der relativen Luftfeuchtigkeit})}{(\text{um 20 vermehrte Jahresmitteltemperatur}) \times \text{Quadratwurzel aus deren Jahresschwankung}}$$

Wie schon erwähnt, führt die Berücksichtigung der Flora zu einer ganz anderen Einteilung der Landoberfläche der Erde, nämlich zu den **Florengebieten**. Jedes derselben ist charakterisiert durch das in ihm vorherrschend vertretene **Florenelement** oder durch den Anteil, den die benachbarten Florenelemente an der Zusammensetzung seiner Flora haben. Der Florencharakter eines solchen Gebietes wird sich unter anderem auch darin aussprechen, daß ihm gewisse Sippen, und zwar nicht nur Arten, sondern auch solche höheren Ranges, z. B. Familien, eigentümlich sind. Da die Besiedlung eines jeden Teiles der Erdoberfläche mit Pflanzen das Ergebnis einer Entwicklung ist, so ist die Eigenart der Flora ebenso ein Gegenstand der genetischen Pflanzengeographie wie die Eigenart der Vegetation ein solcher der ökologischen.

Die **Anzahl der großen Vegetationsgebiete** ist nicht bedeutend, ebenso diejenige der **großen Florengebiete**. Im folgenden soll eine ganz kurze Übersicht über beide gegeben werden.

Die Hauptvegetationsgebiete nennt man **Vegetationszonen**. Da ihre Klimaxformationen vor allem durch das Klima bedingt sind, so ist zu erwarten, daß sie sich in Lage und Ausdehnung der Hauptsache nach mit den großen **Klimagebieten** decken, wie sie etwa von W. KÖPPEN (Die Klimate der Erde, 1923) aufgestellt worden sind. In den immer warmen, immer feuchten **Äquatorialgebieten** herrscht der **tropische Regenwald**, zusammengesetzt aus fast lauter immergrünen, zum Teil riesigen Bäumen, mit vielen Lianen und Epiphyten, die üppigste Pflanzen-

---

[1] Siehe Österr. botan. Zeitschr., Bd. 85 (1936), S. 183 bis 212.

formation der Erde, der Wald, den man gewöhnlich meint, wenn man von „Urwald" spricht. Außer den genannten Vegetationsformen ist noch die Form der nicht oder wenig verzweigten „Schopfbäume" mit wenigen großen Blättern (z. B. Palmen) für dieses Gebiet charakteristisch. Gegen die Wendekreise und an Gebirgshängen geht der tropische in den minder üppigen und z. B. durch das Auftreten von Baumfarnen charakterisierten subtropischen Regenwald über. Wo in den Tropen länger dauernde Trockenzeiten vorkommen, tritt an Stelle des Regenwaldes ein viel weniger üppiger, aus viel niedrigeren Bäumen, wenig Lianen und Epiphyten bestehender, lichter Trockenwald, dessen Holzgewächse ihre Blätter zu Beginn der Trockenzeiten abstoßen, weshalb Wälder dieser Art als regengrün (auch wintergrün oder trockenkahl) bezeichnet werden. In weiten Gebieten rücken die Bäume weit auseinander und geben hohen Gräsern und anderen krautigen Gewächsen Raum; es entsteht die Savanne mit eingestreuten Gehölzen, den Savannenwäldern. Zu beiden Seiten der Wendekreise liegen ausgedehnte Trockengebiete, die weit in die kaltgemäßigte Zone hineinreichen und sich durch Baumarmut oder Baumlosigkeit auszeichnen, sowie durch eine durch die spärlichen oder ganz unregelmäßigen Niederschläge bedingte Weitständigkeit des Pflanzenwuchses, die sich bis zum völligen Fehlen desselben steigern kann; es sind die beiden Zonen der Wüsten, Halbwüsten und Steppen. Diese sind in mittleren geographischen Breiten, etwa zwischen 30 und 45° beider Halbkugeln, an mehreren Stellen unterbrochen durch Gebiete mit immergrünen Gehölzen, die in den immerfeuchten oder sommerfeuchten Ländern (mittleres China und Japan, östliches Australien, Neuseeland) eine abgeschwächte Form des subtropischen Regenwaldes darstellen, den „temperierten" Regenwald. In den sommertrockenen, winterfeuchten Gebieten dagegen (Mittelmeerländer, südwestliches Kapland, Südwestecke von Australien, gewisse Küstengebiete von Kalifornien und Mittel-Chile) zeichnen sich diese immergrünen Holzarten, die meist niedrige oder Buschwälder bilden, durch sehr feste, an die sommerliche Trockenheit gut angepaßte Blätter aus und heißen daher Hartlaub-Holzgewächse.[1] Im Norden des Steppen- und Wüstengürtels der nördlichen Halbkugel dehnt sich von den Westküsten Europas bis an den Stillen Ozean ein Waldgebiet, das in den niedriger gelegenen Gegenden mit mehr ozeanischem Klima sommergrüne Laubwälder, in den höheren Lagen der Gebirge und in nördlicheren Gegenden, die sich zugleich durch kontinentales Klima auszeichnen, immergrüne Nadelwälder trägt. In Nordamerika reicht in Kanada die Nadelwaldzone vom Stillen

---

[1] Solche finden sich auch außerhalb der Winterregengebiete, so im Bergland von Südchina, ferner auf hohen Bergen Insulindes, des tropischen Afrika und der tropischen Anden.

bis zum Atlantischen Ozean und Nadelholzwälder bedecken auch die Gebirge des Westens der Vereinigten Staaten, während der Nordosten derselben artenreiche, sommergrüne Laubwälder enthält.

Auf der südlichen Halbkugel reicht nur die Südspitze von Südamerika, das Feuerland, so weit in höhere Breiten, um einer Entwicklung von sommergrünen Laubwäldern Raum zu geben. Das eben geschilderte Waldgebiet der nördlich gemäßigten Zone reicht nach Norden bis zur polaren Baumgrenze, die in Europa von Laub-, in Asien und Nordamerika von Nadelhölzern gebildet wird. Von dieser an bis zu den Flächen des ewigen Eises dehnt sich in allen drei Erdteilen die Tundra aus, eine Formation, in der Bäume und höhere Sträucher fehlen, holzige Gewächse nur durch Zwergsträucher vertreten sind und überdies niedrige, ausdauernde, krautige Pflanzen, darunter Polsterpflanzen, vorkommen, während weite Flächen mit Moosen und Flechten bewachsen sind. Den Tundren sehr ähnliche Formationen sind die Matten der höheren Gebirge oberhalb der Baumgrenze, welch letztere im Waldgebiet der gemäßigten Zone meist von Nadelhölzern erreicht wird. Derartige Matten finden sich oberhalb der Baumgrenze übrigens auch auf den Hochgebirgen anderer Teile der Erde, auch in den Tropen, und nicht unähnlich sind auch die namentlich an Polsterpflanzen reichen Formationen der landfernen, subantarktischen Inseln zwischen 50° und 60° Südbreite, während vom Antarktischen Kontinent nur die äußersten Ränder eine überaus spärliche Moos- und Flechtenvegetation tragen, das übrige antarktische Festland aber von ewigem Eis bedeckt ist.[1]

Diese Hauptvegetationsgebiete oder Vegetationszonen können wieder weiter unterteilt werden, und diese Gebiete nennt man Vegetationsregionen. In Gebirgen folgen die Vegetationsgebiete übereinander und werden Stufen[2] genannt.

Man kann in Gebirgen gewöhnlich eine oder mehrere Waldstufen unterscheiden, über denen die (waldlose) Hochgebirgsstufe, unrichtig verallgemeinernd häufig „alpine Stufe" genannt, sich ausdehnt, die oft wieder in Abteilungen gegliedert werden kann. (Den Ausdruck „alpin" verwendet man am besten nur für das der Hochgebirgsstufe der Alpen eigentümliche Florenelement.)

Die Grenze zwischen der obersten Waldstufe und der waldlosen (oder — was nicht ganz dasselbe ist — baumlosen) Stufe heißt Wald-(Baum-)Grenze. Sie ist landschaftlich jedenfalls die auffallendste

---

[1] Die 1935 erschienene Vegetationskarte der Erde (Wandkarte) von H. BROCKMANN-JEROSCH weicht in einigen Punkten von dieser Darstellung ab.

[2] Statt „Stufen" nannte man (im Deutschen) die vertikalen Abteilungen der Vegetation früher „Regionen". — „Stufen" können Höhen- und Tiefenstufen sein, letztere an und in Gewässern.

Grenze in allen Gebirgen der Erde. Wenn der ganze Hang ein sehr trockenes Klima besitzt, fehlt der Wald überhaupt (Westhang der mittleren Anden von etwa 5° bis 30° s. B.); bei Gebirgen, die sich aus Steppen oder Wüsten erheben, kann über einem waldlosen Fuß eine mittlere Waldstufe entwickelt sein, die eine untere und obere Grenze aufweist (etwa 2000 bis 3000 m im Tien-Schan). Die Höhenlage der oberen Waldstufe hängt natürlich vor allem davon ab, in welcher Seehöhe die in der betreffenden Gegend wachsenden Bäume noch eine genügend lange Vegetationsperiode vorfinden, klimatisch also vor allem von der geographischen Breite, ferner von der Massenerhebung und der Himmelslage (Exposition), aber auch vom Klimacharakter (ozeanisch oder kontinental);[1] natürlich darf nie vergessen werden, daß nicht alle Bäume die Fähigkeit haben, absolut gleich hoch emporzusteigen, daß also einem Gebiet die Baumarten fehlen können, die geeignet wären, bedeutendere Höhen zu erreichen. Die öfter auffallend niedrige Lage der Baumgrenze in der Nähe der Äquatorialgegenden ist gewiß auch hierdurch, also durch die erwähnte mangelnde Eignung der Pflanzen bedingt.

Die Anzahl der großen Florengebiete, die man auch Florenreiche nennt, ist noch geringer als die der Vegetationsgebiete; gewöhnlich werden ungefähr sechs angenommen, nach anderer Auffassung vier. Den Raum zwischen den Wendekreisen nehmen die beiden tropischen Florenreiche ein; in Amerika das neotropische, in Afrika und Asien das paläotropische. Die ganze übrige nördliche Halbkugel gehört zum holoarktischen oder borealen Florenreich (auch nördlich-extratropisches genannt). Den südlichsten Teil der drei südlichen Kontinente rechnen wir zum südlichen oder australen (nicht australischen!) Florenreich. Die Floren der Südspitze von Südamerika, des südwestlichen Kaplandes und des außertropischen Australien sind immerhin voneinander so verschieden, daß man sie auch drei verschiedenen Florenreichen zuweisen kann, nämlich dem antarktischen, dem kapländischen und dem australischen. Die Unterabteilungen der Florenreiche werden als Provinzen oder Gaue bezeichnet.

Daß die Einteilung der Erdoberfläche in Vegetationsgebiete mit derjenigen in Florengebiete meist nicht übereinstimmt, wurde schon gesagt. Dabei kann eine Vegetationszone mehrere Florenreiche umfassen oder auch umgekehrt, so z. B. gehören zur Vegetationszone der tropischen Regenwälder Anteile des paläotropischen und des neotropischen Florenreiches. Umgekehrt schließt das boreale Florenreich das ganze Waldgebiet der nördlich-gemäßigten Zone, die arktischen Tundren, die Wüsten und Steppen, sowie die Hartlaubgebiete der Nordhalbkugel in sich.

---

[1] Vgl. die Tabelle in Supan-Obst, Grundzüge der physikalischen Erdkunde, 7. Aufl., II/2, S. 78f.

Gegenüberstellung
der vorstehend besprochenen Begriffe und Bezeichnungen.

Im folgenden seien die besprochenen Begriffe nach ihrer Zugehörigkeit zu den beiden Richtungen der Pflanzengeographie einander nochmals gegenübergestellt.

Anm.: In dieser Form habe ich diese Gegenüberstellung in meinen Vorlesungen vorgebracht. Ähnliches findet sich an folgenden Stellen: GINZBERGER, A.: Die Biogeographie im erdkundlichen Unterricht (mit besonderer Berücksichtigung der Pflanzengeographie); VIII. Kap. in K. C. ROTHE und E. WEYRICH, Der moderne Erdkundeunterricht. S. 157. Wien und Leipzig: F. Deuticke. 1912. — VIERHAPPER, F.: Über die Richtungen pflanzengeographischer Forschung. Verhandl. d. zool. bot. Gesellsch. in Wien, 1918, S. 201.

Pflanzengeographie oder Geobotanik.

Ökologische Richtung	Genetische Richtung
Anpassungsmerkmale	Organisationsmerkmale

Ähnlichkeit beruhend auf

Konvergenz	Verwandtschaft
Vegetationsformen	Sippen
Formation	Florenelement
	Assoziation
Vegetation	Flora
	Pflanzenwelt
Vegetationsgebiet	Florengebiet

Ein Beispiel, durch Änderungen und Zusätze erweitert und entnommen der oben in der Anmerkung zitierten Arbeit von A. GINZBERGER (S. 157), möge den Unterschied zwischen ökologischer und floristischer Betrachtungsweise dartun.

Pflanzenwelt der nordamerikanischen Wüsten und Halbwüsten.

Vegetationsformen:	Sippen:
1. Stammsukkulente, meist mit (büschelförmig stehenden) Stacheln besetzt:	1. Kakteen ([25] — sehr viele Arten).
a) Stamm säulenförmig, mit Längsfurchen und Wülsten, wenig (kandelaberartig) verzweigt, bis 20 m hoch und $\frac{2}{3}$ m im Durchmesser.	a) Hauptgattung: Säulenkaktus.
b) Stamm und Verzweigungen $\pm$ kugelförmig, bis 2 m im Durchmesser, sonst wie a) oder warzig.	b) Hauptgattungen: Igelkaktus, Warzenkaktus.

c) Stammglieder flach, elliptisch oder eiförmig, ungefurcht, Pflanze breit, bis 10 m hoch, oft am Boden niedergestreckt.

2. Blattsukkulente: Blätter in einer grundständigen Rosette, meist schwertförmig, mit Endstachel und kürzeren Stacheln am Rand; Blütenstände sehr blütenreich, bis 10 m hoch.

3. Wenig verzweigte, bis 10 m hohe Bäume, jeder Zweig am Ende mit einem Schopf nicht fleischiger, messerförmiger, ganzrandiger Blätter mit Endstachel.

4. Kleine Sträucher, bis $1^1/_2$ m hoch, mit kleinen Blättern, oft durch dichte Behaarung grau.

5. Einjährige (nicht holzige) Pflanzen.

Anpassungsmerkmale:

1. Wasserspeicher (Sukkulenz) in Stämmen oder Blättern.
2. Verringerung der (verdunstenden) Oberfläche (Blätter klein oder fehlend).
3. Dicke Oberhaut, welche die Verdunstung vermindert.
4. Dichtes Haarkleid, welches im selben Sinne wirkt.

Formation:

Wüste oder Halbwüste.

Vegetation.

Vegetationsgebiet:

Steppen- und Wüstengürtel der nördlichen Halbkugel.

c) Hauptgattung: Feigenkaktus.

2. Narzissengewächse: Gattung: Agave [115].

3. Liliengewächse: Hauptgattung: Palmlilie [113].

4. Verschiedene Familien: Beispiele von Gattungen und Arten: Kreosotstrauch [69a], Sagebrush [108].

5. Verschiedene Familien.

Organisationsmerkmale:

Die Kakteen enthalten fast nie Milchsaft, Blüten meist groß, von auffälliger Farbe (zahlreiche Staubgefäße und Griffel). Die Narzissengewächse haben u. a. einen unterständigen Fruchtknoten,[1] die Liliengewächse einen oberständigen,[1] sonst ist der Blütenbau sehr ähnlich.

Florenelement:

Das Florenelement der nordamerikanischen Wüsten und Halbwüsten.

Flora.

Florengebiet:

Neotropisches Florenreich.

---

[1] Diese Ausdrücke beziehen sich auf die Stellung des Fruchtknotens zu den übrigen Teilen der Blüte.

Wenn man nun versucht, in ähnlicher Weise das Wüsten- und Halb-
wüstengebiet vergleichend zu behandeln, das unter nahezu der gleichen
geographischen Südbreite (zirka 30°) liegt und einen großen Teil des
extratropischen Südafrika einnimmt, so ergibt sich in der Vegetation eine weitgehende Ähnlichkeit. Besonders unter den Stamm- und
Blattsukkulenten finden sich in Nordamerika einerseits, in Südafrika
anderseits Formen, die einander im Habitus außerordentlich, ja bis zum
Verwechseln ähnlich sind und sich nur durch Organisationsmerkmale
(vor allem Merkmale der Blüten) voneinander unterscheiden, fast alle
Stammsukkulenten auch durch den Mangel oder Besitz von Milchsaft
(S. 24) sowie die Zahl und Stellung der Stacheln, bzw. Dornen. Die
Stammsukkulenten dieses Gebietes von Südafrika gehören zum größten
Teil, wie S. 23 auseinandergesetzt wurde, zur Gattung Wolfsmilch [27]
und damit zur Familie der Wolfsmilchgewächse, die mit den fast ausschließlich in Amerika einheimischen Kakteen nicht näher verwandt ist. Von
den Blattsukkulenten Südafrikas, die den Agaven Amerikas zum Teil
sehr ähnlich sind, gehören viele zur Gattung Aloë, einer Gattung der
Liliengewächse [113], die in Amerika fehlt, so wie die Narzissengewächs-
gattung Agave [115] in Südafrika und der Alten Welt überhaupt nicht
vertreten ist. Außerdem wachsen in Südafrika noch zahlreiche im Aussehen sehr mannigfaltige, meist kleine und verschiedenen Familien zu-
gehörige Blattsukkulente, denen keine in Nordamerika heimische Pflanzen-
sippen entsprechen.

Als Vegetationsgebiet gehören die südafrikanischen Wüsten und
Halbwüsten zum Steppen- und Wüstengürtel der südlichen Halbkugel,
in dem teils die Formation der Halbwüste, teils die der Wüste herrscht;
als Florengebiet gehören sie zu demjenigen Teil des paläotropischen
Florenreiches, in welchem besonders gewisse für Südafrika bezeichnende
Gattungen, wie Aloë [113], Eiskraut [24], Dickblatt [47] u. a. als Florenelement sehr reich vertreten sind. Also: in der Vegetation stimmen die
beiden Gebiete sehr weitgehend überein, in der Flora sind sie gänzlich
voneinander verschieden.

Die vorstehende Darstellung der pflanzengeographischen Beziehungen
der beiden Wüstengebiete und ihr Vergleich hat gezeigt, daß auch, wie
schon S. 28 angedeutet worden ist, namentlich für den in schnellerem
Tempo reisenden Geographen die Möglichkeit besteht, die Eigenart
der Vegetation eines Gebietes, besonders die Vegetationsformen
leicht und sicher, daher rasch und vollständig zu erkennen und zu
unterscheiden, und ich will hoffen, daß das später (S. 79 f.) zu bringende
„System der Vegetationsformen" dies ermöglichen wird. All das, sogar
die Vollständigkeit der Erfassung der Vegetationsformen, ist möglich,
wenn deren Merkmale so gewählt werden, daß sie leicht und sicher erkannt
werden können; aus eben diesem Grund ist ein einigermaßen weiter

gespannter Überblick über die Flora eines Gebietes, eine tiefere Einsicht in dieselbe erst nach langer, eingehender Beschäftigung mit dem Gegenstand möglich.

Aus der Darstellung des Wesens, Umfanges und Inhaltes der Pflanzengeographie ist wohl zur Genüge hervorgegangen, wie sehr die Unterscheidung der beiden Richtungen geeignet ist, die verschiedenen Probleme der Pflanzengeographie zu erfassen und zu vertiefen. Diese Zweiteilung ist auch, wie aus den später anzuführenden Titeln der wichtigsten pflanzengeographischen Werke hervorgeht, schon vor längerer Zeit üblich gewesen; allerdings muß erwähnt werden, daß von manchen Autoren auch eine Dreiteilung vorgenommen worden ist, indem bei der genetischen Pflanzengeographie der beschreibende und erklärende Teil (die man natürlich auch bei der ökologischen Pflanzengeographie unterscheiden kann) unter dem Namen floristische und historische Pflanzengeographie (oder Pflanzengeschichte) der als einheitlich aufgefaßten ökologischen Richtung gegenübergestellt werden.

Wichtigste deutschsprachige Nachschlage-Literatur.

Außer den pflanzengeographischen und allgemeinbiogeographischen Abschnitten der größeren geographischen Handbücher kommen für den Geographen in Betracht:

SCHIMPER, A. F. W.: Pflanzengeographie auf physiologischer Grundlage. 3., neubearbeitete und wesentlich vermehrte Auflage, herausgegeben von F. C. v. FABER. Zwei Bände, 1612 S., 614 Abb., 3 Karten. Jena: G. Fischer, 1935.

WARMING, E. und P. GRAEBNER: Lehrbuch der ökologischen Pflanzengeographie. 4. Auflage, nach WARMINGS Tode von GRAEBNER bearbeitet. 1158 S., 468 Abb. Berlin: Gebr. Borntraeger, 1935.

HAYEK, A.: Allgemeine Pflanzengeographie. 409 S., 5 Abb., 2 Karten. Berlin: Gebr. Borntraeger, 1926. (Behandelt sowohl die ökologische als auch die genetische Richtung.)

Vegetationsbilder finden sich u. a. in den oben angeführten Werken von SCHIMPER-FABER und WARMING-GRAEBNER, vor allem aber in dem in zwanglosen Heften erscheinenden Werk: Vegetationsbilder, begründet von G. KARSTEN und H. SCHENCK, fortgesetzt von H. WALTER. (Seit 1903. Erscheint in Reihen zu 8 Heften, jedes mit 6 Tafeln. Letztes bisheriges Heft: 25. Reihe, Heft 4. Jena: G. Fischer. Registerheft für die Reihen 1 bis 20 erschienen 1920.)

Vegetations- und Florenkarten finden sich in mehreren Handbüchern der Pflanzengeographie und in Atlanten, z. B. in „Meyers Physikalischer Handatlas" (51 Karten. Leipzig und Wien: Bibliographisches Institut, 1916). — Eine Wandkarte (1 : 20 Millionen Äquatorialmaßstab) „Vegetationskarte der Erde" von H. BROCK-

MANN-JEROSCH ist 1935 erschienen (Gotha: Justus Perthes). — Darstellungen der Verbreitung von Sippen finden sich in dem in zwanglosen Heften erscheinenden Werk „Die Pflanzenareale", herausgegeben von E. HANNIG und H. WINKLER. Seit 1926. Bisher sind 4 Reihen erschienen; jede enthält 8 Hefte zu 10 Karten. Jena: G. Fischer.

Zum Schluß möge auch noch ein Handbuch angeführt werden, das namentlich für denjenigen Geographen von Bedeutung ist, der ein sehr inhaltsreiches, außerordentlich reich und gut illustriertes Buch, das namentlich pflanzengeographisch und praktisch wichtige Pflanzen berücksichtigt, zum Nachschlagen benötigt. Es ist im wesentlichen eine systematisch geordnete Naturgeschichte des Pflanzenreiches der ganzen Erde: WARBURG, O.: Die Pflanzenwelt 3 Bände, 1715 S., 31 farbige, 62 schwarze Tafeln, 786 Textabb. (Leipzig und Wien: Bibliographisches Institut, 1913 bis 1922).

Was „die Pflanzenwelt" für die ganze Erde ist, bedeutet mit besonderer Ausführlichkeit für den mitteleuropäischen, besonders deutschen Raum die Illustrierte Flora von Mitteleuropa von G. HEGI. 12 Bände (nebst Registerband) mit sehr zahlreichen, meist farbigen Tafeln, Textabbildungen und Kärtchen. München: I. F. Lehmann, 1906 bis 1931. Das Werk ermöglicht nicht nur die Bestimmung aller höheren Farn- und Blütenpflanzen der Heimat, sondern gibt darüber auch in praktischer Hinsicht Auskunft, sowie über Kultur-, Nutz-, Arznei- und Zierpflanzen.

B. Bau und Leben der Pflanzen.

Teilwissenschaften der Biologie.
(Botanik und Zoologie.)

Den Geographen interessiert, wie wir gesehen haben, die Pflanze vor allem als landschaftsbildendes Element. Um sie in dieser Hinsicht zu verstehen, muß das Wichtigste aus der Lehre von der Gestalt, von den Funktionen des Pflanzenkörpers und seiner einzelnen Teile und von der Anpassung desselben an seine Umwelt angeführt werden. Die Lehre von der Gestalt und vom Bau des Körpers heißt bei Pflanzen und Tieren Morphologie; dieser Ausdruck wird in engerem Sinne besonders für die äußere Gestalt angewendet, die bei nicht zu kleinen Lebewesen schon mit freiem Auge oder schwacher Vergrößerung wahrnehmbar ist. Für die Kenntnis des inneren Baues ist bei Lebewesen beider Reiche vornehmlich der Ausdruck Anatomie gebräuchlich. Die Lehre von den Lebensvorgängen, von den Leistungen oder Funktionen der Organe nennt man Physiologie, die von der Anpassung an die Umwelt oder von der Lebensweise Ökologie, wie oben bereits erwähnt wurde. Statt Ökologie sagte man früher Biologie, welcher Ausdruck in neuerer Zeit für das Gesamtgebiet der Botanik und Zoologie verwendet wird.

Blütenpflanzen
(Samenpflanzen, Phanerogamen, „höhere" Pflanzen).
Morphologie.

a) Unterirdische Teile (Wurzeln und unterirdische Stämme).

Jede höher organisierte oder, wie man meist kurz sagt, „höhere", in allen Teilen wohlentwickelte und nicht irgendwie (etwa infolge von Schmarotzertum oder einer Lebensweise unter besonders schwierigen Bedingungen) abnorm gestaltete Pflanze, kurz ein Gewächs, wie wir es uns vorstellen, wenn wir von einer Pflanze schlechtweg reden, besteht aus einem in der Erde lebenden unterirdischen Teil und aus einem oberirdischen Teil, dessen untere Partien auch von Wasser umspült sein können. In diesem Falle sprechen wir von einer Sumpfpflanze (Erde, Wasser, Luft), während eine Pflanze, die ihre Organe nur in der

Erde und in der Luft ausbreitet, als **Landpflanze** bezeichnet wird. Wenn alle Organe (mit Ausnahme der Blüten) im Wasser leben oder auf der Oberfläche des Wassers schwimmen oder überdies sich noch im Boden Organe ausbreiten, so spricht man von **Wasserpflanzen**; viele von ihnen entsenden Wurzeln in den Boden, andere sind von ihm vollständig unabhängig.

Der unterirdische Teil einer Pflanze wird im gewöhnlichen Leben kurzweg als **Wurzel** bezeichnet; man sagt, eine Pflanze sei **bewurzelt**, wenn die unterirdischen Partien daran sind. In vielen Fällen bestehen dieselben wirklich nur aus **echten Wurzeln**, und zwar ist entweder eine mehr oder weniger vertikal in den Boden eindringende und wenig verzweigte „**Pfahlwurzel**" vorhanden, die mitunter bei tiefliegendem Grundwasser eine Länge von 15 bis 30 m erreichen kann, oder ein ganzes **Büschel** von ziemlich gleich starken Wurzeln.[1] Sehr häufig aber besteht der unterirdische Teil der Hauptsache nach gar nicht aus Wurzeln, sondern aus **Organen, die zu den Stammorganen** gehören. Die Morphologie der Pflanzen gebraucht das Wort **Stamm** in einem viel weiteren Sinn als die Volkssprache. Man darf dabei nicht nur an den verholzten Stamm eines Baumes denken, sondern zu den Stämmen, die in diesem weiteren Sinn auch als **Achsen** bezeichnet werden, gehören auch die krautigen **Stengel** der nicht holzigen Pflanzen, die **Halme** der grasartigen Gewächse, ferner jede Verzweigung eines Stammgebildes, wie **Ast**, **Zweig** und **Blütenstiel**. Den Hauptstamm mit allen seinen Verzweigungen nennt man **Achsengerüst**. Die unterirdischen Stammgebilde nennt man **Wurzelstöcke** oder **Rhizome**; sie tragen echte Wurzeln und oft häutige oder fleischige Schuppen und senden grüne Blätter über die Erdoberfläche. Auch die **Zwiebel** ist wenigstens teilweise ein unterirdisches Stammgebilde; als solches ist der scheibenförmige Teil am Grunde der Zwiebel zu betrachten, von welchem nach unten ein Kranz von Wurzeln, nach oben eine Anzahl fleischiger Zwiebelschuppen und häutiger Zwiebelscheiden entspringen. Die **Knollen** sind teils verdickte Wurzeln, teils dick und „fleischig" ausgebildete Rhizomstücke. An allen diesen unterirdischen Stammgebilden entspringen, wie erwähnt, echte Wurzeln, die ihrerseits niemals Schuppen oder andere Blätter tragen. Wir sehen also: erstens, daß nicht alle unterirdischen Organe Wurzeln sind (umgekehrt leben nicht alle Wurzeln im Boden, denn es gibt auch **Wasserwurzeln** und **Luftwurzeln**); zweitens, daß ein großer Teil der unterirdischen Organe (Wurzelstöcke oder Rhizome, Zwiebeln und ein Teil der Knollen, nämlich die Stammknollen) Stammgebilde sind, die stets Wurzeln und sehr häufig auch Blattgebilde von meist schuppenförmiger Gestalt tragen.

---

[1] Ein solches Wurzelgeflecht kann auch ziemlich tief reichen, z. B. bei Roggenpflanzen bis 1 m.

b) Sproß; Knospe.

Der wesentliche Unterschied zwischen einer Wurzel und einem Stammgebilde besteht abgesehen vom anatomischen Bau darin, daß erstere niemals Blätter oder blattähnliche Organe (Schuppen u. dgl.) hervorbringt, sondern daß ihre Verzweigungen immer wieder nur Wurzeln sind; ein Stammgebilde dagegen trägt gewöhnlich Blätter, Schuppen u. dgl. Organe, welche wir zu den Blattgebilden rechnen; ja es ist der gewöhnliche Fall, daß Stammgebilde beblättert sind, und man nennt sie in diesem Fall Sprosse. Während Wurzeln an den verschiedensten Stellen eines Sprosses ihren Ursprung nehmen können, entspringen die Blätter stets nur an ganz bestimmten Stellen desselben, die man Knoten nennt,[1] während die Stammstücke zwischen den Knoten als Stammglieder, Sproßglieder oder Internodien bezeichnet werden. Die Blätter entspringen an den Knoten entweder einzeln oder zu zweien oder zu mehreren; im ersten Fall steht in gleicher Höhe des Stammes nur ein Blatt, und man nennt die Blätter dann wechselständig oder schraubig, weil die Anheftungsstellen benachbarter Blätter in einer um den Stamm gelegten Schraubenlinie liegen. Im zweiten Fall stehen in gleicher Höhe einander gegenüber je zwei Blätter und zwar stets so, daß die Ebene der Mittellinie der Blätter eines Paares mit derjenigen des nächst höheren und tieferen einen rechten Winkel bildet; man nennt solche Blätter gegenständig, genauer: gekreuzt-gegenständig; im dritten Fall endlich stehen in derselben Höhe des Stammes drei oder mehrere Blätter und diese Stellung nennt man quirlig oder wirtelig. Die erwähnten Stellungsverhältnisse der Blätter sind fast immer sehr wichtige, meist für ganze Sippen höheren Ranges (Familien) gültige Organisationsmerkmale.

Die wechselständigen Blätter stehen niemals an einer und derselben Seite des Stengels oder Zweiges, sondern der Ursprungspunkt eines jeden ist gegen den des benachbarten gedreht, so daß oft kein Blatt genau über einem tiefer angehefteten steht. In anderen Fällen ist dies jedoch der Fall, so daß die Beblätterung zweizeilig, dreizeilig usw. ist; dies ist besonders bei Pflanzen von grasartigem Aussehen häufig.

Das über die Stellung der Blätter Gesagte gilt nur für vertikale Sprosse, an schiefen oder horizontalen Sprossen stellen sich während des Heranwachsens Drehungen und Biegungen der Internodien und der Blattstiele ein, so daß schließlich die Flächen sämtlicher Blätter oft in eine Ebene zu liegen kommen, wodurch sie in die günstigste Lage zum Licht gelangen, das ja wenigstens für die Laubblätter unumgänglich notwendig ist. Sie stehen dann scheinbar zweizeilig zu beiden Seiten des Sprosses. Der Unterschied zwischen derlei Sprossen und vertikalen ist bei gekreuzt-gegenständiger Blattstellung besonders auffällig.

---

[1] Sie werden besonders dann so bezeichnet, wenn sie nicht zu dicht stehen und durch Verdickung des Stengels stärker hervortreten.

Die Form des Querschnittes der Wurzeln, Stämme und Blätter ist im einzelnen sehr verschieden, die beiden ersten haben meist einen rundlichen oder polygonalen Querschnitt, während die letzteren fast immer flächenartig entwickelt sind. Auch Stammgebilde können flachgedrückt sein, ja mitunter wie Blätter aussehen und in diesem Fall nennt man sie Flachsprosse oder Phyllokladien.[1]

Daß diese Gebilde keine echten Blätter sind, ist oft daran zu erkennen, daß sie selbst Blätter oder Blüten oder beides tragen.

Eine besondere Bedeutung hat die Verschiedenheit der Blattstellung bei den Holzgewächsen, also Bäumen, Sträuchern und holzigen Lianen. Diese sind dadurch ausgezeichnet, daß alle ihre Achsen mit Ausnahme der Blütenstiele verholzen und in diesem Zustand viele Jahre am Leben bleiben, während die oberirdischen Stammgebilde der krautigen Pflanzen bald, gewöhnlich zu Beginn der Ruheperiode, absterben. Bei den Holzgewächsen entwickelt sich in dem Winkel zwischen Zweig und Blatt, der sogenannten Blattachsel, ein Sproß, der anfangs nur ganz kurze Internodien hat und bei Holzpflanzen, die in Gegenden mit einer Ruheperiode ihre Heimat haben, mit derben Schuppen bedeckt ist, eine Knospe. Während bei den Nadelhölzern sowie bei manchen anderen Holzgewächsen mit vielen, sehr dichtstehenden, nadel- oder schuppenförmigen Blättern (z. B. *Erica* [83]) nur einzelne davon mit solchen Achselknospen versehen sind, entwickelt sich bei den Holzgewächsen mit Blättern der gewöhnlichen Stellung, Größe und Form in der Achsel jedes Blattes eine Knospe, so daß meist auch nach dem Blätterfall die Blattstellung an der Stellung der Knospen und der aus ihnen hervorgehenden Zweige erkannt werden kann.

c) Blatt.

Die Blätter sind Organe mit verhältnismäßig kurzer Lebensdauer. Wenn diese länger als ein Jahr währt, so nennt man die Blätter mehrjährig und ein Holzgewächs,[2] das derlei Blätter besitzt, immergrün, da die Blätter der verschiedenen Jahrgänge zu verschiedenen Zeiten abgestoßen werden und daher eine derartige Holzpflanze niemals ganz kahl dasteht. In Gegenden, in denen eine längere ausgesprochene

---

[1] Wohl zu unterscheiden von Phyllodien (S. 47).

[2] Ich habe mich bemüht, für die Bezeichnung der Pflanzen selbst (Arten und Individuen) stets nur die beiden hier erwähnten Ausdrücke zu gebrauchen (in Zusammensetzungen auch „Hölzer“, z. B. Laub-, Nadelhölzer). Im selben Sinn wird auch oft das Wort „Gehölz“ gebraucht, das man aber lieber für die Bezeichnung eines Bestandes von Bäumen und Sträuchern verwenden sollte. Die Art „Rotbuche“ oder eine oder mehrere Rotbuchen sind Holzpflanzen, Holzgewächse und gehören zu den Laubhölzern; ein Bestand oder Wald usw. von Rotbuchen ist ein Gehölz und zwar ein Laubgehölz.

Trocken- oder Kälteperiode die Vegetationszeit unterbricht, lebt jedes Blatt nur einige Monate und sie werden dann zu Beginn der ungünstigen Jahreszeit abgestoßen. Derartige Blätter nennt man mit Rücksicht auf die Verhältnisse in unseren und ähnlichen Klimaten sommergrün; in den Heimatgebieten der sommergrünen Holzgewächse gibt es auch einzelne Arten, deren Blätter gerade ein Jahr alt werden, also nicht zu Beginn der Ruheperiode abfallen, sondern erst am Anfang der nächsten Vegetationszeit; solche Holzgewächse sind also auch im Winter grün, wonach sie wintergrün genannt werden; sie unterscheiden sich aber von den echten immergrünen Holzpflanzen dadurch, daß ihre Blätter nicht mehrjährig sind. Die Blätter immergrüner und wintergrüner Holzpflanzen lassen sich leicht daran erkennen, daß sie verhältnismäßig dick und von fester Konsistenz („lederig", „hart") sind, was hauptsächlich durch ihre dicke Oberhaut bewirkt wird, die Blätter sommergrüner Holzpflanzen dagegen sind infolge der dünnen Beschaffenheit ihrer Oberhaut zart und weich.

Die Ablösung der Blätter von den Zweigen findet nicht etwa in der Weise statt, daß sie vom Winde abgerissen werden, sondern es ist dies ein organischer Vorgang, der im Wesen darin besteht, daß eine Gewebsschicht an der Grenze von Zweig und Blatt zugrunde geht, so daß auch bei vollkommener Luftstille das Eigengewicht des Blattes genügt, um es zum Fallen zu bringen. Die Blattnarben sind daher auch ganz glatt, übrigens sehr charakteristisch gestaltet. Vor dem Laubfall findet in den meisten Fällen eine Verfärbung der Blätter statt, in der Gelb und Rot vorherrschen und die in artenreichen Laubwaldgebieten (Ostasien, atlantisches Nordamerika) die prachtvollsten Landschaftsbilder hervorbringt.

Das, was wir gewöhnlich Blatt schlechthin nennen, wird in der Morphologie genauer als Laubblatt bezeichnet, weil ja zu den Blättern im weiteren Sinn auch z. B. die fleischigen Schuppen an unterirdischen Stammgebilden, die Knospenschuppen, die Blätter der Blüten und ihrer Umgebung (Blütenregion) usw. gehören. An den meisten wohlentwickelten Laubblättern sind drei Hauptteile sichtbar, die Blattspreite (Blattfläche),[1] der Blattstiel und die Blattscheide. Fehlt der Stiel, so heißt das Blatt sitzend. Die meisten Blattstiele sind am Grunde verdickt oder verbreitert zu einem Gebilde, das man als Blattscheide bezeichnet; manche Blattscheiden, z. B. bei den Gräsern, umgeben den Stengel rinnen- oder röhrenförmig.[2] Der Blattstiel ist manchmal flächenhaft

---

[1] Die Blattspreite ist physiognomisch gewöhnlich der auffallendste Teil des Blattes, und wenn man von Blättern, ihrer Form, Größe usw. spricht, meint man die Spreiten.

[2] Hier wie bei vielen anderen einkeimblättrigen Pflanzen fehlt der Blattstiel und die Spreite sitzt breit am oberen Ende der oft mächtig entwickelten Scheide.

und viel stärker entwickelt als die Blattspreite, und wenn diese sehr verkümmert ist oder ganz fehlt, so kann er auch die Form einer solchen annehmen und wird dann als Phyllodium[1] bezeichnet, gewöhnlich aber ist sein Querschnitt rinnig oder halbrund, selten kreisförmig. Am Grunde des Blattes zu beiden Seiten desselben stehen nicht selten Gebilde, die oft die Form kleiner Blätter haben, aber auch fadenförmig oder stechend entwickelt sein können, die Nebenblätter. Ihr Vorhandensein oder Fehlen ist für eine größere Sippe (Familie) oft ein sehr bezeichnendes Organisationsmerkmal.

Die Blattspreite ist in der Form außerordentlich mannigfaltig. Ihre zahlreichen Formen hier aufzuzählen und zu beschreiben, ist wohl kaum nötig, da sich die Erklärung der hier üblichen Ausdrücke und die dazu gehörigen Abbildungen in jedem elementaren Lehrbuch der Botanik vorfinden. Überdies wird auch in diesem Buche noch an anderer Stelle (S. 90 f.) davon die Rede sein. Nur ein Punkt sei hervorgehoben. Die Spreite ist oftmals sehr stark zerteilt, und diese Teilung geht oft so weit, daß die einzelnen Abschnitte eine größere Selbständigkeit erlangen, die sich z. B. darin ausdrückt, daß sie eigene Stiele besitzen, mit denen sie an einem „gemeinsamen Blattstiel" angewachsen sind. Sie sehen daher wie ganze Blätter aus, ohne es zu sein, und werden zum Unterschied von solchen als „Blättchen" bezeichnet, das ganze Blatt als zusammengesetztes Blatt.

Die Verkleinerungssilbe „chen" soll aber nichts über die Größe aussagen, sondern nur zum Ausdruck bringen, daß die „Blättchen" nicht einem Blatt gleichwertig, sondern nur Teile eines solchen sind. Die Blättchen des Roßkastanienblattes sind einige Dezimeter lang, die Blätter des Thymian kaum einen Zentimeter. Ein gemeinsamer Blattstiel mit den zu beiden Seiten sitzenden Blättchen sieht manchmal einem beblätterten schiefen oder horizontalen dünnen Zweig einer anderen Pflanzenart sehr ähnlich, so daß der minder Geübte im Zweifel ist, was er vor sich hat. Das beste Unterscheidungsmerkmal ist wohl die dem Scheidenteil des gemeinsamen Blattstieles entsprechende Verdickung, die an der Basis des beblätterten Zweiges natürlich fehlt. Am deutlichsten zeigt sich die Selbständigkeit der Blättchen innerhalb des zusammengesetzten Blattes darin, daß sie sich beim Laubfall gesondert vom gemeinsamen Blattstiel ablösen und dieser oft noch eine Zeitlang am Zweig stehen bleibt, wenn die Ablösung der Blättchen schon stattgefunden hat. Diesen Vorgang kann man z. B. bei der Roßkastanie sehr schön beobachten und die Zweige mit den langen, gelblichen Blattstielen, von denen die Blättchen sich bereits abgelöst haben, sehen dann merkwürdig genug aus.

Die Form der Blätter ist zum Unterschied von deren Stellung gewöhnlich kein sehr tiefgreifendes Merkmal und kann innerhalb einer und derselben Gattung (z. B. Ahorn) sehr verschieden sein. Dagegen ist sie hervorragend geeignet, um die Arten einer Gattung voneinander zu

---

[1] Wohl zu unterscheiden von Phyllokladium (S. 45).

unterscheiden. Der Besitz einfacher oder zusammengesetzter Blätter dagegen ist oft für größere Sippen (z. B. Familien) sehr bezeichnend.

Die Größe der Blätter ist sehr verschieden; es gibt solche, die nur einige Millimeter lang sind, anderseits Palmblätter von 20 m Länge und 12 m Breite. Aber auch mittelgroße Palmblätter, z. B. das der Kokospalme, haben ein solches Gewicht, daß ein derartiges sich lösendes Blatt beim Absturz immerhin erheblichen Schaden anrichten kann.

Die Farbe der Blätter sowie aller jugendlichen oberirdischen Stammgebilde ist grün, und zwar in verschiedenen Abstufungen von hellgrün bis dunkelgrün, wobei die helleren Töne mehr den jungen Organen eigen sind. Die Unterseite der Blattspreiten ist gewöhnlich blasser als die Oberseite, oft durch Bedeckung mit lufterfüllten Haaren grau bis weiß, und zwar häufig in der Jugend heller als im entwickelten Zustand.[1] Welche große Rolle diese grüne Farbe in der Landschaft weiter Gebiete spielt, ist bekannt. Der Stoff, der den Pflanzen diese Farbe verleiht, heißt Blattgrün oder Chlorophyll. Blätter von Schattenpflanzen, wie sie besonders im Grunde der Wälder, namentlich der Tropen, wachsen, zeigen oft auf der Oberseite weiße oder mattsilbrige Flecken, während die Unterseite violett oder dunkelpurpurn gefärbt ist; unter Umständen sind Blätter oder ganze Pflanzen rötlich überlaufen. Während krautige Stammgebilde ihre grüne Farbe durch die ganze kurze Zeit ihres Lebens behalten, indem diese Farbe durch die farblose Oberhaut durchschimmert, ändern die verholzenden Zweige der Bäume, Sträucher und holzigen Lianen fast immer ihre Farbe nach kurzer Zeit, indem sie sich mit einer braunen oder grauen Haut überziehen. Diese ist als Korkhaut zu bezeichnen und hat dieselben Eigenschaften wie der Flaschenkork; sie ist nämlich für Flüssigkeiten undurchdringlich. Selten, wie z. B. bei der Korkeiche, ist nicht eine Korkhaut, sondern ein dicker Mantel von Korkgewebe entwickelt; manchmal bildet derselbe Leisten oder Warzen.

d) Blüte.

Eine besondere Art der Sprosse sind diejenigen, welche im Dienst der Fortpflanzung stehen und die bei den höher entwickelten Pflanzen als Blüten ausgebildet sind. Die Blüten entspringen bei krautigen Gewächsen oft direkt aus den unterirdischen Stämmen, bei anderen stehen sie, häufig zu mehreren oder vielen in „Blütenständen" vereinigt, an oberirdischen Sprossen. Die Holzgewächse tragen ihre Blüten meist

---

[1] Wenn unterseits weißhaarige Blätter von Bäumen, die ganze Bestände bilden, vom Winde bewegt werden, sind mitunter abwechselnd die grünen Oberseiten und die weißen Unterseiten zu sehen und das verändert dann die ganzen Farben der Landschaft. Das kann man an unserer Silberpappel [14] sehen; ich beobachtete es auch an Armen des unteren Amazonas an den großen handförmigen Blättern der Imba-uba-Bäume [15].

an jungen, sehr häufig an diesjährigen noch grünen Zweigen, nur bei einer
Anzahl meist tropischer Bäume und Holzlianen entspringen die Blüten
„aus dem alten Holz", eine Erscheinung, die Stammblütigkeit oder
Kauliflorie genannt wird. In der Blütenregion überhaupt und in den
Blütenständen insbesondere finden sich oft abweichend gestaltete und
gefärbte Blätter, die man Hochblätter nennt.

Die einzelne Blüte besteht aus einem Stammgebilde, dem Blütenboden (Blütenachse), der an seinem verdickten oder scheiben- oder
becherförmig ausgestalteten Ende eine Anzahl Gebilde von verschiedener
Art trägt. Diese stehen meist in mehreren übereinander angeordneten
Kreisen am Ende, Rande oder im Grunde
des Blütenbodens und sind sehr häufig miteinander seitlich verbunden. Bei einer vollständig entwickelten Blüte (Abb. 1) kann
man vier verschiedene Arten derartiger Gebilde unterscheiden. Die des untersten Kreises
heißen Kelchblätter und bilden zusammen
den Kelch; die übrigen Teile der noch nicht
aufgeblühten Blüte werden von ihnen vollständig umschlossen, so daß sie zugleich die
Hülle der Blütenknospe bilden. Sie sind
meist grünlich gefärbt und von derber Beschaffenheit. Der nächste Kreis wird von den
Blumenblättern gebildet, zusammen Blumenkrone genannt. Ihre Anzahl ist häufig
dieselbe wie die der Kelchblätter, mit denen sie

Abb. 1. Blüte einer Linde, von
vorn und oben gesehen. Die fünf
dunklen Blätter sind die Kelchblätter, die fünf hellen die Blumenblätter; dann folgen zahlreiche Staubgefäße; im Innern
steht der Fruchtknoten mit Gri-
fel und Narbe. Vergrößert.
(Nach R. v. WETTSTEIN.)

gewöhnlich abwechseln, so daß ein Blumenblatt zwischen je zwei Kelchblätter zu stehen kommt. Oft groß und in den verschiedensten Farben
prangend, dabei von zarter Beschaffenheit, verleihen sie der Blüte diejenige
Auffälligkeit im Aussehen, diejenige Schönheit, welche uns eine Blüte als
„Blume" erscheinen läßt.[1] Eine solche Blume ist aber nicht nur für das
Auge des Menschen auffällig, was ja für das Leben der Pflanze ganz gleichgültig wäre, sondern auch für den Gesichtssinn derjenigen Tiere, vor
allem Insekten und Vögel, die, durch den sogenannten Schauapparat
(Schaueinrichtung) angelockt, Nahrung in der Blüte suchen und bei dieser
Gelegenheit unabsichtlich die Bestäubung vollziehen. Die Blumen-
krone stellt meist den Hauptteil des Schauapparats dar; es können

---

[1] Die Blumenkrone ist für die meisten Menschen, namentlich die Nicht-
Botaniker, für die bei Betrachtung der Pflanzen der ästhetische Genuß im
Vordergrund steht, jedenfalls der wichtigste Teil der Blüte, und wenn von der
Farbe einer Blüte gesprochen wird, ist die Farbe der Blumenkrone gemeint,
was übrigens auch in botanischen Büchern ganz allgemein der Fall ist;
mit „Blütenblau" ist gemeint „Blumenkronenblau".

aber auch andere Teile der Blüte (z. B. Staubgefäße) daran teilnehmen, ebenso Gebilde der Blütenregion außerhalb der Einzelblüte, wie Hochblätter und Blütenstandsachsen. Auf die Blumenblätter folgen die Staubgefäße. Sie bilden oft einen Kreis, der sehr häufig ebensoviel Glieder zählt wie Kelch und Blumenkrone, und stehen fast immer mit den Blumenblättern abwechselnd. Sehr oft ist noch ein zweiter, ähnlich entwickelter Kreis von Staubgefäßen vorhanden, so daß die Gesamtzahl der Staubgefäße doppelt so groß ist als die der Kelch- bzw. Blumenblätter. Auch kann die Anzahl der Staubgefäße sehr zahlreich sein. Jedes Staubgefäß besteht aus dem fadenförmigen oder flachgedrückten, manchmal sehr kurzen Staubfaden und dem rundlichen oder länglichen Staubbeutel; dieser ist im reifen Zustand mit einem staubförmigen oder etwas zusammenhängenden Pulver, dem Blütenstaub, auch Pollen genannt, erfüllt. Dieser wird, wenn staubförmig, vom Wind, wenn zusammenhängend, von Tieren zu der (gleich näher zu betrachtenden) Narbe gebracht, ein Vorgang, der als Bestäubung bezeichnet wird. Als oberster Kreis der Blütenorgane sind am Ende des Blütenbodens die Fruchtknotenblätter angeordnet, welche manchmal voneinander getrennt bleiben, häufiger aber mit den Rändern miteinander verwachsen sind und ein längliches oder rundes Gehäuse, den Fruchtknoten, bilden. Im Innern der Fruchtknoten befinden sich ein oder mehrere längliche oder rundliche Organe von sehr kompliziertem Bau, aus denen die Samen werden und die man daher Samenanlagen nennt. Den Anstoß zu dieser Entwicklung gibt (so wie bei den Tieren) ein geschlechtlicher Vorgang, der in der Vereinigung eines Teiles eines Pollenkorns mit einem Teil einer Samenanlage besteht und als Befruchtung (wohl zu unterscheiden von Bestäubung) bezeichnet wird. Es wurde schon oben erwähnt, daß letztere dadurch vollzogen wird, daß die Pollenkörner auf die Narbe, d. h. das empfängnisfähige Organ am oberen Ende des Fruchtknotens gelangt. Die Narbe sitzt entweder dem oberen Ende des Fruchtknotens unmittelbar auf oder ist mit ihm durch ein längeres oder kürzeres stielförmiges Gebilde, den Griffel, verbunden.[1]

In den Vorgängen der Bestäubung und Befruchtung spielt das Staubgefäß offenbar die Rolle des männlichen, der Fruchtknoten die des weiblichen Anteils; sie sind daher die eigentlichen Geschlechtsorgane der höheren Pflanzen und die wesentlichen Bestandteile der Blüte. Kelch und Blumenkrone, die, weil sie mehr auffallen, oben an erster Stelle genannt wurden, sind nur Hüllorgane. Es gibt Blüten, die nur eine einfache Blütenhülle, ja auch solche, die gar keine besitzen; Staubgefäße und Stempel aber, oder eines von beiden, müssen

---

[1] Fruchtknoten, Griffel und Narbe werden zusammen auch als Stempel bezeichnet.

in jeder funktionstüchtigen Blüte vorhanden sein. Im Gegensatz zu den höheren Tieren ist bei den höheren Pflanzen die Zwittrigkeit der Blüte die Regel, die Getrenntgeschlechtigkeit viel seltener. In letzterem Falle nennt man die nur Staubgefäße enthaltenden Blüten Staubblüten oder männliche Blüten, dagegen diejenigen, die nur Fruchtknoten enthalten, Fruchtblüten oder weibliche Blüten. Staub- und Fruchtblüten können sich auf demselben Exemplar (natürlich an verschiedenen Stellen[1]) befinden; dann nennt man die Blüten, ebenso auch die Pflanzenarten einhäusig. Trägt dagegen ein Teil der Exemplare einer Pflanzenart nur männliche, ein anderer Teil nur weibliche Blüten, so nennt man Blüten und Pflanzenarten zweihäusig.

e) Frucht und Same.

Wie oben erwähnt, vollzieht sich der Vorgang der Befruchtung lediglich in gewissen Teilen der Samenanlage, aber seine Wirkungen gehen über den Bereich dieser hinaus und greifen auf die benachbarten Teile des Fruchtknotens über, und so entsteht nicht nur aus der Samenanlage der Same, sondern aus dem Fruchtknoten die Frucht, die einen bis sehr zahlreiche Samen enthalten kann. Frucht und Same werden in der Sprache des gewöhnlichen Lebens oft nicht scharf auseinandergehalten, vor allem wohl deshalb, weil man bei ersterem Wort hauptsächlich an saftige Früchte, Obst u. dgl. denkt. Der Same einer Pflanze kann der Frucht einer anderen sehr ähnlich sein, so z. B. verdankt die Roßkastanie [75] der Ähnlichkeit ihres Samens mit der Frucht der echten oder Edelkastanie [12] ihren Namen, obwohl die beiden Bäume einander durchaus nicht ähnlich und miteinander nicht näher verwandt sind.

Die Früchte sind, was Größe, Gestalt, Farbe, Konsistenz sowie Zahl und Beschaffenheit der darin enthaltenen Samen betrifft, von größter Mannigfaltigkeit.

Nach einem auffallenden und leicht festzustellenden Merkmal der reifen Frucht kann man trockene und saftige Früchte unterscheiden. Bei ersteren ist die Fruchtschale steinhart, holzig, zähe, faserig oder trockenhäutig; sie umschließt einen oder mehrere, bisweilen sehr zahlreiche Samen. Wenn sie nur einen Samen enthält, so bleibt die Frucht geschlossen und wird vom Keimling erst bei der Keimung gesprengt. Derlei trockene Früchte heißen Schließfrüchte. Beispiele: Haselnuß [11], Korn der Getreidearten [122]. Bisweilen besteht die Fruchtschale aus mehreren Schichten, deren innerste sehr hart sein kann; Beispiele: Walnuß [13], Kokosnuß [126].

Wenn die Frucht mehr als einen Samen enthält, so ist es begreiflicherweise für die Pflanze von Bedeutung, daß die Samen nicht beisammen-

---

[1] Diese Stellen können, wenn die Blüten der beiden Geschlechter klein sind, recht nahe beieinanderliegen.

bleiben, sondern an möglichst weit voneinander entfernte Orte gelangen. Daher öffnet sich in diesem Fall bei trockenen Früchten die Fruchtschale in verschiedener Weise; solche Früchte nennt man Kapseln. Zu ihnen gehören auch die (einfächerigen) Hülsen[1] und die (zweifächerigen) Schoten. Mehrsamige Früchte zerfallen nicht selten bei der Reife in mehrere Stücke („Teilfrüchte"), von denen jedes dann meist einen Samen enthält; man nennt sie Spaltfrüchte.

Bei den saftigen Früchten ist der größte Teil der Frucht saftig oder weich („fleischig"). Wenn die Samen von Saft oder Fleisch direkt umhüllt sind, so nennt man die Früchte Beeren, unabhängig von ihrer Größe und Gestalt. Gurke, Melone, Kürbis, Dattel, Banane sind Beeren. Wenn aber die innerste Schicht der Fruchtschale eine harte Hülle um den oder die Samen bildet, so wird die Frucht Steinfrucht, diese Hülle Steinkern oder kurzweg Stein genannt. Bei einer Steinfrucht, z. B. einem Pfirsich, einer Kirsche, lagern sich drei Hüllen um den Samen: die Haut, das Fruchtfleisch und der Steinkern.

Der saftige Teil von Früchten geht oft nicht aus dem Fruchtknoten allein, sondern wenigstens teilweise aus dem Blütenboden hervor (Scheinfrüchte). Beispiele: Apfel, Birne. Saftige Früchte bestehen oft aus mehreren getrennten Teilfrüchten (Himbeere, Brombeere) oder werden durch einen ganzen Fruchtstand gebildet (Maulbeere, Brotfrucht [15]).

Der Same besteht aus der harten oder häutigen (seltener fleischigen) Samenschale und dem Keimling. Wegen Licht- und Chlorophyllmangel kann dieser, solange er im Boden steckt, nicht assimilieren, weshalb meist noch ein dritter Bestandteil, das Nährgewebe, vorhanden ist, das Stärke oder Fett oder Eiweiß enthält („Reservesubstanzen", s. S. 69), welche der Keimling im Anfang für sein Wachstum verwendet; manchmal ist das Nährgewebe steinhart.

Wie erwähnt, ist es für jede Pflanze von Wichtigkeit, daß ihre Früchte oder Samen vom Orte der Entstehung möglichst weit verbreitet werden. Die Verbreitung wird durch mancherlei Einrichtungen ermöglicht oder erleichtert. Kapselfrüchte schleudern die Samen oft mit ziemlicher Kraft aus. Der Wind trägt kleine Samen und noch mehr die Sporen[2] der blütenlosen Pflanzen über Hunderte von Kilo-·

---

[1] Die Hülsen werden im gewöhnlichen Leben oft fälschlich Schoten genannt. Es ist nicht folgerichtig, die Früchte der Bohnen, der Erbsen, der Linsen mit dem gemeinsamen Namen Hülsenfrüchte zu belegen (eine Bezeichnung, die an sich richtig ist), während man gleichzeitig jede von diesen Früchten einzeln Schote nennt (eine Bezeichnung, die auch an sich falsch ist).

[2] In der Atmosphäre finden sich in großer Menge die Sporen von Bakterien, Pilzen, Algen, auch von Farnen, sowie Pollen von Blütenpflanzen als Bestandteile des Staubes, die man als Aëroplankton (Luftplankton), s. S. 94, zusammenfaßt.

metern; größere Samen und Früchte haben trockenhäutige Anhängsel („Flügel"), die Luftströmungen als Angriffsfläche dienen können. Eine lockere, lufthaltige Fruchtschale befähigt manche Früchte zum Schwimmen und sie können von Meeresströmungen weithin verfrachtet werden (Mangrovepflanzen). Sehr häufig ist die Frucht- oder Samenschale mit Borsten, Haken u. dgl. besetzt, mit deren Hilfe die Früchte oder Samen sich am Fell oder Gefieder von Tieren anhängen. Von diesen können sie dann anderwärts abgestreift und so verbreitet werden. Saftige Früchte bilden eine bevorzugte Nahrung namentlich von Vögeln; die Samen, die, durch ihre Schale geschützt, unverdaut den Darm passieren, werden an anderer Stelle abgelagert und so verbreitet. Zucker und andere Stoffe im Saft solcher Früchte lassen sie begehrenswert erscheinen, auffällige Farben locken die Vögel an. Auch Ameisen verbreiten Samen, die in einem eigenen Anhängsel Stoffe enthalten, die verzehrt werden und Anlaß geben, die Samen fortzuschleppen.

f) Allgemeines über die Blüten.

Die verschiedenen Arten der Gebilde, aus denen die Blüte zusammengesetzt ist, haben trotz ihrer verschiedenen Ausbildung und Funktion doch manches gemeinsam und können ineinander übergehen. Bei den Blüten der Seerosen z. B. gibt es keine scharfe Grenze zwischen Blumenblättern und Staubgefäßen; erstere werden nach dem Innern der Blüte zu immer kürzer und schmäler und tragen dann einen Staubbeutel, der, je weiter gegen innen, um so größer wird. Eine solche Blüte macht den Eindruck einer gefüllten Blüte, wie wir sie bei vielen kultivierten Blumen sehen. Diese gehen aus Blüten mit zahlreichen Staubgefäßen hervor, indem bei einer Anzahl der letzteren die Staubfäden sich verbreitern und die Staubbeutel verkümmern. Ergreift dieser Vorgang alle Staubgefäße, so ist die Blüte, wenigstens was die männlichen Organe betrifft, unfruchtbar. Eine solche Unfruchtbarkeit kommt auch in der Natur bei reichblütigen Blütenständen vor, wenn ein Teil der Blüten gegen die Regel weder Staubgefäße noch Stempel enthält; die Blumenkrone solcher Blüten ist dann oft besonders groß und auffallend; sie sind zu reinen „Schaublüten" geworden, während in solchen Fällen die fruchtbaren Blüten oft recht unscheinbar sind.

Zahl und Stellung der Blütenteile sind die wichtigsten Organisationsmerkmale, die uns für die Charakteristik und Unterscheidung der größeren Sippen der höheren Pflanzen (Familien, Reihen) zur Verfügung stehen. Diese Merkmale stehen in keinerlei Zusammenhang mit den Standortsverhältnissen und bleiben unter allen möglichen äußeren Bedingungen konstant. Sie gleichen in dieser Beziehung z. B. den tiefgreifenden Organisationsmerkmalen der Säugetiere (gleichwarmes Blut,

Lungenatmung, Milch als Nahrung der jungen Tiere), welche bei so verschieden aussehenden Tieren, wie etwa Affe und Fledermaus, Reh und Delphin, immer die gleichen sind. Man verwendet daher gerade diese Merkmale, wie schon erwähnt, zur Charakteristik der großen Sippen der Blütenpflanzen, obwohl auch gewisse Merkmale der Stamm- und Blattgebilde, sogenannte vegetative Merkmale, hierfür von Bedeutung sind.

g) Grundorgane der Blüten- und Farnpflanzen.

Wurzel, Stamm und Blatt sind die sogenannten Grundorgane der höheren Pflanze; auf sie lassen sich alle wenn auch in der Gestalt abweichenden Pflanzenorgane zurückführen. So finden sich an den oberirdischen Teilen höherer Pflanzen nicht selten harte, stechende Gebilde, die man als Dornen und Stacheln bezeichnet, welche beiden Ausdrücke im gewöhnlichen Leben nicht voneinander unterschieden werden. (Die „Dornen“ der Rose sind Stacheln!) Um Dornen im präzisen Sinn der botanischen Morphologie handelt es sich dann, wenn die betreffenden Gebilde an einer Stelle stehen, an der wir ein Stamm- oder Blattgebilde zu erwarten haben, Stammdornen also in der Achsel eines Blattes, Blattdornen unter einem Zweig, Nebenblattdornen zu beiden Seiten eines Blattes; es sind, wie man auch sagt, umgewandelte Sprosse, Blätter und Blatteile. Ein Dorn, der selbst Blätter oder Blüten trägt, wird natürlich den Stammdornen zuzuzählen sein.[1]

Die oberirdischen Teile der Pflanzen sind sehr häufig mit Haaren bedeckt. Es sind dies langgestreckte, oft gekrümmte oder verzweigte Anhängsel der Oberhaut der Stamm- und Blattgebilde, welche, namentlich wenn sie dicht stehen, den betreffenden Pflanzenteilen ein sehr charakteristisches Aussehen verleihen, ihre Oberfläche borstig, steifhaarig, seidig, wollig, filzig, flaumig erscheinen und sehr häufig die grüne Farbe nicht in Erscheinung treten lassen, so daß diese Pflanzenteile, manchmal auch die ganze Pflanze, grau bis weiß aussehen; junge Stengel und Blätter sind oft stärker behaart als erwachsene.

Anatomie und Entwicklungsgeschichte.

a) Zellen, Gefäße, Gewebe.

Die Anatomie, die Lehre vom inneren Bau (Struktur) der Pflanze, ist für den Botaniker von größter Wichtigkeit, während sich der Geograph mit einer kleinen Auswahl aus den einschlägigen Tatsachen be-

---

[1] Stacheln sind steife, stechende Auswüchse der oberflächlichen Gewebeschichten an einem Organ und stehen an Stellen, an denen man kein Stamm- oder Blattgebilde zu erwarten hätte; auch sind sie oft leicht von ihrer Unterlage abzulösen. Sie gehören in ihrer Entstehung zu den gleich zu besprechenden Haaren oder sind mit ihnen verwandt.

gnügen kann. Um derartige Beobachtungen zu machen, braucht man stärkere Vergrößerungen und benötigt das Mikroskop. Man fertigt dünne Platten von höchstens $^1/_{10}$ mm Dicke an, die durch je zwei parallel, gewöhnlich mit einem Rasiermesser geführte Schnitte begrenzt sind und die man auch selbst als „Schnitte" bezeichnet. Diese werden im Mikroskop im durchfallenden Licht betrachtet und dürfen aus diesem Grund nicht zu dick sein. Wenn man etwa einen Querschnitt durch Hollundermark durchs Mikroskop betrachtet, so bietet er einen Anblick dar wie eine Bienenwabe; es liegen eng aneinandergedrängt Vielecke nebeneinander, zwischen denen kleine Dreiecke sichtbar sind. Verschiebt man

den Tubus des Mikroskops nach oben, so wird man bald dessen inne, daß es sich um polyedrische, allseitig geschlossene, von dünnen Wänden begrenzte Gebilde handelt, zwischen denen Zwischenräume vorhanden sind. Wegen ihrer Ähnlichkeit mit den Zellen einer Bienenwabe nennt man diese Gebilde „Zellen" und die Zwischenräume Interzellularen oder Zwischenzellräume. Es ist wichtig, daran festzu-

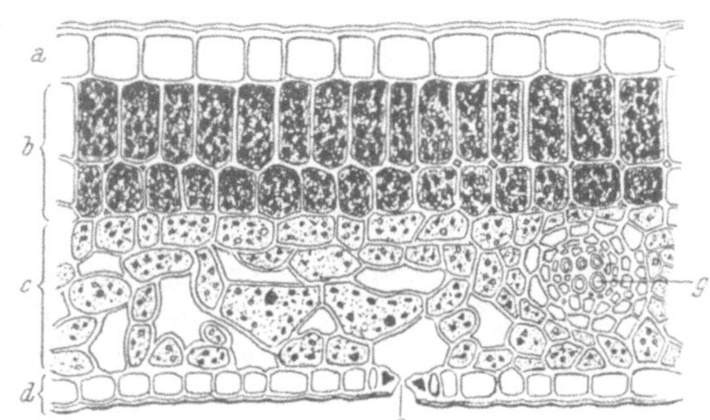

Abb. 2. Stück eines Querschnittes durch ein Laubblatt: *a* Oberhaut der Oberseite, *b* Pallisadengewebe, *c* Schwammgewebe, *d* Oberhaut der Unterseite, *s* Spaltöffnung, *g* Durchschnitt durch ein das Blatt durchziehendes Gefäßbündel. (Nach WIESNER.) In den Zellen *a* und *b* Chlorophyll, zwischen ihnen Zellzwischenräume oder Interzellularen. 100fach vergrößert.

halten, daß jede Zelle ihre eigene Wand hat, wenn es auch meist so aussieht, als ob benachbarte Zellen nur eine gemeinsame Wand hätten. Die Pflanzenzellen haben sehr verschiedene Form und Größe, was der abgebildete Querschnitt durch ein Blatt recht gut zeigt (Abb. 2); insbesondere ist außer den polyedrischen auch die flachgedrückte und die schlauch- oder faserförmige Gestalt sehr häufig. Außer den erwähnten Zellformen gibt es bei den Farn- und Blütenpflanzen noch Röhren oft von sehr bedeutender Länge, die der Wasser- und Stoffleitung dienen und selbst in den größten Pflanzen sich von den Wurzeln bis zu den höchsten Zweigen, Blättern und Blüten aneinanderreihen. Sie werden je nach der Lage in der Pflanze und je nach der Funktion Gefäße oder Siebröhren genannt und bilden mit verschiedenen Zellen Stränge, die man Gefäßbündel oder Leitbündel nennt. Jedes Gefäßbündel besteht aus zwei Anteilen, die in den verschiedenen Organen (Wurzel, Stamm, Blatt) in verschiedener Weise angeordnet sind, aus dem Holzteil und dem Bastteil. Jeder enthält außer den oben erwähnten Röhren (Gefäße bzw. Siebröhren) noch verschiedene Zellen, unter denen namentlich die faserförmigen, dick-

wandigen Holz- bzw. Bastfasern zu nennen sind.[1] Warum die Gefäßbündel auch Leitbündel genannt werden, wird bei der Besprechung
der Funktion der Gefäße und Siebröhren klar werden (S. 69).

Die Gefäße wurden früher einmal für Gebilde eigener Art gehalten;
es hat sich aber herausgestellt, daß sie durch Verschmelzung von röhrenförmigen Zellen entstehen, also zwar keine Zellen, aber Zellabkömmlinge
sind. Somit ergab sich der überaus wichtige Satz, daß jede Pflanze
nur aus Zellen und nichts anderem besteht. Da dieser Satz
auch für die Tiere nachgewiesen ist, so gilt er für alle Lebewesen.
Die Zellen sind zu Verbänden vereinigt, die man Gewebe nennt und mit
deren Erforschung sich die Histologie beschäftigt.

Jede Zelle ist von einer Haut oder Wand umgeben, die wenigstens
in der Jugend aus Zellstoff (Zellulose) besteht. Im Innern einer jugendlichen Zelle befindet sich ein halbflüssiger oder schleimiger Körper, das
Protoplasma oder Plasma, die eigentliche lebende Substanz der
Organismen.

Der Verlauf und die Verzweigung der Nerven (Nervatur) in den
Blättern ist für sehr große Sippen, so die Monokotyledonen und Dikotyledonen (s. S. 109), sehr charakteristisch und daher ein wichtiges
Merkmal. Bei Pflanzen mit schmalen, grasartigen Blättern, die mit
breiter Basis ohne Blattstiel am Stengel sitzen, treten zahlreiche Nerven
in das Blatt ein, die dann nahezu parallel das ganze Blatt bis zur Spitze
durchziehen (parallelnervige Blätter); sind die Blätter länglich oder
oval, so treten die Nerven weiter auseinander und dann wieder zusammen
(bogennervige Blätter). Die echten Gräser und diejenigen grasähnlichen
Pflanzen, die ihres Blütenbaues wegen zu anderen Familien gerechnet
werden, ferner die Lilien, Narzissen, Orchideen u. a. besitzen eine solche
Nervatur. Viel häufiger als die genannten Typen der Nervatur sind die
fieder- und handnervige. Hier durchzieht als Fortsetzung des Blattstieles der Haupt- oder Mittelnerv die ganze Länge des Blattes, und
von ihm gehen die Seitennerven (erster Ordnung) ab, und zwar entspringen sie entweder alle am Grund der Blattspreite (handförmige
Nervatur) oder an verschiedenen Punkten des Mittelnerven übereinander
(fiedernervige Nervatur).

Durch Aufnahme von Wasser und darin gelösten Stoffen sammeln
sich im Protoplasma Tropfen einer wässerigen Flüssigkeit, Zellsaft genannt, an, die später miteinander verschmelzen, so daß das Plasma nur
mehr einen Belag an der inneren Seite der Zellwand bildet. So besteht
die erwachsene Pflanzenzelle in der Regel aus vier Teilen: Zellwand
Protoplasma, Zellkern, Zellsaft. Im Innern der Zelle finden sich zahlreiche Inhaltskörper, von denen die Stärkekörner und die einen

------

[1] Das Holz der Nadelhölzer (Koniferen) enthält keine Gefäße, sondern
anstatt ihrer und ihre Funktion übernehmend faserförmige Zellen.

grünen Farbstoff, das Blattgrün oder Chlorophyll, enthaltenden
Chlorophyllkörner genannt seien. Im Zellsaft sind viele Körper gelöst, so zuckerartige, ferner Farbstoffe, z. B. das Blumenblau oder
Anthokyan, das rein rot, rosa, purpurn, violett oder blau erscheint
und die Färbung vieler Blumenkronen, doch auch anderer ober- und
unterirdischer Pflanzenteile bewirkt. Die Farbstoffe gelber Blüten
(meist Karotine) sind meist (wie das Chlorophyll) an Plasmakörper
(„Chromatophoren") gebunden, seltener, namentlich wenn es sich um
blaßgelbe Blüten handelt (Anthochlor), im Zellsaft gelöst.

b) Oberhaut, Korkhaut, Borke, Rinde.

Es seien nur noch einige für uns wichtige Arten von Zellen genannt.
Die Organe, namentlich die Blätter, sind von einer zusammenhängenden
Haut, der Oberhaut, bedeckt. Die äußere Wand der Oberhautzellen
ist besonders stark verdickt, und in ihr ist ein fettartiger Körper abgelagert, der bewirkt, daß die darunterliegenden Gewebe, besonders dasjenige der Blätter, vor übermäßigem Wasserverlust durch Verdunstung
geschützt werden. Ein fettartiger Stoff wird auch manchmal an der Oberfläche von Stengeln und Blättern als eine weißliche oder bläuliche Schicht,
die man Wachsüberzug nennt, ausgeschieden und verleiht den davon
bedeckten Organen eine blaugrüne oder graugrüne Färbung. Einen
wasserundurchlässigen Stoff enthalten auch die Wände der tafelförmigen,
dicht aneinanderschließenden Zellen, aus denen die bereits erwähnten
Korkgewebe bestehen. Diese haben wir als Überzüge auf den
Stämmen und Wurzeln von Holzgewächsen bereits kennengelernt (S. 48).
Derlei Korkhäute entwickeln sich aber auch in tieferen Schichten der
Rinde und des Bastes und schneiden aus diesen Geweben Stücke heraus,
wie man sie etwa durch Herausheben mit einem scharfrandigen Löffel
erhalten würde. Solche schuppenförmige Stücke lebender Gewebe sind also
an der der Achse der Stämme zugewendeten Seite lückenlos von Korkgewebe begrenzt, und da dieses, wie wir bereits wissen, für Flüssigkeiten
undurchdringlich ist, von den in den Gefäßen und Siebröhren zirkulieren-
den Saft- und Stoffströmen vollständig abgeschnitten. Daher sterben sie
bald ab, machen das Dickenwachstum der Stämme und Wurzeln nicht
mehr mit und der Mantel der Rinden- und Bastgewebe reißt in einer für
die verschiedenen Arten von Holzgewächsen sehr charakteristischen Art
und Weise auf und bildet an der Oberfläche der Stämme und Wurzeln
die „Borke", die also nicht ein Gewebe eigener Art ist, sondern auf die
beschriebene Art und Weise aus abgestorbenen Geweben entsteht. Sie
ist dasjenige, was man im gewöhnlichen Leben auch „rauhe oder
rissige Rinde" nennt, im Gegensatz zur „glatten Rinde" derjenigen
Holzgewächse, auf deren Stämmen und Wurzeln sich nur oberflächliche Korkhäute entwickeln. Auch dicke peripherische Korkmassen,

z. B. bei der Korkeiche, zerreißen oft in den äußeren Schichten und täuschen dann eine Borke vor. Bei vielen Holzgewächsen entwickeln sich jahrelang nur oberflächliche Korkschichten und erst in späteren Jahren tritt Borkenbildung ein (so bei unseren einheimischen Eichen), während bei anderen selbst die dicksten Stämme nur eine oberflächliche Korkhaut besitzen, weshalb die „Rinde" solcher Bäume zeitlebens glatt bleibt (z. B. Rotbuche).

In Stamm und Wurzel der Holzgewächse (mit Ausnahme der Palmen und einiger anderer) folgen die Gewebe in sehr charakteristischer Weise aufeinander, und zwar von innen nach außen: Mark, Holz, Kambium (s. unten), Bast, Rinde,[1] Korkhaut oder Borke.

c) Längen- und Dickenwachstum der Sprosse der Holzgewächse. Holz.

Das Holz übertrifft schon bei Zweigen und Wurzeln, die einige Jahre alt sind, meist alle anderen Gewebe bedeutend an Masse. In den Wänden der Gefäße und der meisten Bastfasern sind mehrere verschiedene Stoffe eingelagert, welche die „Verholzung" dieser Wände bewirken. Die Zweige eines Holzgewächses wachsen nur durch eine Vegetationsperiode in die Länge, dann ruht das Längenwachstum, nachdem sich vorher an ihren Enden Knospen gebildet haben, aus denen der „Jahrestrieb" des nächsten Vegetationsabschnittes hervorgeht. Jedes Stück eines Zweiges, das sein Längenwachstum abgeschlossen hat, wächst von nun an nur mehr in die Dicke, und zwar oft durch viele Jahre hindurch. Das Dickenwachstum betrifft hauptsächlich den Holzkörper, in viel geringerem Maße auch den Bast. Es geschieht meist in der Weise, daß die Zellen des sogenannten Kambiums, eines Gewebes zwischen Holz- und Bastteil, das die Form der Mantelfläche eines Zylinders hat, nach innen die Gefäße und Zellen, aus denen das Holz besteht, bilden und an die bereits vorhandenen außen an den Holzkörper anlagern, während in der Richtung nach außen an der inneren Seite des Bastgewebes neue Siebröhren und Bastzellen gebildet werden.[2] Diese Produktion neuer Ge-

---

[1] Das Wort Rinde wird in der Botanik in zweifachem Sinn verwendet: 1. für das grüne Gewebe, das dicht unter der Oberhaut oder Korkhaut beginnt und bis zum Bast reicht, und 2. für alle Gewebe außerhalb des Holzes; im zweiten Sinn spricht man im gewöhnlichen Leben von Rinde, und so soll das Wort (ohne Zusatz) auch im folgenden gebraucht werden.

[2] Die Holz- und Bastproduktion erfolgt natürlich nicht nur in radialer Richtung nach innen und außen, sondern es werden auch die Zwischenräume zwischen den Gefäßbündeln mit Gewebe ausgefüllt. Erst dadurch kommt es zur Entstehung eines einheitlichen Holzzylinders, wie er für die meisten Holzgewächse charakteristisch ist. Die obige Darstellung ist gegenüber den in Wirklichkeit oft recht verwickelten Vorgängen stark vereinfacht; überdies bezieht sie sich nur auf den häufigsten Fall, von dem es mancherlei Variationen und Abweichungen gibt.

fäße und Zellen erfolgt während eines großen Teiles der Vegetationsperiode und führt bei winterkahlen und trockenkahlen Gehölzen zu der
sehr charakteristischen Erscheinung der „Jahresringe“, indem die
Holzzellen und Gefäße, welche zu Beginn der Vegetationszeit gebildet
werden (bei uns Frühholz oder „Frühlingsholz“ genannt), weite
Hohlräume und dünne Wände besitzen, während es beim Spätholz oder „Herbstholz“ umgekehrt ist. Dies bedingt auch, daß
oft das Frühholz heller, das Spätholz
dunkler ist. Der Übergang vom Frühholz
in das Spätholz derselben Vegetationsperiode ist mehr allmählich, wogegen an
das Spätholz eines Jahrganges das Frühholz des nächsten sich übergangslos anschließt, da im Winter gar kein Holz gebildet wird. Es bilden sich zwischen den
Hohlzylindern der verschiedenen Jahrgänge
des Holzes scharfe Grenzen heraus, die
besonders gut an einem Querschnitt hervortreten und die Holzzuwächse der verschiedenen Jahre als „Jahresringe“ erscheinen lassen (Abb. 3). Jeder Jahresring
besteht aus einer inneren breiteren Zone
von Frühholz und einer äußeren schmä-
leren von Spätholz. Mit der Spitze eines
Messers oder dgl. kann man leicht zeigen,
daß das Frühholz bisweilen weicher als
das Spätholz ist. Die „Härte“ eines Holzes
beruht nicht wie sonst bei Körpern auf
physikalischen und chemischen Verschieden-
heiten, sondern darauf, daß ein „hartes“
Holz aus Zellen und Gefäßen mit dickeren

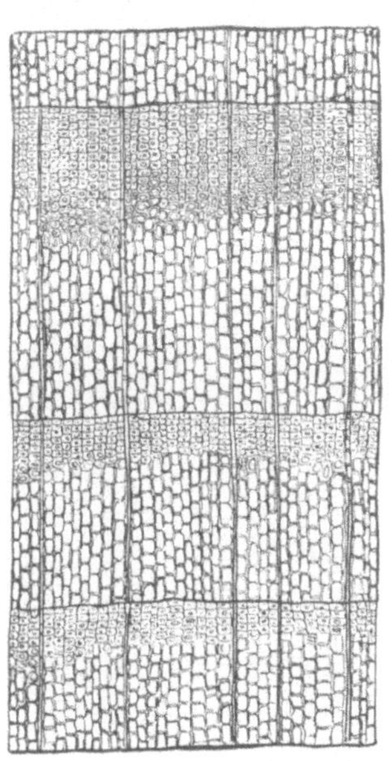

Abb. 3. Querschnitt durch Tannenholz, etwas über drei Jahresringe
umfassend. $3^1/_2$ mal vergrößert.
(Nach Hempel und Wilhelm.)

Wänden und kleineren Hohlräumen besteht als ein „weiches“, weshalb
ersteres zugleich spezifisch schwerer ist als letzteres, während sonst·
Härte und spezifisches Gewicht gar nichts miteinander zu tun haben.
(Jeder weiß, daß Diamant viel härter, aber zugleich viel leichter ist
als Blei.) Viele Holzgewächse der tropischen und der an sie an-
grenzenden Waldgebiete ohne längere Trockenzeit entbehren der
Jahresringe. Unter den Hölzern der verschiedenen Gegenden kommen
solche vor, bei denen die peripherischen Teile des Holzkörpers, der
„Splint“, hellfarbiger und weicher sind als der innere, das „Kernholz“; nur ersterer ist noch lebend, das Kernholz dagegen ist totes
Holz, dessen Zellen in Wänden und Hohlräumen verschiedene Stoffe
eingelagert enthalten, die ihm eine oft von der des Splintes sehr ver-

schiedene, meist dunklere bis tiefschwarze Färbung verleihen (Abb. 4). Kernhölzer sind oft von großer Härte (z. B. die Ebenhölzer) und schwerer als Wasser (Dichte im lufttrockenen Zustand bis 1,4).[1]

Seiner landschaftlichen Wirkung wegen soll hier noch die „Vergrauung" des Holzes erwähnt werden, die besonders an Planken, Zäunen, Holzbestandteilen von Bauernhäusern u. dgl. vorkommt und besonders rasch neben staubigen Straßen und an Scheunen eintritt. Diese Erscheinung findet nur im Freien, im Lichte und bei Zutritt von Feuchtigkeit statt und beruht auf der Wechselwirkung von Eisenverbindungen und Gerbstoffen; erstere liefern oft der Staub oder eingeschlagene Nägel (Schwarzfärbung), letztere das Holz. — In höheren Gebirgslagen tritt unter dem Einfluß der kräftigen kurzwelligen Strahlen des Höhenlichtes Verbräunung auf (Mitteilung von J. Kisser).

d) Neubildung von Zellen. Vermehrung der Lebewesen.

In obiger Darstellung war unter anderem auch von der Neubildung von Zellen die Rede, und es soll nunmehr noch kurz gesagt werden, wie sich dieser Vorgang abspielt. Jede noch lebende, d. h. Protoplasma enthaltende Zelle ist grundsätzlich imstande, neue Zellen zu erzeugen, und

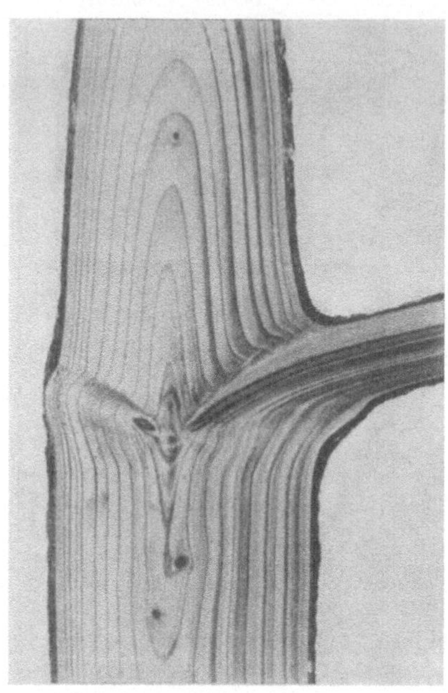

Abb. 4. Fichtenast mit zwei Seitenzweigen. Die Zweige werden von den Jahresringen des Astes teils umwallt, teils gehen sie in ihn über. Verkleinert. (Nach Photographie.)

dies geschieht dadurch, daß sie sich teilt; aus einer Zelle werden also zwei, jede davon wächst bis zu einer gewissen Größe heran und kann sich dann wieder teilen. Dieser Vorgang verläuft meist so, daß zunächst aus dem Zellkern, der Träger der Erbmasse ist, unter sehr komplizierten Strukturveränderungen zwei Kerne werden, um die sich dann das Plasma ansammelt, und daß zwischen den beiden jungen Kernen eine neue Zellwand auftritt.

Physiologie.

So wie nur wenige Tatsachen der Anatomie, so ist auch nur eine kleine Anzahl von Lehren der Physiologie, die sich mit den Funktionen

---

[1] Das schwarze Ebenholz stammt u. a. von dem ostindischen Baum *Diospyros ebenum* [84].

der Pflanzenorgane beschäftigt, von Bedeutung für den Geographen. Insbesondere gilt dies von dem, was wir über die Aufnahme und Abgabe des Wassers und das Verhältnis zwischen beiden, die „Wasserbilanz", wissen. Denn kein anderer Komplex von Lebenserscheinungen hat solchen Einfluß auf die auffälligsten Anpassungsmerkmale und damit auf das Gesamtaussehen, die „Tracht" oder den „Habitus" der Pflanzen. Um diese Verhältnisse richtig zu verstehen, müssen wir uns kurz mit dem Chemismus, den Nährstoffen und dem Stoffwechsel der Pflanzen beschäftigen.

Sowohl unter den Pflanzen, als auch unter den Tieren gibt es einzellige und mehrzellige; im letzteren Falle kann die Anzahl der Zellen sehr groß sein und viele Millionen betragen. Als Beispiel einzelliger Pflanzen seien die Bakterien (Spaltpilze, im Publikum „Bazillen" genannt) und die Kieselalgen (Diatomeen), als Beispiele einzelliger Tiere die Infusorien angeführt. Die Einzelligen vermehren sich durch Teilung: aus einer Zelle entstehen zwei, aus jeder von diesen wieder zwei usw., und da die Teilungen meist sehr rasch nacheinanderfolgen, so ist die Vermehrung der einzelligen Organismen oft sehr stark.

Bei den Einzelligen stellt jede Zelle, da sie imstande ist, alle notwendigen Funktionen zu erfüllen, einen vollwertigen Organismus, ein Individuum, dar, und wenn derlei Individuen, wie es oft der Fall ist, in einem lockeren Verbande bleiben, sogenannte Kolonien bilden,[1] so ist doch jede Zelle selbständig und kann auch getrennt von den übrigen leben und sich vermehren. Bei der erwähnten Vermehrung der Einzelligen durch Teilung ist immer nur eine Zelle tätig, ohne daß eine zweite an dem Vorgang einen Anteil hat. Eine solche Vermehrung heißt ungeschlechtlich. Es gibt hier aber auch eine andere Art der Vermehrung, indem sich zunächst zwei Zellen miteinander vereinigen und dann wieder Teilungen des so entstandenen Vermehrungsproduktes einsetzen; diese Vermehrung heißt geschlechtlich.

Bei den mehrzelligen Lebewesen sind die einzelnen Zellen, wie bereits erwähnt, zu festen Verbänden, den Geweben, vereinigt, außerhalb deren sie nicht lebensfähig sind. Die Zellen verschiedener Gewebe (z. B. Korkhaut, Mark usw.) sind in Größe, Gestalt, Beschaffenheit der Wand und des Inhaltes ungleich, entsprechend ihrer verschiedenen Funktion; auch die Bestandteile desselben Gewebes (Holzfasern, Gefäße, Bastfasern, Siebröhren) können dementsprechend untereinander verschieden sein. Aber alle diese mannigfaltigen Zellen und Zellabkömmlinge stammen von einer natürlich viel geringeren Anzahl ziemlich gleichartiger Zellen

---

[1] In den Kolonien, die fadenförmig, flächenhaft oder dreidimensional (z. B. mehr minder kugelig) entwickelt sein können, werden die einzelnen Zellen meist durch Schleim, den sie selbst bilden, verbunden und von ihm umhüllt.

ab und diese wieder von einer einzigen Zelle, der Eizelle, die bei den mehrzelligen Lebewesen allerdings meist erst durch Vereinigung mit einer zweiten, aktiv oder passiv beweglichen Zelle oder deren Zellkern zur Teilung veranlaßt wird. Diese Vereinigung ist die Befruchtung. Bei den Blütenpflanzen ist die Eizelle in der Samenanlage, der befruchtende Zellkern im Pollenkern eingeschlossen, aus dem er durch den Pollenschlauch zu der Eizelle geleitet wird.

a) Chemische Zusammensetzung der Pflanzen.

Jede Pflanze besteht ebenso wie jedes Tier aus einer großen Anzahl von organischen Substanzen, unter denen die Gruppen der Eiweißkörper, Kohlehydrate und Fette die wichtigsten sind. Alle diese sind Kohlenstoffverbindungen, daher ist von den in der organischen Substanz der Pflanzen vertretenen Elementen der Kohlenstoff das wichtigste; es folgen Wasserstoff, Sauerstoff, Stickstoff, Schwefel und Phosphor. Diese sechs Elemente setzen die Eiweißkörper zusammen[1] und sind damit die wichtigsten Bestandteile des Protoplasmas. Fette (und fette Öle) sowie Kohlehydrate (Zellulose, Stärke, Zuckerarten, Gummi) bestehen nur aus Kohlenstoff, Wasserstoff und Sauerstoff. Außerdem enthält die lebende Pflanze noch zahlreiche andere organische Stoffe, wie ätherische Öle,[2] organische Säuren, Alkaloide, Gerbstoffe, Bitterstoffe, Kautschuk, Harze, Farbstoffe usw., sowie unorganische Körper, unter denen das Wasser mit einer sehr verschiedenen Menge (meist 70 bis 90%, in reifen Samen 10%, in Pilzen bis 98%) die Hauptrolle spielt. Kieselsäure (SiO_2) ist in den Zellwänden mancher Pflanzen (Schachtelhalme, Gräser) in so großer Menge abgelagert, daß dieselben hart und rauh werden. (Über Milchsäfte vgl. S. 23.)

Unter den Elementen, die in jeder Pflanze vorkommen, sind außer den oben genannten, welche die wichtigsten organischen Substanzen zusammensetzen, noch einige in der Natur weitverbreitete Metalle (vor allem in der unbelebten Natur) zu nennen: Kalium, Kalzium, Magnesium und Eisen. Das ebenfalls weitverbreitete Natrium findet sich nur in wenigen Pflanzen in nennenswerter Menge; es ist nicht so wie die vier

---

[1] Schwefel und Phosphor fehlen in einigen Eiweißkörpern. Phosphor findet sich namentlich im Zellkern.

[2] Die ätherischen Öle erfüllen entweder das kugelförmig verdickte Ende von „Drüsenhaaren", die (oft in großer Menge) Stengel, Blätter und Blütenteile bedecken, oder kugelförmige Hohlräume (Ölbehälter) in Blättern. Da diese Öle farblos, gelblich oder sonst hellfarbig sind, erscheinen die Blätter an den betreffenden Stellen im durchfallenden Licht wie mit einer Nadel durchstochen (durchscheinend „punktiert"). Dieses Merkmal, das sich (im Gegensatz zu den Düften) auch an getrockneten Pflanzen erkennen läßt, ist für ganze artenreiche Familien, z. B. die Myrtengewächse [57], sehr bezeichnend.

genannten Metalle ein notwendiger Nährstoff, sondern im Gegenteil für die meisten Pflanzen bloßer Ballast, ja in größeren Mengen schädlich. Nur die sogenannten Salzpflanzen oder Halophyten brauchen Natriumsalze zu ihrem normalen Gedeihen oder vertragen dieselben wenigstens, wonach man obligatorische und fakultative Halophyten unterscheidet.

b) Nährstoffe der Pflanzen und Aufnahme der Nahrung.

Alle Pflanzen können nur gasförmige oder flüssige Stoffe als Nahrung aufnehmen, feste nur dann, wenn sie in einer Flüssigkeit gelöst sind; bei grünen, nicht schmarotzenden Pflanzen erfolgt die Aufnahme aus der Luft durch die oberirdischen Organe, insbesondere die Blätter, indem diese durch Lücken in der Oberhaut, namentlich auf der Unterseite der Blätter, die „Spaltöffnungen", in die Interzellularen zwischen den Blattzellen und von diesen in die Zellen selbst eindringt. Von den Bestandteilen der Luft ist der Sauerstoff zur Atmung notwendig, ohne die keine Pflanze leben kann; er hat jedoch mit der Ernährung nichts zu tun. Das Kohlendioxyd („Kohlensäure") der Luft liefert den Kohlenstoff für sämtliche organische Verbindungen, es ist der wichtigste Nährstoff der Pflanze, zugleich der einzige, der aus der Luft aufgenommen wird; der Stickstoff, der bekanntlich vier Fünftel der Luft ausmacht, verläßt den Körper der Pflanze wieder, ohne irgendwie verwertet zu werden. Alle übrigen Nährstoffe, also auch die Stickstoffverbindungen, entnehmen die Landpflanzen mittels der Wurzeln[1] dem Boden mit dem darin vorhandenen Wasser, das ja eine große Menge von Gasen und festen Körpern, namentlich Salzen, in sehr verdünnter Lösung enthält. (Untergetauchte oder schwimmende, nicht wurzelnde Wasserpflanzen beziehen ihre ganze Nahrung durch

---

[1] Ein Teil des von den höheren Pflanzen aufgenommenen Wassers, namentlich in Trockengebieten, stammt direkt vom Regen und vom Tau und wird oberirdisch, und zwar durch die Oberflächen der Blätter aufgenommen. Bei Epiphyten geschieht diese Aufnahme außer durch die Blätter selbst oft durch eigene Organe, wie Anhänge (Haargebilde) der Blätter oder durch Luftwurzeln. Versuche haben gezeigt, daß die Fähigkeit in Wasser getauchter Blätter, dieses durch die Oberfläche aufzunehmen, eine weitverbreitete Eigenschaft ist; allerdings ist die Geschwindigkeit bei verschieden gebauten Blättern recht verschieden groß, am größten bei zarten, am kleinsten bei lederigen und sukkulenten Blättern. Jedenfalls hat die Fähigkeit der oberirdischen Wasseraufnahme namentlich bei Pflanzen der Trockengebiete die größte Bedeutung, ist aber auch für solche regenreiche Gegenden mit stark schwankender Luftfeuchtigkeit nicht gleichgültig, z. B. für die feuchten Tropen, wo zu gewissen Tageszeiten die Luft recht trocken sein kann (Buitenzorg in West-Java mittags 70 bis 80%, nach dem nachmittägigem Regen bis frühmorgens bis 95%); für die 60 bis 70 m hoch über dem Boden schwebenden Blätter der Tropenbäume und für die Epiphyten ist diese Möglichkeit des Wasserersatzes auf einem kurzen Weg sicherlich wichtig.

ihre gesamte Oberfläche aus dem sie umgebenden Wasser.) Das Wasser selbst ist ein wichtiger Nährstoff, indem es für die Bildung der organischen Substanzen den Wasserstoff und zum Teil auch den Sauerstoff liefert; außerdem spielt es noch die Rolle des „Betriebswassers", indem es die darin gelösten Stoffe durch den ganzen Pflanzenkörper leitet. Den Stickstoff liefert, wie schon erwähnt, nicht die Luft, sondern stickstoffhaltige, namentlich salpetersaure Salze, die im Bodenwasser gelöst sind.[1]

Den im Bodenwasser gelösten Salzen entstammen auch Schwefel und Phosphor sowie sämtliche Metalle, die als Nährstoffe der Pflanze in Betracht kommen.

Wie wir eben gesehen haben, sind sämtliche Nährstoffe der höher organisierten Pflanzen, soweit diese nicht Schmarotzer (Parasiten) oder Fäulnisbewohner (Saprophyten) sind, unorganischer Natur, mögen sie aus der Luft, dem Wasser oder dem Boden stammen. Man nennt solche sich selbständig, d. h. ohne Beanspruchung anderer lebender Wesen oder ihrer toten Reste ernährende Pflanzen „autotroph", die Parasiten und Saprophyten dagegen „heterotroph". Der Boden enthält allerdings fast immer in größerer oder geringerer Menge Stoffe, die der unvollkommenen Zersetzung der auf und in ihm lebenden Organismen entstammen und ihm eine dunkle Farbe verleihen; man nennt sie Humusstoffe. Man hat früher geglaubt (und im Publikum ist diese Meinung noch immer nicht erloschen), daß die Fruchtbarkeit, die humusreichem Boden tatsächlich eigen ist, auf den Reichtum an diesen Stoffen zurückzuführen sei; was an humusreichem Boden den Pflanzen zuträglich ist, muß aber gewissen physikalischen Eigenschaften, nicht dem Gehalt an organischen Stoffen zugeschrieben werden und überdies dem Umstand, daß bei der auf Oxydation beruhenden Zersetzung der Humusstoffe Kohlendioxyd in die bodennahen Luftschichten aufsteigt und den Pflanzen als Nährstoff zugute kommt. Daß höhere Pflanzen ganz ohne Boden jahrelang gedeihen können, beweisen die „Wasserkulturen", bei denen ihnen nur bestimmt zusammengesetzte Nährsalzlösungen dargeboten werden, welche die einzige Quelle für die Nährstoffe darstellen, die sie sonst dem Boden entnehmen.

c) Aufnahme und Abgabe des Wassers.

Die eigentlichen Organe der Wasseraufnahme aus dem Boden sind die feinsten Wurzeln und besonders die „Wurzelhaare", das sind sehr zarte, dünnwandige, schlauchförmige Zellen, welche aus dem End-

---

[1] Die Schmetterlingsblütler haben die Fähigkeit, mit Hilfe gewisser Bakterien den Stickstoff der Bodenluft auszunutzen. Die Stickstoffverbindungen, die so entstehen, können dann von den übrigen Pflanzen verwertet werden. Namentlich in nährstoffarmen Sandböden (z. B. in Norddeutschland) werden daher solche Pflanzen, vor allem die gelbe Lupine (vgl. S. 213) [51], feldmäßig gebaut und dann als „Gründünger" untergepflügt.

teil der feinen Wurzeln nahe der Spitze entspringen; sie legen sich dicht an die Bodenteilchen an und haften fest an ihnen. Die Aufnahme der Bodenlösungen erfolgt nach den Gesetzen der Diffusion oder Osmose und hängt von der Konzentration der Zellsäfte und des Bodenwassers, ferner auch von der Durchlässigkeit des Protoplasmas ab.[1] Jede Oberflächenzelle der Wurzel hat einen flüssigen Inhalt, der aus Protoplasma und Zellsaft besteht und von dem Bodenwasser, an das sie angrenzt, durch die Zellwand und deren inneren Protoplasmabelag geschieden wird. Wenn nun zu beiden Seiten der trennenden Wand sich verschieden konzentrierte Lösungen befinden, dann beginnt ein osmotischer Wasserstrom nach der Seite der konzentrierteren Lösung. Wenn der Zellsaft der Wurzelhaare eine höhere Saugkraft hat als die Bodenlösung, so nehmen die Wurzelhaare dauernd aus dem Boden Wasser auf. Die osmotischen Kräfte der Pflanzenzellen können sehr beträchtlich sein. Sie betragen bei Pflanzen eines mäßig feuchten Bodens oft 5 bis 10 Atmosphären, können aber dort, wo das Wasser für die Wurzeln schwer erlangbar ist, also in wasserarmen, namentlich in Wüstenböden, eine außerordentliche Höhe erreichen (bis über 100 Atmosphären) und die Pflanze befähigen, dem Boden, der ja auch eine wasserhaltende Kraft besitzt, selbst kleine Reste des Wassers zu entziehen.

Mit dem Bodenwasser werden von der Pflanze auch kleine Mengen gelöster Salze aufgenommen, die durch das Plasma der Wurzelhaarzellen eindringen können, während die im Zellsaft dieser Zellen gelösten Stoffe nicht nach außen zu gehen vermögen. Die osmotischen Saugkräfte sind nicht in allen Zellen der Wurzel gleich. Sie steigen im allgemeinen von der Oberhaut nach innen an; infolgedessen wird das Wasser von den Wurzelhaaren in das Innere der Wurzel befördert. Schließlich wird es unter einem gewissen Druck in die Holzgefäße eingepumpt, in denen es sich verhältnismäßig rasch aufwärts bewegt. Dieses durch den „Wurzeldruck" emporgepreßte Wasser tritt bisweilen bei krautigen Pflanzen an

---

[1] Da das Protoplasma bei verschiedenen Pflanzen nicht von gleicher Beschaffenheit ist, so ist es begreiflich, daß die verschiedenen Stoffe, die in den die ganze Pflanze oder ihre Wurzeln umgebenden Lösungen enthalten sind, nicht in gleichem Maße in die verschiedenen Pflanzen eindringen, selbst wenn diese in einem sehr gleichmäßigen Boden dicht nebeneinander wachsen. Die eine Pflanze (z. B. Kartoffel) entnimmt einem Boden sehr viel Kaliumsalze, eine andere demselben Boden sehr wenig. In der Asche der Tabakpflanze findet sich reichlich Lithium, das in anderen auf demselben Boden erwachsenen Pflanzen fehlt. Das Tannenholz enthält in seiner Asche viel Mangan, gewisse Bärlappgewächse speichern Aluminium. Jede Pflanze hat also den Lösungen des Bodens gegenüber ein „Wahlvermögen". Diese Tatsache benutzt der Landmann, indem er auf einem und demselben Grundstück nicht mehrere Jahre hindurch dieselbe Kulturpflanze anbaut, sondern solche, welche verschiedene Ansprüche an die Nährstoffe des Bodens stellen („Fruchtwechsel").

den Blatträndern in Form kleiner Tropfen wieder aus („Guttation“).[1]
Aber weit wird gewöhnlich durch diese Kraft das Wasser nicht befördert,
nur im zeitigen Frühjahr, wenn das Saftsteigen stark einsetzt, ist sie bei
Holzgewächsen imstande, es mehrere Meter hoch zu heben, so daß es an
Verletzungen, z. B. dort, wo Äste und Zweige abgeschnitten worden sind,
hervorquillt; man nennt diese Erscheinung das „Bluten“[2] und daher den
Wurzeldruck in diesem Falle auch „Blutungsdruck“. Den oft langen
Weg, den das Wasser bis zu den fernsten Stellen des Verbrauches, den
äußersten Zweigen, Blättern und Blüten, zurückzulegen hat, einen Weg,
der in den Riesenbäumen über 150 m, in den Riesenlianen einige Hunderte
von Metern betragen kann, steigt es in den Gefäßen des Holzteiles
der Leitbündel empor.[3] Die Kraft, die das Wasser emporhebt, ist die
osmotische Saugung, die von den Blättern ausgeht. Die Zellen der
Blätter werden nämlich dadurch fortwährend wasserärmer, daß sie an-
dauernd Wasser an die umgebende Luft abgeben, und zwar in Dampf-
form, sie „transpirieren“; den Vorgang nennt man Transpiration.[4]
Durch sie werden innerhalb des Blattes aber wieder osmotische Kräfte
wirksam, und seine Zellen entnehmen das Wasser den Gefäßen in den
Adern und Nerven, in die es auf dem genannten Weg durch Saugung

---

[1] Auf diese Weise, d. h. durch Ausscheidung von flüssigem Wasser
(nicht Wasserdampf), entledigen sich manche Pflanzen eines Wasserüber-
schusses, namentlich bei sehr feuchter Luft. Wenn die Guttationstropfen
an dicht stehenden Pflanzen auf größeren Flächen auftreten, so kann dies zu
sehr auffallenden Erscheinungen führen. Nach klaren, kalten Nächten sind
nicht selten Wiesen dicht mit Wassertropfen bedeckt. Die meisten davon
sind Tautröpfchen, die wie ein silbergrauer glitzernder Überzug alles bedecken;
außerdem aber sieht man viel größere Tropfen, die einzeln oder zu mehreren
nebeneinander auftreten, und zwar an ganz bestimmten Stellen, bei Gras-
blättern z. B. etwas unter der Spitze.

[2] Das Bluten kann mitunter eine auch für den Nichtbotaniker recht auffallende Erscheinung sein, wenn z. B. in Alleen oder an den Baumwänden
französischer Gärten viele Äste und Zweige im Frühjahr gleichzeitig gestutzt
werden. An jeder der zahlreichen Schnittflächen hängt dann oft längere Zeit
hindurch ein dicker Tropfen, der durch das nachrückende Wasser abgestoßen
und erneuert wird, und wenn plötzlich kaltes Wetter eintritt, stattliche
Eiszapfen bilden kann.

[3] Es ist eine im Publikum verbreitete Ansicht, daß in einem Baumstamm
nicht nur im lebenden Holz (Splint) das Wasser nach oben geleitet wird, daß
also die gänzliche Entfernung der Rinde etwa in einem geschlossenen Ring
für den oberhalb desselben befindlichen Teil des Baumes den Wasserbezug
vermindert und ihn dadurch schädigt; das ist nicht der Fall.

[4] Die Transpiration der Blätter erfolgt weniger von der Oberfläche der
Oberhaut aus, als von den Zellen des Blattinnern in die Interzellularen und
dann durch die Spaltöffnungen nach außen. Auch oberirdische Organe der
Pflanzen transpirieren. Mit der Absonderung von Schweiß durch die Haut,
die man ebenfalls Transpiration nennt, hat der geschilderte Vorgang keine
Ähnlichkeit.

gelangt, und zwar als ein infolge der Kohäsion des Wassers ununterbrochener Strom, ein kontinuierlicher Wasserfaden, der sich rasch durch die Gefäße bewegt.[1] Dieser „Transpirationsstrom" besteht natürlich nicht aus reinem Wasser, sondern aus sehr verdünnten Lösungen; er verhilft daher der Pflanze zu den nötigen Bodensalzen und dadurch wird die Transpiration für die Pflanze nützlich, ja notwendig.

Es ist aber auch notwendig, daß zwischen Wasseraufnahme und -abgabe das richtige Verhältnis besteht; die Aufnahme muß jedenfalls so groß sein, daß nicht ein Verwelken oder gar Vertrocknen der Pflanze stattfinden kann. Dies hängt natürlich in erster Linie vom Wassergehalt des Bodens ab, aber auch von der Temperatur desselben; sinkt diese unter einen gewissen Wert, so können die Wurzeln diesem kalten Boden, auch wenn er naß ist, kein Wasser mehr entnehmen und es tritt, wenn reichlich transpirierende Organe vorhanden sind, ein Welken der Pflanzen ein.[2] Die Wasserabgabe anderseits darf nicht zu groß, aber auch nicht zu klein sein. Sie hängt von äußeren, und zwar klimatischen Faktoren ab, nämlich von der Temperatur und dem Feuchtigkeitsgehalt der Luft, welche die oberirdischen Pflanzenteile umspült; sie kann von der Pflanze selbst reguliert werden, indem diese imstande ist, die Spaltöffnungen, die man sich nicht einfach als Löcher in der Oberhaut der Blätter vorstellen darf, zu öffnen oder zu schließen. So kann der „Turgor", das Strotzen, das Angefülltsein der Zellen mit Wasser, bis zu einem gewissen Grade von der Pflanze selbst, unabhängig von Wasserzufuhr und Luftfeuchtigkeit, erhalten werden; turgeszente Organe besitzen, selbst wenn ihr Gewebe zart ist, eine gewisse Straffheit und Steifigkeit. Diese kann übrigens auch mehr oder weniger durch dickwandige („mechanische") Zellen im Innern der Organe oder eine dicke Oberhaut bewirkt oder unterstützt werden.

Die Regulierung der Transpiration hat weitgehenden Einfluß auf die Gestaltung der oberirdischen Organe, namentlich der Blätter, und dies vor allem dann, wenn die Gefahr übermäßigen Wasserverlustes vorhanden ist. Dies ist bei den Bewohnern trockener Standorte, den sogenannten „Xerophyten" (Xerophilen) der Fall. Sie können nur bestehen, wenn sie Mittel und Wege finden, das richtige Verhältnis zwischen aufgenommenem und abgegebenem Wasser, die „Wasserbilanz", dauernd aufrechtzuerhalten. Zu ihnen gehören die schon genannten Sukkulenten, deren wasserreiche Stämme oder Blätter einen Flüssigkeitsvorrat für die Trockenzeit enthalten. Diese Wasserbehälter ver-

---

[1] An einem warmen Sommertag kann der Saftstrom im Holz einer Eiche bis zu 40 m, in einer Buche oder Linde 3 bis 5 m in der Stunde zurücklegen.

[2] Derlei ist mehrmals an kalten Regentagen in Mittel- und Nordeuropa (Schweiz, Finnland) beobachtet worden.

leihen den betreffenden Pflanzen (Kakteen, kakteenähnlichen Wolfsmilcharten, Fettpflanzen, Aloën, Agaven) ein sehr charakteristisches,
manchmal abenteuerliches Aussehen. Die Wasserbehälter sind durch die
Beschaffenheit ihrer Oberhaut sowie dadurch, daß derlei zylindrische
oder ellipsoidische oder sonst wie flächenhaft ausgebildete Organe natürlich
eine sehr kleine relative Oberfläche haben, vor übermäßiger Transpiration sehr wirksam geschützt. Einen ähnlichen Schutz besitzen die
Pflanzen mit kleinen, dicken und solche mit harten („lederigen“) Blättern.
Sehr verbreitet ist auch die Methode, sich zu Beginn solcher Jahreszeiten,
in denen die Gefahr zu starker Transpiration vorhanden ist, großer
transpirierender Flächen zu entledigen. Dies tun alle periodisch kahlen
Holzgewächse (S. 46), und zwar nicht nur in den Gebieten, in denen
die Trockenzeit zugleich heiß ist, sondern auch in solchen, deren strenge
Winter infolge der Kälte des Bodens diese Einrichtung notwendig machen.
Der herbstliche Laubfall unserer Holzgewächse ist also in erster
Linie ein Mittel, um eine zu starke Wasserabgabe im Winter
zu verhindern. Sowie die Bewohner trockener Standorte u. a. an dem
Bestreben, die relative Oberfläche zu vermindern, erkannt werden können,
so zeigen die Bewohner mittelfeuchter oder nasser Standorte
(Mesophyten und Hygrophyten), bei denen besonders infolge Feuch-
tigkeit der Luft die Transpiration zu gering werden könnte, große dünne
Blätter mit großer relativer Oberfläche.

d) Kohlensäureassimilation und Atmung. Pflanze und Tier als Ernährungsgenossenschaft.

Jedes Lebewesen bildet und ergänzt die Stoffe seines Körpers aus den
aufgenommenen Nahrungsmitteln durch chemische Vorgänge, die man
ganz allgemein als „Assimilation“, d. h. Ähnlichmachung, bezeichnen
kann, weil es sich dabei im wesentlichen darum handelt, die Nahrungs-
mittel den Körperbestandteilen anzugleichen. Im besonderen bezeichnet
man in der Pflanzenphysiologie denjenigen Vorgang als Assimilation,
genauer gesagt als Kohlensäureassimilation, der darin besteht,
daß die grüne Pflanze mit Hilfe des Chlorophylls und im
Lichte aus den unorganischen Körpern Kohlensäure und
Wasser einen organischen Körper aus der Gruppe der Kohlehydrate,
den Traubenzucker ($C_6H_{12}O_6$)[1] bildet, der das erste Assimilations-
produkt (Assimilat) ist und manchmal erhalten bleibt, meist aber in

---

[1] Der Traubenzucker ist im Pflanzenreich, namentlich in süßen Früchten,
sehr verbreitet. Was man gewöhnlich Zucker schlechthin nennt, ist Rohrzucker ($C_{12}H_{22}O_{11}$), der namentlich aus der Wurzel der Zuckerrübe [23] und
aus dem Stengel des Zuckerrohrs [122] bereitet wird. Der Zucker der Rübe
ist identisch mit dem aus dem Zuckerrohr gewonnenen, also chemisch ebenfalls Rohrzucker.

andere Körper umgewandelt wird, und zwar vorwiegend in ein anderes Kohlehydrat, die Stärke $(C_6H_{10}O_5)n$, seltener in ein Fett.

Stärke und Fette sind im Gegensatz zum Traubenzucker in Wasser unlöslich und erscheinen daher als erste sichtbare Assimilationsprodukte, und zwar die Stärke in Form von Körnchen von bestimmter, für die verschiedenen Pflanzenarten bezeichnender Größe, Gestalt und Struktur, die Fette als Tröpfchen oder Kügelchen. Die Bildung des Traubenzuckers aus Kohlensäure und Wasser wird durch die Gleichung $6\ CO_2 + 6\ H_2O = = C_6H_{12}O_6 + 6\ O_2$ dargestellt. (Wie man sieht, wird bei diesem Vorgang Sauerstoff frei.)

Aus den ersten Assimilaten werden dann unter Zuhilfenahme der übrigen Pflanzennährstoffe die Tausende von anderen Verbindungen, insbesondere auch die Eiweißkörper gebildet.

Die von der Pflanze erzeugten Stoffe werden zum Teil alsbald zum Aufbau des eigenen Körpers, also insbesondere bei Wachstumsvorgängen verwendet, zum Teil als „Reservesubstanzen" für spätere Verwendung. aufbewahrt; als solche Vorratsstoffe dienen Stärke und Eiweißkörper in Körnern, ferner Fette und Zuckerarten; bei vielen Bewohnern von Gebieten mit langen Trockenzeiten (Wüsten u. ä.) wird, wie schon erwähnt, auch Wasser in eigenen, oft sehr umfangreichen „Wassergeweben" aufgespeichert (Sukkulente). Die anderen Vorratsstoffe sammeln sich in den Blättern, im Mark und in der Rinde der Stämme, namentlich aber in verschiedenen Arten der unterirdischen Organe und in Samen an und dienen dann der jungen Pflanze als Zehrung für den ersten Teil ihres Lebensweges. Von den Stätten der Entstehung zu denen der Speicherung oder des Verbrauches werden die Assimilate in den „Leitungsgeweben" befördert; als solche dienen gewisse Zellen in der Umgebung der Leitbündel, ferner der Rinde und des Holzes, namentlich aber die Siebröhren des Bastteiles der Leitbündel. Durch erstere können nur diffundierbare Stoffe geleitet werden, weshalb wasserunlösliche Körper (Stärke) vorher in lösliche (Zucker) umgewandelt werden müssen, während in den Siebröhren hauptsächlich die Leitung der Eiweißkörper besorgt wird. Die Richtung dieser Stoffwanderung geht meist von oben nach unten, entgegengesetzt wie die Richtung des Wasserstromes in den Gefäßen des Holzteiles der Leitungsbündel.

Besondere Leistungen, z. B. der Aufbau umfangreicher Organe in kurzer Zeit, sind den Pflanzen nur dadurch möglich, daß sie alle oft durch Jahre angesammelten Vorräte (Wasser und Bildungsstoffe) für den einen Zweck hergeben und sogar die Neubildung von Stoffe erzeugenden Organen, namentlich Blättern, vernachlässigen oder ganz unterlassen. Das kostet sie natürlich das Leben. So sterben die gewaltige Blütenstände erzeugenden mehrjährigen Pflanzen nach einmaligem Blühen ab, weil sie diese Kraftleistung ganz aussaugt.

Die Kohlensäureassimilation ist der wichtigste chemische Vorgang nicht nur in der Pflanze, sondern in der organischen Welt überhaupt. Ihre überragende Bedeutung besteht darin, daß sie der einzige chemische Vorgang ist, durch den unorganische in organische Substanz umgewandelt wird, der einzige, der die grüne Pflanze befähigt, sich gänzlich von unorganischen Stoffen zu ernähren, und endlich der Vorgang, der das Leben des zweiten Lebensreiches, der Tierwelt, überhaupt erst ermöglicht. Denn diese ist in ihrer Ernährung restlos auf die Pflanzen angewiesen; für die Pflanzenfresser leuchtet dies ohne weiteres ein. Die Tierfresser (gewöhnlich mit dem Schimpfnamen „Raubtiere" bezeichnet) nähren sich unmittelbar oder mittelbar wiederum von Pflanzenfressern; und diejenigen Tiere, die von organischen Abfällen (Detritus) oder toten Resten leben, sind selbstverständlich erst recht (mindestens indirekt) von der Pflanzenwelt als Nahrungsquelle abhängig.

Die Zehntung der Pflanzen durch den Tierfraß ist sehr beträchtlich, denn die Anzahl der bekannten Arten mehrzelliger Tiere (zirka eine Million) ist etwa fünfmal so groß als die der höheren Pflanzen und die Individuenzahl mancher Arten ist sehr bedeutend. Dieser Tribut der Pflanzen an die Tierwelt ist aber für erstere „erschwinglich", weil nicht alle pflanzenfressenden Tiere an denselben Pflanzenarten zehren, sondern hier eine Spezialisierung des Geschmackes maßgebend ist, die für die Verteilung dieses Tributs auf verschiedene Pflanzenarten sorgt, so daß im freien Naturleben eine Ausrottung oder ernstliche Schädigung einer Pflanzenart durch Tiere kaum in Betracht kommt, während das bei Kulturpflanzen infolge der oft gewaltsamen Störung einer auf jahrtausendelanger Entwicklung beruhenden Harmonie häufig der Fall ist. Vor allem aber kann die Pflanzenwelt durch die Tierwelt nicht nennenswert geschädigt werden, weil ihre Masse nach einer Berechnung an Kulturpflanzen und Haustieren mehr als 2000mal so groß ist als die der Tiere (s. u. a. Wagner, Hermann: Lehrbuch der Geographie, 10. Aufl., I. Bd., 3. T., 1923, S. 667 bis 669, 684, 720).

Bei der Kohlensäureassimilation wird, wie obige Formel zeigt, nicht nur Traubenzucker gebildet, sondern es wird auch Sauerstoff frei. Diese Tatsache wird im Publikum sehr häufig mißverstanden, nämlich so, als ob das Tier sich von der Pflanze in seinem Stoffwechsel dadurch unterschiede, daß es durch die Atmung Sauerstoff verbraucht, während die Pflanze ihn bei der Kohlensäureassimilation freimacht, und daß, die Atmung betreffend, ein Gegensatz zwischen Pflanze und Tier bestünde. Letzteres ist unrichtig, denn es kann weder eine Pflanze noch ein Tier, noch auch ein Teil von ihnen auf die Dauer ohne Atmung und daher ohne Sauerstoff leben und funktionieren, denn das Wesen des Atmungsprozesses, die Oxydation, ist für die Funktionen des Pflanzen- und Tierkörpers die wichtigste Energiequelle. Die grüne Pflanze ist also imstande, gleichzeitig zu atmen (oxydieren) und zu assimilieren. Ansonsten bestehen ja bezüglich des Stoffwechsels bei Pflanzen und Tieren Gegensätze, insbesondere der, daß das Tier die von der Pflanze aufgebauten Substanzen wieder abbaut. Die oben erwähnte Meinung hat ihren Grund darin, daß die Kohlensäureassimilation nur bei Licht stattfinden kann, während die Atmung bei Tier und Pflanze auch in der Dunkelheit weitergeht. Da nun bei Tag die Assimilation die Atmung weitaus an Größe übertrifft, so sieht es bei ungenauer Untersuchung so aus, als ob bei den Pflanzen letztere bei Tag überhaupt nicht stattfände.

Die Tierwelt ist, wie erwähnt, von der Pflanzenwelt in ihrer Ernährung unbedingt abhängig, aber erstere ist für den Stoffwechsel der letzteren durchaus nicht bedeutungslos. Denn viele Pflanzen, namentlich Pilze und Bakterien, bewohnen den Tierkörper als Fäulnisbewohner und Schmarotzer, ferner ergänzen die Tiere (übrigens auch die Pflanzen) durch den Atmungs- und Verdauungsprozeß den geringen Vorrat der Luft an Kohlensäure[1] (0,03 Volumprozent); umgekehrt wird bei der Kohlensäureassimilation der grünen Pflanze der Luftsauerstoff zurückgegeben.

So bilden Pflanzen und Tiere eine Ernährungsgenossenschaft.

---

[1] „Nach SCHRÖDER (Naturwissenschaften, Bd. 7, 1919, S. 976) beträgt der CO_2-Gehalt der Atmosphäre 2100 Billionen kg, der jährliche Verbrauch ist aber gleich 60 Billionen kg; folglich muß die atmosphärische Kohlensäure ohne jegliche CO_2-Zufuhr die Ernährung der Pflanzen im Verlauf von 35 Jahren enthalten. Nach REINAU (Chemiker-Ztg., 1919, S. 43) ist der Vorrat der atmosphärischen Kohlensäure gleich 1530 Billionen kg, der jährliche Verbrauch beträgt aber 86,5 Billionen kg; folglich muß die gesamte Luftkohlensäure in 18 Jahren erschöpft sein." (Aus KOSTYTSCHEW: Lehrbuch der Pflanzenphysiologie' 1. Bd., S. 179, Berlin 1926). Das Ergebnis solcher Untersuchungen ist, wie immer die Auffassung sein mag, dasselbe: Die atmosphärische Kohlensäure muß in allerkürzester Zeit von den Pflanzen verbraucht werden. Dies wird durch eine gleichzeitige ausgiebige Produktion von Kohlensäure, die wieder in die Atmosphäre abströmt, verhindert. Die Menschheit atmet etwa 438 Milliarden kg Kohlensäure jährlich aus, zweieinhalbmal mehr liefern die technischen Betriebe durch ihre Verbrennungsprozesse, die sich immer mehr noch steigern. Vulkanische Ausbrüche und Exhalationen von Kohlensäure an verschiedenen Stellen der Erdoberfläche kommen dazu. Die Kohlensäureproduktion der Landtiere mag das Zehnfache der menschlichen betragen, die der Wassertiere entzieht sich jeder Schätzung. Dazu kommt die Atmungstätigkeit der Pflanzenwelt, sowohl der grünen wie der nichtgrünen. So kann wohl der Vorrat der atmosphärischen Kohlensäure ohne Erschöpfungsgefahr dauernd erhalten bleiben.

Wie schon gesagt, spielt sich die Kohlensäureassimilation nur bei Licht ab, deshalb, weil diesem die Energie entnommen wird, welche für diesen chemischen Prozeß notwendig ist, und zwar so, daß das Chlorophyll das Licht, das von der Sonne stammt, absorbiert. Am wirksamsten sind dabei die roten und gelben Strahlen, nebenbei auch die blauen und violetten. Das vom Chlorophyll nicht absorbierte Licht wird unverbraucht durchgelassen, weshalb auch die Blätter im durchfallenden Licht je nach ihrer Stärke dunkel oder heller erscheinen.

In den oberen Schichten der Gewässer herrschen ähnliche Lichtverhältnisse wie in der Atmosphäre, daher erscheinen uns die Pflanzen der oberen Wasserschichten (so fast alle des Süßwassers) wie die Landpflanzen grün. Festgewachsene größere Pflanzen finden sich hier meist nicht unter 30 m. Im Meere, in dem es bis zu einer Tiefe von etwa 120 m größere, festgewachsene, und bis etwa 400 m noch einzelne mikroskopisch kleine (meist schwebende) autotrophe pflanzliche Organismen lebend gibt, ist für deren Farbe auch der Umstand maßgebend, daß mit wachsender Tiefe nicht nur das Licht überhaupt immer stärker verschluckt („absorbiert") und daher immer schwächer wird, sondern daß die verschiedenen Strahlengattungen in ungleichem Maße der Absorption verfallen; Rot wird am stärksten, Violett am schwächsten absorbiert. Die roten Algen der Meerestiefe absorbieren die grüne Strahlung, die im Meere vorherrscht, und machen sich ihre Energie für Assimilationszwecke zunutze. Schon von 10 m abwärts herrscht grünes Licht, da die roten und gelben Strahlen unverhältnismäßig stärker absorbiert werden. In der Tiefe gedeihen vor allem die kalkbildenden Rotalgen, die Lithothamnien. Unter 400 m, in den Tiefen, die man in bezug auf die Lichtverhältnisse und biologisch der „Tiefsee" zuzurechnen pflegt, gibt es nur mehr heterotrophe Pflanzen und sonst nur noch ein sehr reiches und eigenartiges Tierleben.

e) Bewegungserscheinungen.

Wir sind gewohnt, einen wichtigen Unterschied zwischen Pflanze und Tier darin zu sehen, daß erstere (wenigstens als Ganzes) einer aktiven Ortsveränderung nicht fähig ist und daß auch die aktive Beweglichkeit einzelner Teile sehr beschränkt und langsam, daher meist nicht ohne weiteres wahrnehmbar ist. Für die höheren Pflanzen gilt dies auch ausnahmslos, während viele einzellige Pflanzen im Wasser aktive Bewegungen auszuführen imstande sind. Wenn wir von einer höheren Pflanze sagen, sie „wandere" (z. B. nach Westen), so ist dies natürlich nicht wörtlich, sondern nur so zu verstehen, daß ihre Sporen, Samen u. dgl. verbreitet werden und daß die Art auf diese Weise ihr Wohngebiet in einer bestimmten Richtung vergrößert.

Die einzelnen Teile dagegen können auch bei einer höheren Pflanze Bewegungen ausführen. Jede Art von Wachstum ist mit einer solchen verbunden. Viele Wachstumsvorgänge finden in einer bestimmten Richtung statt und dieser Umstand beeinflußt in hohem Maße den Habitus von Moos, Kraut, Strauch und Baum und damit auch das Aussehen der Landschaft. Stengel und Stämme wachsen, gleichgültig ob der Boden, auf dem sie stehen, waagrecht oder geneigt ist, genau lotrecht aufwärts, was besonders an steilen Berghängen, die mit Nadelbäumen bewachsen sind, sehr auffallend in Erscheinung tritt; ihre Verzweigungen sind meist schief aufwärts waagrecht oder seltener schief abwärts gerichtet. Pfahlwurzeln wachsen lotrecht, Seitenwurzeln schief abwärts. Wurzeln, die über die Erde ragen (z. B. Atemwurzeln), verhalten sich manchmal wie Stämme. Es ist durch Versuche und bisweilen auch durch Beobachtungen in der Natur leicht zu erkennen, daß bei diesen Erscheinungen eine Beziehung zur Richtung der Schwerkraft besteht, die auf noch wachsende Organe der genannten Art als Reiz wirkt, der die Richtung des Wachstums bestimmt, und zwar bei Stamm- und Wurzelorganen, bei Haupt- und Seitenorganen in verschiedener Weise, als „negativer“ bzw. „positiver“ Geotropismus“. Wenn ein Stengel oder Baumstamm durch äußere Gewalt schief oder waagrecht gestellt, aber nicht abgebrochen, wenn Getreide durch starke Niederschläge „gelagert“ ist, so richtet sich der wachsende Teil des Stengels oder Baumstammes, der Halm des Getreides (in einem jungen Knoten) lotrecht auf und wächst in dieser Richtung weiter. Solche Krümmungen beruhen darauf, daß in den genannten Fällen die untere Seite stärker wächst als die obere, wodurch erstere konvex, letztere konkav wird. Auch einseitige Beleuchtung ruft ähnliche Erscheinungen hervor; noch wachsende Pflanzenteile wenden sich nach der Seite, von der das stärkere (oder das schwächere) Licht kommt; ersteres kann man an jedem Blumenfenster beobachten („positiver“ bzw. „negativer“ Phototropismus). Wurzeln wachsen nach der Seite, wo der Boden feuchter ist (positiver „Hydrotropismus“).

Auf Krümmungen und Drehungen noch wachsender Sproßglieder und Blattstiele beruhen auch die Bewegungen, die den Blättern die günstigste Lage zum Licht geben (vgl. S. 44); auf abwechselnd stärkeres Wachstum der Ober- und Unterseite bei Blumenblättern ist das Öffnen und Schließen der Blumenkronen[1]) zurückzuführen.

---

[1] Wenn die Blüten groß sind oder die betreffenden Pflanzen in erheblicher Menge zusammen vorkommen, so ist der Anblick ein recht verschiedener, je nachdem die Blüten offen oder geschlossen sind, besonders dann, wenn — wie dies die Regel ist — Öffnen und Schließen ungefähr bei allen Individuen derselben Art zur gleichen Zeit erfolgt. Sehr auffallend sind in dieser Beziehung einige Blüten, die sich erst in der Abenddämmerung in oft sehr kurzer Zeit öffnen, so diejenigen der aus Nordamerika stammenden, bei uns oft verwilderten Nachtkerzen [59], gelb blühend, und die einiger weiß blühenden Nelkengewächse [26] („Nachtnelken“).

Aber nicht nur wachsende, sondern auch erwachsene Organe können Bewegungen ausführen, von denen hier auf diejenigen hingewiesen sei, die man als „Schlafbewegungen" bezeichnet. Sie bestehen darin, daß bei Pflanzen mit zusammengesetzten Blättern, z. B. bei vielen Schmetterlingsblütlern, mit Einbruch der Dämmerung sich die Blättchen scharf nach abwärts, bisweilen auch nach aufwärts schlagen und in dieser Stellung bis zum Morgen verharren. Diese Bewegung, die durch die verschiedeñe Stärke des Lichtes veranlaßt wird, erfolgt periodisch und beliebig oft. Ihr Zustandekommen hat nichts mit Wachstumsvorgängen zu tun, sondern beruht auf Änderungen des Turgors in den Gelenkpolstern am Grunde der Stiele der Blättchen, in denen bald die Ober-, bald die Unterseite wasserreicher wird. Die Erscheinung ist sehr schön an der bei uns häufig gepflanzten Robinie („Akazie") [51] zu sehen, an der man auch feststellen kann, wie verschieden das Aussehen eines solchen Baumes im „Wachen" und im „Schlaf" ist.

Die Sporenpflanzen (Kryptogamen).

Was bisher von morphologischen, anatomischen und physiologischen Tatsachen besprochen worden ist, hat sich der Hauptsache nach auf die Blütenpflanzen bezogen, an die wir ja in erster Linie denken, wenn wir von Pflanzen schlechtweg sprechen. Den Blütenpflanzen, Samenpflanzen („Phanerogamen") stellt man oft sämtliche übrigen Pflanzen als Sporenpflanzen („Kryptogamen") gegenüber. Unter diesem Sammelbegriff, der etwa aus der ersten Hälfte des 18. Jahrhunderts stammt, faßt man, obwohl er wissenschaftlich überholt ist, eine Anzahl meist niedriger organisierter („niederer") Pflanzen zusammen, die das miteinander gemeinsam haben, daß sie keine Blüten und keine Samen haben; ihre Vermehrung erfolgt durch kleine, ein- oder wenigzellige Gebilde, die Sporen genannt werden, daher heißt auch die ganze Gruppe Sporenpflanzen. Die Namen „Phanerogamen" und „Kryptogamen" bedeuten offen und verborgen sich vermehrende Pflanzen und gehen auf einen Stand der Kenntnisse zurück, der die zwar mikroskopisch kleinen, aber viel klarer gebauten Fortpflanzungsorgane der meisten „Kryptogamen" noch nicht erkannt hatte. (Die ganze Einteilung erinnert übrigens an die in der Zoologie zu praktischen Zwecken noch immer übliche, aber wissenschaftlich ebenfalls überholte Einteilung in Wirbeltiere und Wirbellose.)

Farnpflanzen und Moose.

Unter den „Kryptogamen" sind den Blütenpflanzen am ähnlichsten die „Farnpflanzen" (zu denen außer den Eigentlichen Farnen auch noch die Schachtelhalme und Bärlappe und ihre näheren Verwandten gehören); sie gleichen in der Größe und Gliederung ihres

Körpers den Blütenpflanzen;[1] die Grundorgane Stamm, Blatt und Wurzel sind stets deutlich entwickelt. Sie haben infolge ihres Gehaltes an Chlorophyll dieselbe Ernährungsweise wie die Blütenpflanzen und sind wie diese größtenteils Landpflanzen. — An sie reihen sich die Moose an, kleine Pflanzen meist mit deutlicher Gliederung in die Grundorgane Stamm und Blatt.[2] Sie enthalten Chlorophyll und sind daher zur Kohlensäureassimilation befähigt und imstande, mit der ganzen Oberfläche das meist direkt von den Niederschlägen stammende Wasser aufzunehmen. Unter den Moosen gibt es ziemlich viele, die einen blattartig abgeflachten, nur mit sehr verkümmerten Blättern besetzten Stamm haben. Man unterscheidet als Hauptgruppen Laub- und Lebermoose.

Lagerpflanzen (Thallophyten, „niedere" Pflanzen).

Die übrigen Pflanzen sind die niedrigst organisierten oder „niederen" Pflanzen, bei denen auch die Gliederung in die Grundorgane höchstens angedeutet ist. Solche Pflanzen, die im übrigen recht verschiedenartig aussehen können, nennt man Lagerpflanzen oder Thallophyten, wobei man unter „Lager" oder Thallus einen Pflanzenkörper versteht, der eine Gliederung in Stamm, Blatt und Wurzel entweder ganz vermissen läßt oder nur in unvollkommener Ausbildung darbietet. Die Lagerpflanzen umfassen Gewächse von sehr verschiedener Gestalt, Größe, Organisation und Lebensweise und werden von der modernen Systematik in eine große Anzahl sehr verschiedener Sippen eingeteilt, denen zum Teil der hohe Rang von „Stämmen" zugeschrieben wird. Bevor deren wahres Wesen noch richtig erkannt war, unterschied man auf Grund von Aussehen und Lebensweise Algen, Pilze und Flechten, und da diese Einteilung für uns genügt, mag sie hier beibehalten werden.

a) Algen.

Zu den Algen gehören die unter diesem Sammelnamen zusammengefaßten Organismen, die durch den Besitz von Chlorophyll oder von anderen unserem Auge als Farbstoffe erscheinenden Stoffen in den Stand gesetzt sind, Kohlensäure zu assimilieren, also so zu leben wie die bisher genannten Pflanzen. Man nennt solche Pflanzen, weil ihre Ernährung von anderen Pflanzen, ja vom Vorhandensein organischer Substanz überhaupt unabhängig ist, autotroph, d. h. sich selbständig ernährend. „Algen" sind also die autotrophen Thallophyten (vgl. S. 64). In bezug auf ihre Gestalt, Größe und Fortpflanzungsorgane sind sie recht verschieden, manche einzellig und mikroskopisch klein, andere sehr reich

---

[1] Daher sind sie in der „Übersicht der Vegetationsformen" (3. Abschnitt), wo es ja nicht auf die Fortpflanzungsorgane, sondern auf den Habitus ankommt, in die Hauptgruppe XIV (Stamm-Blatt-Pflanzen) eingereiht.

[2] Die Wurzeln sind durch sehr einfach gebaute fadenförmige Organe ersetzt.

gegliedert und zu den Riesenpflanzen (bis 60 m lang)[1] gehörig. Sie sind
fast sämtlich Wasserpflanzen und bilden im Meere den Hauptbestandteil
der Pflanzenwelt. Ein Teil von ihnen zeigt eine rein grüne Farbe wie die
Land- und Süßwasserpflanzen; diese Algen heißen **Grünalgen**; außerdem gibt es solche mit **blaugrüner Farbe (Blaualgen), hellrot bis
violett gefärbte (Rotalgen)** und solche, die **hell- bis schwarzbraun**
aussehen **(Braunalgen)**.[2]

Daß die erwähnten Farbstoffe die Kohlensäureassimilation ermöglichen,
ist dadurch bedingt, daß in dem Licht, das in verschiedene Wassertiefen eindringt, die verschiedenfarbigen Strahlen nicht im gleichen Verhältnis vertreten sind; die roten Strahlen dringen am wenigsten tief ein, die violetten
am tiefsten, daher sind erstere in den unteren Wasserschichten relativ schwächer
vertreten als in den oberen. Von 400 m Tiefe abwärts gibt es im Meer keine
autotrophen Pflanzen mehr, sondern nur noch Bakterien und Tiere, da dieses
Gebiet (**Tiefsee**) zu wenig Licht enthält; im Süßwasser liegt diese Grenze
schon etwas unter 200 m.

b) Pilze.

Die zweite Hauptgruppe der Thallophyten umfaßt diejenigen Pflanzen,
welche keinerlei Substanzen besitzen, die sie zur Kohlensäureassimilation
befähigen. Man faßt sie als **Pilze** zusammen. Sie haben besonders in
denjenigen Teilen, die **Träger der Sporen** („**Fruchtkörper**") sind
und häufig „**Schwämme**" genannt werden, manchmal eine recht bedeutende Größe und sehr mannigfaltige und oft auffällige Formen und
Farben, welch letztere aber mit der Assimilation nichts zu tun haben;
im weitesten Sinn rechnet man auch die ganz anders, und zwar viel
niedriger organisierten **Bakterien** („**Bazillen**") dazu. Die Pilze können
sich von unorganischen Stoffen allein nicht ernähren, sondern brauchen
hierzu organische Substanzen, die sie sich entweder dadurch verschaffen,
daß sie andere — lebende — Organismen befallen und von ihrem Körper
zehren, oder daß sie verwesende tierische und pflanzliche Stoffe aufnehmen, häufig aus Boden (Humus), der solche enthält. Erstere werden
Schmarotzer oder Parasiten, letztere **Fäulnis- oder Humus-
bewohner oder Saprophyten** genannt. Ihre Lebensweise wird als
heterotroph (Gegensatz: autotroph, S. 64) bezeichnet, und so wie man
unter „**Algen**" ohne Rücksicht auf den **Bau**, nur mit Rücksicht auf die
Lebensweise die **autotrophen** Thallophyten versteht (S. 75), so
werden die **heterotrophen** Thallophyten als „**Pilze**" zusammengefaßt.
Sowohl die parasitische als auch die saprophytische Lebensweise kommt
auch bei Blütenpflanzen vor, die dann eine starke Verkümmerung

---

[1] Es werden auch noch weit größere Dimensionen angegeben (s. S. 98).

[2] Zu ihnen gehören die größten Algen (s. oben). Nur in der Farbe
gleichen ihnen die in der Organisation gänzlich verschiedenen **Kieselalgen**
oder **Diatomeen**; sie sind einzellig, daher mikroskopisch klein und durch
starke Verkieselung der Zellwände ausgezeichnet.

derjenigen Organe zeigen, welche normalerweise der Assimilation dienen, nämlich der Blätter. Ebenso sind diese heterotrophen Blütenpflanzen meist unverzweigt, haben also einfache, nur mit Schuppen bedeckte Stengel und nicht rein grüne Gesamtfarbe, sondern sind gelb, braun, rosa, violett (s. Vegetationsformen S. 199).

c) Flechten.

Die dritte Gruppe der Thallophyten sind die Flechten. Sie bilden entweder Überzüge, die auf der Unterlage (meist Steinen oder Rinden) als Kruste festhaften oder sogar in sie eingewachsen sein können, oder sie sehen wie gekrauste Blätter oder kleine Sträuchlein aus. Ihre wurzelähnlichen Organe dienen nur zur Befestigung an oder in der Unterlage, während das Wasser, und zwar direkt aus den Niederschlägen oder als Wasserdampf, mit der ganzen Oberfläche aufgenommen wird.[1] Ihre Farbe ist niemals rein grün, sonst aber kommen alle Farben vor. Nach außen hin machen sie einen vollkommen einheitlichen und charakteristischen Eindruck, so daß es nicht schwer ist, eine Flechte als solche zu erkennen, obwohl sie im Publikum nicht selten mit manchen Moosen verwechselt werden, die einen blattartig abgeflachten, nur mit sehr verkümmerten Blättern besetzten Stamm haben.

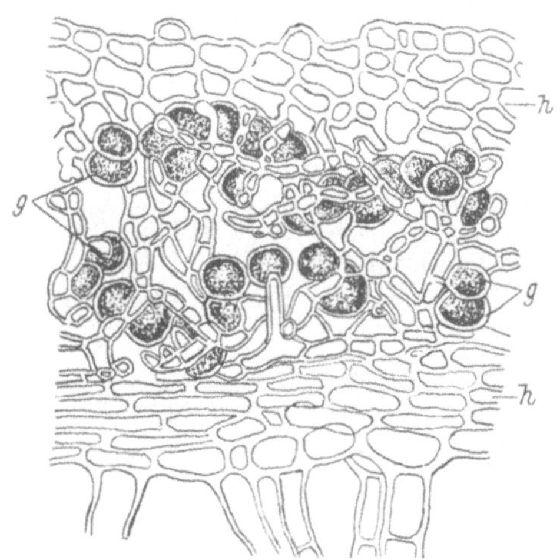

Abb. 5. Durchschnitt durch das Lager einer Flechte. Mit g sind die der Alge, mit h die dem Pilze angehörigen Zellen bezeichnet. 500fach vergrößert. (Nach BORNET.)

Die mikroskopische Untersuchung ihres inneren Baues jedoch zeigt, daß wir es hier mit Organismen zu tun haben, die aus je einer Alge und einem Pilz bestehen, also aus zwei ganz verschiedenen Lebewesen, die in ihrer Erscheinung jedoch keinem von beiden gleichen (Abb. 5). Die Alge befähigt die Flechte zur Kohlensäureassimilation, es sind daher autotrophe Pflanzen.

Systematik und Floristik.

Die Systematik beschäftigt sich mit der Einteilung der Pflanzen und den Methoden, nach denen diese getroffen wird. Wir haben gehört, daß wir

---

[1] In derselben Weise können auch Algen, die nicht im Wasser, sondern als Überzüge an Steinen, Rinden usw. in der Luft leben (aërophytisch), das Wasser aufnehmen, Luftalgen (vgl. S. 93).

zweierlei Arten der Einteilung nach den zwei Hauptgruppen von Merkmalen unterscheiden können, die Einteilung in Sippen und die in Vegetationsformen. An erstere denkt man gewöhnlich, wenn man vom System spricht. Systematiker ist also derjenige Botaniker, der sich mit der Einteilung der Pflanzen oder mit der Einreihung neu beschriebener Arten in das bereits geschaffene System beschäftigt. Im weiteren botanischen Publikum wird bisweilen derjenige als Systematiker bezeichnet, der im Gegensatz zu den vorzugsweise im Laboratorium arbeitenden Anatomen und Physiologen seine Tätigkeit mehr ins Freie verlegt, Exkursionen macht, neue Fundorte zu finden bestrebt ist, Pflanzen sammelt, sie untersucht und bestimmt, d. h. nach Beschreibungen ihren Namen[1] zu finden sich bemüht, eine Tätigkeit, die man richtiger als floristische bezeichnen sollte, wenn sie auch mit derjenigen des Systematikers vielerlei Berührungspunkte hat. Ein so beschäftigter Botaniker wird natürlich auch eine größere Anzahl von Pflanzen kennen und zu benennen wissen als der im Laboratorium Arbeitende, weshalb denn auch bisweilen „Formenkenntnis" als Merkmal des Systematikers angesehen wird, wobei man unter „Formen" Sippen verschiedener niedriger Kategorien zu verstehen pflegt (S. 25). Viel von dem Genannten ist für den Systematiker natürlich notwendig, namentlich eine gewisse Formenkenntnis, aber das Wesen seiner Befähigung, die übrigens angeboren sein muß, besteht in dem Verständnis, ja Taktgefühl, die Pflanzen richtig einzuteilen und ins System einzureihen. Und das ist bei der Kompliziertheit und Verborgenheit namentlich vieler Organisationsmerkmale nicht immer ganz leicht.

---

[1] Die systematisch geordneten Namen sind, meist auf Blüten- und Farnpflanzen beschränkt, oft von Stand- und Fundorten, zum Teil von Beschreibungen begleitet, in Büchern zusammengefaßt, die man „Floren", bei geringerem Umfang Taschen- oder „Exkursionsbücher" nennt.

C. Übersicht der Vegetationsformen.

Die Vegetationsformen.

Seite

Einleitung.

Seit ALEXANDER VON HUMBOLDT ist eine ganze Anzahl von Systemen oder Übersichten der Vegetationsformen aufgestellt worden, aber keine davon hat sich allgemein durchgesetzt außer der von dem Dänen C. RAUNKIAER 1905 geschaffenen, die für bestimmte wissenschaftliche Zwecke allgemein verwendet wird. Aber dieses System umfaßt nur die Blütenpflanzen und wird auch der Mannigfaltigkeit dieser nicht im entferntesten gerecht. Für die Zwecke der Geographen brauchen wir aber ein System, das die habituelle oder physiognomische Mannigfaltigkeit aller Pflanzen, auch der niederen, möglichst vollständig erfaßt und dabei Merkmale anführt, die leicht, ja womöglich auf den ersten Blick zu sehen sind, so daß die verschiedenen Vegetationsformen leicht erkannt werden können. Ein System der Vegetationsformen für unsere Zwecke muß also in erster Linie auf praktischer Verwendbarkeit aufgebaut sein.

Für die Benennung der Vegetationsformen gibt es nicht so wie für das System der Sippen feste, auf Übereinkunft beruhende Regeln (bei der geringen Menge der Bezeichnungen ist das auch gar nicht nötig), sondern es gelten hier wieder nur praktische Rücksichten. Als Namen der Gruppen können schon bestehende Ausdrücke verwendet werden oder, wenn neue geschaffen werden, so müssen sie leicht zu verstehen und zu merken, bezeichnend und eindeutig sein. Ganz willkürlich, d. h. ohne Beziehung zum Sinn gebildete Wörter sind hier (im Gegensatz zum Sippensystem) durchaus zu verwerfen.

Demnach wird man zunächst der Volkssprache geeignete Ausdrücke entnehmen und höchstens, wenn es die Genauigkeit erfordert, den

Geltungsbereich derselben präzisieren, erweitern oder verengern. Beispiele: Schwämme, Blattpflanzen, Gras, Bäume, Sträucher, Laubbäume, immergrün, Strohblumen, Disteln; Stauden, Kräuter (die beiden letzten mit Präzisierung des Geltungsbereiches).

Andere brauchbare Ausdrücke liefert die allgemeinverständliche, nicht auf den Kreis der Fachleute beschränkte Schriftsprache. (Auch da wird öfter Präzisierung am Platz sein.) Beispiele: Tange, Gallen, sommergrün, Schirmbäume, Lianen.

In den meisten Fällen wird man Fachausdrücke bilden müssen. Beispiele sind die Bezeichnungen der Hauptgruppen III, IV, VII, IX, X, XI, XII, XIV; ferner Teppichmoose, Wipfelbäume, Flachblattbäume, wintergrün, regengrün, Schuppenblattbäume und -sträucher, Rutenbäume und -sträucher, Etagenbäume, Schopfbäume, Baumfarne, Spaliersträucher, Buschpalmen, Formen der Lianen, Halbsträucher, Polsterpflanzen, Stamm- und Blattsukkulente, Rosettenstauden und -kräuter, Trichterstauden, Hochstauden u. v. a.

Bei der Bildung von Namen für Vegetationsformen ist einige Vorsicht und Überlegung dann nötig, wenn der Name einer Sippe dazu verwendet wird. Sippen und Vegetationsformen decken ja einander manchmal in ihrem Umfang, aber meistens ist das nicht der Fall; die Arten einer umfangreicheren Sippe gehören gewöhnlich zu mehreren Vegetationsformen und umgekehrt (vgl. das S. 27 genauer besprochene Beispiel). Aber auch wenn ersteres der Fall ist, wenn der Umfang einer Vegetationsform mit dem einer Sippe identisch ist, sollte man niemals die eine ebenso bezeichnen wie die andere, sondern gewöhnlich durch die Anhängung des Wortes „Form" zum Ausdruck bringen, daß man keine Sippe, sondern eine Vegetationsform meint. Beispiele hierfür sind: Wasserlinsen-Form, Bambus-, Schraubenbaum-, Zykadeen-, Bananen-, Farn-, Schwertlilien-, Bärlapp-, Schachtelhalm-Form. Wenn der Umfang der Vegetationsform und der Sippe, die zur Bildung des Namens jener verwendet wird, einander nicht decken, so wird die erwähnte Regel erst recht zu beobachten sein. Beispiele: Moose (Sippe) und Moosform (Vegetationsform) sind nicht identisch, denn erstere umfaßt auch gewisse Lebermoose, die ihres Habitus wegen zur Vegetationsform der Laublagerpflanzen gerechnet werden müssen, während unter den Begriff der Moosform außer den übrigen Leber- und sämtlichen Laubmoosen auch einige kleine Blütenpflanzen von moosähnlichem Aussehen fallen; andere Beispiele: Drachenbaum-, Arazeen-, Gräser-, Binsen-, Schuppenwurz-, Seerosen-Form.

Außer den Merkmalen der einzelnen Vegetationsformen ist im folgenden auch deren Ökologie, das Vorkommen unter den Sippen sowie die geographische Verbreitung, und zwar nach ökologischen Gesichtspunkten und topographisch, kurz behandelt. Ferner werden eine Anzahl Tatsachen angeführt, die für den Geographen von Interesse sein dürften, und verschiedene im Publikum verbreitete Meinungen richtiggestellt. Um die Übersicht zu erleichtern und eine Lektüre mit Auswahl zu ermöglichen, ist dasjenige, was zur **Erkennung** und **Unterscheidung der Vegetationsformen** dient, groß, alles übrige klein gedruckt oder in **Fußnoten** verwiesen. Von den Namen der Pflanzen (Arten, Gattungen, Familien) sind hier gewöhnlich nur die „**deutschen**" oder andere Volksnamen angeführt; die wissenschaftlichen (**lateinischen**) können, soweit es sich um Farn- und Blütenpflanzen handelt, in der systematischen **Übersicht** (Abschnitt D) gefunden werden.

Wer nicht nur die einzelnen Vegetationsformen kennenlernen, sondern auch diese Kenntnis auf Exkursionen und Reisen zur Feldarbeit (Beschreibung der Landschaft) anwenden will, wird bisweilen **Proben** einzelner besonders wichtig erscheinender Pflanzen **mitnehmen**. Hierzu wird im folgenden eine den Bedürfnissen des reisenden Geographen angepaßte **Anleitung** gegeben.

Beim Sammeln derartiger Proben muß auf einiges geachtet werden:

1. Müssen sie bei aller Vereinfachung doch so genommen, behandelt und aufbewahrt werden, daß, soweit es tunlich ist, die wichtigsten charakteristischen Merkmale daran ersichtlich sind, die es dem später etwa zu Rate gezogenen Botaniker ermöglichen, die Pflanze zu „bestimmen" (zu determinieren), d. h. auf Grund der Merkmale den „wissenschaftlichen" Namen zu finden. Meist wird es genügen, Blätter und Blüten mitzunehmen. Namentlich bei Holzgewächsen soll immer auch ein Stückchen Zweig im Zusammenhang mit dem Blatt mitgenommen werden, damit zu erkennen ist, ob die Blätter wechsel- oder gegenständig sind, ob Nebenblätter vorhanden sind usw.

2. Müssen die Proben so behandelt werden, daß sie in einem erkennbaren und untersuchbaren Zustande bleiben. Dies geschieht so wie für ein Herbarium durch **Pressen und Trocknen.** Die Anlegung eines Herbariums als Hauptzweck einer Forschungsreise erfordert ein sehr umfangreiches Gepäck; für den Geographen wird folgendes genügen: Man mache sich aus vier Pappendeckeln vom Format 30 × 25 cm und 3 mm Dicke **zwei gleich große Mappen,** indem man je zwei von den Pappendeckeln durch einen oder noch besser kreuzweise durch zwei Gurten (besser als Riemen) zusammenschnürt. Die eine Mappe ist eine leichte einfache Presse, die andere dient zur Aufnahme der fertig präparierten Pflanzen. Dann braucht man noch etwa 50 bis 100 Doppelbogen dünnes weißes Fließpapier (Löschpapier) von einem Format etwas kleiner als das der Mappen, sowie einen Stoß Zeitungen, den man auch auf Doppelbogen von diesem Format schneidet; Zeitungen braucht man meist nicht mitzunehmen, sondern kauft sie an Ort und Stelle.

Die zu präparierenden Pflanzenteile werden in frischem Zustand (recht bald nach dem Sammeln) ordentlich ausgebreitet in die Löschpapier-Doppelbogen gelegt. Ist die Pflanze für das Format zu groß, so wird sie geknickt oder zusammengelegt; zwischen Teile, die dabei aufeinander zu liegen kommen, werden Papierstücke (am besten auch Löschpapier) gelegt. Zwischen zwei mit Pflanzen beschickte Löschpapier-Doppelbogen werden leere Zeitungsbogen als „Zwischenlagen" gelegt, und zwar so viele (Sache der Erfahrung), als die Dicke der eingelegten Pflanzen erfordert. Dann kommt das Ganze in die eine

Mappe, die mit den Gurten verschnürt wird. Die Mappe wird trocken und luftig aufbewahrt und möglichst viel der Sonne ausgesetzt, z. B. nicht ins Gepäck verstaut, sondern offen getragen oder verladen. Da die Feuchtigkeit der Pflanzen hauptsächlich in die Zwischenlagen zieht, müssen diese (nicht das Löschpapier) bis zum Trocknen der Pflanzen gewechselt werden, anfangs täglich, später weniger oft. Die bereits benutzten Zeitungsbogen werden getrocknet und können beliebig oft wieder verwendet werden.

3. Auf die Etikettierung der Pflanzenproben ist größte Sorgfalt zu verwenden. Am besten ist es, der Probe einen Zettel mit fortlaufender Nummer beizulegen; unter derselben Nummer wird im Tagebuch notiert: Fundort (topographisch genau), Standortsangaben, ferner Merkmale, welche an der Pflanzenprobe von vornherein nicht zu sehen sind oder beim Trocknen verlorengehen. Zu ersteren gehören Angaben über die Vegetationsform (Baum, Strauch, Liane, Zwiebelpflanze usw.), über die Größe (bei Bäumen Höhe sowie Umfang des Stammes in Brusthöhe). Die Höhe der Bäume kann gemessen werden; man kann sich auch mit einer Schätzung begnügen, etwa durch den Vergleich mit einer menschlichen Figur oder bei höheren Bäumen mit einem Haus; die Höhe eines Stockwerkes bei uns beträgt etwa 4 bis $4^1/_2$ m, die eines vierstöckigen Hauses höchstens 20 m. Zu den Merkmalen, die beim Trocknen verlorengehen, gehören namentlich die Farbe der Blüten, ihr Duft sowie derjenige der Blätter und der etwaige Besitz von Milchsaft. Endlich sind die Volksnamen genau zu notieren, denn es gibt für viele Gebiete Verzeichnisse, aus denen, wenn der Volksname bekannt ist, der wissenschaftliche leicht entnommen werden kann, ganz abgesehen von dem Interesse, das der Volksname auch für den Geographen hat.

Leichter und rascher durchführbar und in vielen Fällen sicherlich genügend ist es, einige auffällige Merkmale zu notieren, die eine Bestimmung der beobachteten Pflanzen durch einen Botaniker ermöglichen, jedenfalls aber dazu dienen können, den durch bloße Angabe der Vegetationsform in manchen Fällen vielleicht etwas zu allgemein charakterisierten physiognomischen Eindruck genauer darzustellen.

Nehmen wir an, ein europäischer Geograph reist durch ein Laubwaldgebiet im Osten der Vereinigten Staaten. Es ist da doch vielleicht etwas zu wenig, wenn er nichts weiter notiert als „Sommergrüner Laubmischwald“. Entweder wird er von jedem Holzgewächs (Baum, Strauch, Liane) ein Blatt in seine kleine Sammelmappe legen, oder wenn das nicht tunlich sein sollte, so kann auch das Notieren der Blattformen schon etwas nützen. Nach der Rückkehr wird ihm nach diesem Material an Objekten oder Notizen ein Botaniker manches sagen können oder er selbst wird etwa seiner Schilderung hinzufügen können: In diesem Walde traf ich Bäume mit elliptischen, gesägten, andere mit spitz-fiederlappigen, mit handförmig-fünflappigen, mit unpaarig gefiederten, ... Blättern; Sträucher mit ...., Lianen mit handförmig-fünfzähligen Blättern usw.

Es genügt dabei natürlich vollkommen, sich auf leicht erkennbare Merkmale zu beschränken, etwa nach folgender Auswahl, in der selbstverständlich die schon im Begriff der Vegetationsform enthaltenen Merkmale meist nicht angeführt sind.

1. **Ganze Pflanze:** a) **Größe:** Bei großen, also nicht direkt meßbaren Pflanzen kann die Höhe mit genügender Genauigkeit durch Vergleich mit der Größe einer Person oder den Stockwerken eines Hauses geschätzt werden (s. S. 89). Bei Bäumen kann der Stammdurchmesser in etwa 1 m Höhe leicht **gemessen** werden.

b) **Duft:** Vergleich mit bekannten Düften.

c) **Milchsaft:** Auf die Wichtigkeit des Vorhandenseins und der Farbe von Milchsaft wurde schon S. 23 hingewiesen. Hier sei auch noch erwähnt, daß milchige, d. h. trübe Säfte sich nicht immer **deutlich und auffallend** von klaren Säften unterscheiden lassen, daß also Untersuchung an mehreren **verschiedenen** Stellen einer Pflanze (Stengel, Basis von Zweigen, Blättern, Blütenstielen) notwendig ist.

2. **Unterirdische Organe** können meist vernachlässigt werden, außer wenn es sich bei **Kulturpflanzen** um für den Menschen verwendbare Knollen u. dgl. handelt.

3. **Stamm (Stengel):** a) **Bei Holzgewächsen: Rinde** glatt oder Borke; Korkgebilde in Form einer Schicht oder von Leisten, Warzen, Stacheln vorhanden.

b) **Bei krautigen Stengeln:** *a)* rund, zweischneidig, drei- oder vierkantig (stumpf- oder scharfkantig), gefurcht, mit Längsleisten. *b)* Oberfläche glatt oder rauh; klebrig; kahl oder behaart; wenn letzteres: schütter oder dicht, oder nur an bestimmten Stellen; kurz- oder langhaarig; flaumig, spinnwebig, filzig; wollig; rauhhaarig, borstig; stachelig; *c)* Farbe grün oder bereift, oder infolge dichter Behaarung grau oder weiß.

4. **Blätter:** a) **Stellung:** wechselständig (schraubig) oder gekreuzt-gegenständig (vierzeilig) oder quirlig (wirtelig); besondere Fälle: zweizeilig — dreizeilig.

b) **Scheide und Stiel:** Beide fehlend (Blatt sitzend, stengelumfassend). Blattspreite ohne Stiel an der Scheide sitzend. Form der Scheide (die sehr groß sein kann): rinnen-, röhrenförmig, bauchig. Stiel kurz oder lang (Blatt kurz- oder langgestielt).

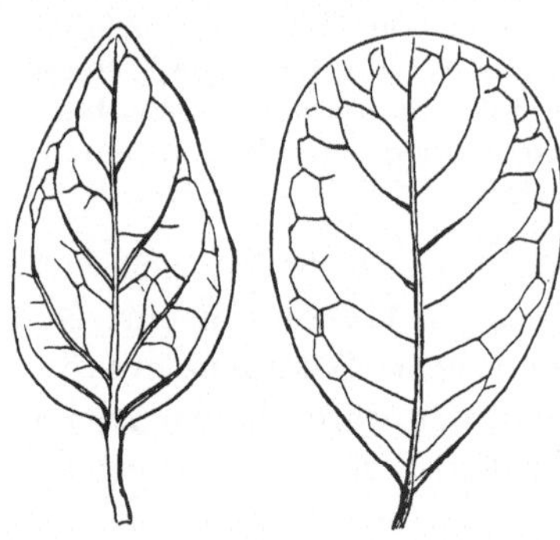

Abb. 6.
Eiförmiges Blatt: Breiteste Stelle etwa im unteren Drittel. — Verkehrt eiförmiges Blatt: Breiteste Stelle etwa im oberen Drittel.
(Nach R. v. Wettstein.)

c) **Gesamtform der Blattspreite (oder kurz des Blattes):**

Haarförmig   lineal   lanzettlich   länglich
    fadenförmig
    pfriemlich

breiteste Stelle etwa im
elliptisch   eiförmig   verkehrteiförmig   rundlich
unteren   oberen
Drittel (Abb. 6)

schildförmig   unsymmetrisch (schief)[1]
(Blattstiel im Mittelpunkt angewachsen).

---

[1] Linde, Ulme, Begonien.

d) **Teilung des Blattes:** je nach der Tiefe der Einschnitte:

gelappt, gespalten, geteilt, zerschnitten;

(in Zusammensetzungen: -lappig, -spaltig, -teilig, -schnittig)

dreilappig   fiederlappig   handförmig-fünflappig

fiederspaltig   fiederteilig   fiederschnittig[1]

doppelt fiederschnittig   dreifach fiederschnittig

zusammengesetzt (S. 47; die Teile heißen „Blättchen"); ihre Form ist nach den für die Blätter angegebenen Regeln zu beachten:

dreizählig   **doppelt dreizählig**

gefingert, z. B. siebenzählig

gefiedert:[1]

unpaarig-   paarig-

einfach   doppelt

e) **Blattgrund:**

verschmälert   abgerundet   herzförmig   pfeilförmig

f) **Blattspitze:**

lang   kurz

zugespitzt   spitz   stumpf   abgerundet   ausgerandet

g) **Blattrand:**[2]

ganzrandig   wellig   gesägt   gezähnt   gekerbt (Abb. 7)

Abb. 7. Verschiedene Formen der Blattspitze und des Blattrandes. (Original.)

h) **Nervatur: Verlauf der Nerven:**

fiedernervig   handnervig   parallelnervig   bogennervig

(Die Adern bilden ein Netz)   (Die Adern bilden Querverbindungen

zwischen den Nerven)

i) **Oberfläche (Behaarung):** s. S. 90 (3 b, *b*).

k) **Farbe:** grün (hell, dunkel) oder bereift, oder bunt (welche Farben? Ober- und Unterseite gleich oder verschieden?), oder infolge dichter Behaarung grau oder weiß (beiderseits oder nur auf einer Seite? Auf welcher?).

---

[1] Die Ausdrücke „fiederschnittig" und „gefiedert" werden anscheinend in Beschreibungen bisweilen für dieselbe Art von Teilung gebraucht. Es wäre am besten, nur solche Blätter als gefiedert zu bezeichnen, bei denen die Teile (Blättchen) einen erheblichen Grad von Selbständigkeit besitzen (z. B. gestielt sind); diese äußert sich bei periodisch kahlen Holzgewächsen besonders darin, daß beim Laubfall nicht nur die ganzen Blätter sich von den Zweigen lösen, sondern auch die Blättchen vom gemeinsamen Blattstiel.

[2] Die unter 4 c bis g angeführten Merkmale gelten für flache Blätter, also in der weit überwiegenden Zahl der Fälle. Bei Blattsukkulenten sind die Blätter öfter zylindrisch, spindelförmig, kegelförmig, am Rand mit Stacheln besetzt („stachelrandig") und in einen Stachel ausgehend; von den Nerven und Adern ist bei ihnen nichts zu sehen.

5. **Blüten:** Einzeln oder in Blütenständen.

Blütenstände:

Blüten über den Stengel oder einen Zweig verteilt		Blüten am Ende des Stengels oder eines Zweiges zusammengedrängt	
sitzend	gestielt	sitzend	gestielt
Ähre	**Traube**	**Köpfchen**	**Dolde**
aufrecht oder hängend	aufrecht oder hängend	meist von „Hüllblättern" umgeben	einfach oder zusammengesetzt

Hierher gehören auch:

Kätzchen. Blüten unscheinbar (z. B. Weiden,[1] Haselnuß), aufrecht oder hängend.

Kolben: Achse des Blütenstandes verdickt.

Zapfen: Fruchtblätter (Fichten, Tannen, Kiefern) oder Tragblätter der weiblichen Blüten (Erlen) holzig.

Unter **Rispen** versteht man reich verzweigte, blütenreiche Blütenstände, die übrigens von verschiedenem Bau sind. Es gibt viele Blütenstände, die in dieser (vereinfachten) Übersicht nicht enthalten sind. Der Geograph kann sich damit begnügen, sie als „**ährenähnlich**", „**traubenähnlich**", „**doldenähnlich**" usw. zu bezeichnen.

Manchmal (so bei den Lippenblütlern [94]) stehen die Blüten **wirtelartig** um den Stengel herum.

Von einer **genaueren Beschreibung der Blüte**, deren Merkmale für die Sippensystematik grundlegend sind, kann der Geograph absehen. Als **physiognomisch bedeutungsvoll** kommen in Betracht: Größe und Blütenreichtum der Blütenstände;[2] bei größeren Blüten deren Größe im vollerblühten Zustande; Farbe[3] der Blumenkrone sowie besonders auffallender Staubgefäße; Duft.

6. **Früchte:** Größe, Form, Farbe; ob trocken oder fleischig.

7. **Samen:** Größe, Form, Farbe.

I. Die einzelligen Pflanzen.

Bemerkung zu I. (Einzellige Pflanzen), **IX, X** (Krusten- und Laublagerpflanzen). Algen, kleine Krusten- und Blattflechten bilden häufig Flecken auf älteren, schon etwas verrotteten oder auf abgefallenen

---

[1] Als „Palmkätzchen" werden die noch nicht aufgeblühten männlichen Blütenstände der Sahlweide [14] und anderer Weidenarten verwendet.

[2] Bei Dolden und Köpfchen sind die Blumenkronen der außen stehenden Blüten oft viel größer und daher auffallender (Schaublüten) als die inneren; bei Köpfchen (z. B. der Korbblütler) haben sie auch oft eine andere Farbe und heißen Strahlblüten, die inneren Scheibenblüten; beim Gänseblümchen [108] z. B. sind die Strahlblüten weiß, die Scheibenblüten gelb. Die Auffälligkeit von Blüten und Blütenständen wird nicht selten durch gefärbte Hochblätter sehr vergrößert, ja manchmal sind diese viel auffallender als die Blüten selbst.

[3] Es ist wichtig, nicht nur die Hauptfarbe, sondern auch deren bemerkenswerteste Abstufungen anzugeben: weiß, blaßgelb, zitron- oder hochgelb, orange- oder rotgelb; hochrot; blaßrosa, rosa, hellpurpurn, dunkelpurpurn; lila, violett; schwarzviolett; blaßblau, himmelblau, dunkelblau. Braune Farbentöne sind selten; grüne (weißgrüne, gelbgrüne) Blüten sind meist klein und unscheinbar.

Blättern in den immergrünen Regenwäldern; man kann sie nach dem Standort, nicht der Vegetationsform als epiphylle, d. h. auf Blättern wachsende Pflanzen bezeichnen.

Einzellige Pflanzen sind nur dann mit freiem Auge sichtbar, wenn sie in großen Mengen dichtgedrängt auftreten; nur in diesem Falle können sie eine Rolle in der Landschaft spielen. Unter den Algen gibt es viele einzellige Arten, die als Landbewohner („Luftalgen") auf Felsen, Steinen, Holz und Rinden Überzüge oder Krusten von grüner, brauner oder blaugrüner Farbe bilden. (So rührt die bläuliche Färbung mancher

Abb. 8. Brandungszonen an einem Eiland in der Adria bei Split (Spalato). Die „schwarze" und die „weiße" Zone sind links, an der Seite stärkerer Brandung, breiter als rechts. (Phot. L. GEITLER.)

Kalkfelswände von einer trockenen Blaualge her.) Besonders auffallend sind die bei Seefahrten stundenlang sichtbaren, olivbraun bis schwarz gefärbten Zonen, welche sich an Seeküsten ungefähr waagrecht erstrecken und oberhalb deren ein heller, vegetationsloser Streif folgt, an den sich dann Bestände von Blütenpflanzen (krautigen und Holzpflanzen) anschließen. Diese Brandungszonen sind besonders an den Steilküsten Skandinaviens und der Adria (Abb. 8) untersucht worden, dürften sich aber, wie u. a. einzelne eigene Beobachtungen und Landschaftsbilder beweisen, an sehr vielen Küsten der Erde vorfinden; sie seien der Beobachtung der Geographen ganz besonders empfohlen, auch bezüglich des Umstandes, ob sie durch die Gezeiten oder das windbewegte Meerwasser (Brandung, Spritzwasser usw.) bedingt sind (vgl. A. GINZBERGER in KARSTEN und SCHENCK, Vegetationsbilder, 17. Reihe, Heft 3/4, Taf. 13 B). An Felswänden findet man häufig verschiedenfarbige Überzüge oder dunkle Streifen, welch letztere, den Bahnen des aus dem Felsen aussickernden und ihn überziehenden Wassers folgend, von oben nach unten über die Wände hinziehen und als „Tintenstriche" bezeichnet werden (Abb. 9).[1] An der Bildung der eben geschilderten Zonen und Streifen nehmen nicht nur einzellige Algen, sondern auch Krustenflechten teil (s. IX. Krustenpflanzen, S. 99).

An der schmelzenden Oberfläche von Firn und Gletschereis der Polarländer und der Hochregion der Gebirge bilden leuchtend rote Algenzellen, in Massen angesammelt, oft große, weithin sichtbare Flecken und Streifen von „rotem Schnee"; andere verursachen gelbe, grüne, purpurbraune Flecken.

Auch die Ansammlungen von freischwebenden Wasserorganismen, die man als Plankton[2] bezeichnet und die nebst ein- und mehrzelligen Tieren hauptsächlich aus einzelligen Pflanzen bestehen,[3] sind zum Teil landschaftlich von Bedeutung, indem sie dem Wasser eine bestimmte Farbe verleihen: Ist viel Plankton vorhanden, so ist die Farbe mehr grün, ist das Wasser planktonarm, so erscheint es mehr blau, und das Tiefblau der Hochsee ist sogar als „Wüstenfarbe" derselben bezeichnet worden. Planktonwesen (Pflanzen sowohl als Tiere) sind es auch, die der Hauptsache nach das Meerleuchten hervorrufen. Freischwebende Organismen in stehenden Binnengewässern verleihen diesen oft eine Farbe, die man „Wasserblüte" nennt. Andere bilden am Grunde des Wassers Überzüge, z. B. die Kieselalgen (Diatomeen), die durch massenhaftes

---

[1] Im Aussehen und den Standortsbedingungen erinnert an die Tintenstriche sehr eine bei uns an Rotbuchenstämmen mitunter häufige und landschaftlich recht auffallende Erscheinung, die aber nicht auf eine einzellige Pflanze, sondern auf das dunkel gefärbte Fadengeflecht (Myzel) des Pilzes *Dichaena faginea* zurückzuführen ist, das namentlich die innere Seite der glatten Buchenrinde dort überzieht, wo sie am längsten feucht ist, also besonders bei schiefstehenden Stämmen an der inneren Seite, an der sich das ablaufende Niederschlagswasser am längsten hält (zum Teil nach Mitteilungen von K. Keissler und L. Geitler).

[2] Das Wort ist dem Griechischen entnommen und bedeutet „das Umhertreibende". Zum Plankton werden alle Organismen gerechnet, die ohne stärkere Eigenbewegung frei im Wasser schweben und deren Ortsveränderung daher hauptsächlich durch die Strömungen des Wassers, des Meeres, der Seen und Flüsse bedingt wird. Verdeutschungen „Auftrieb", „Schweb", „Treibsel".

[3] In der nördlichen Adria wurden im Februar/März im Liter Meerwasser zirka 253700 Organismen gefunden (zirka 375mal soviel Stück Pflanzen als Tiere), in der südlichen zirka 78000 (zirka 85mal soviel Pflanzen als Tiere), also in ersterer etwa $3^1/_3$mal soviel Lebewesen in der gleichen Menge Meerwasser. — Im Atlantischen Ozean fand man im Durchschnitt in 1 Liter Wasser: im tropischen Anteil 2500 Lebewesen, im kühlen Gebiet 77000, im arktischen und antarktischen 300000 (Verhältnis 1:31:120). Das planktonreichste, bisher bekannte Gebiet liegt an der Küste von Alaska (3 Millionen Lebewesen im Liter). Diese Angaben verdanke ich J. Schiller.

Vorkommen den Grund stehender Gewässer und die Oberfläche von
Wasserpflanzen in recht auffallender Weise braun färben.

Abb. 9. Tintenstriche an Kalkfelsen im Dachsteingebiet (1500 m). (Phot. F. Morton.)

II. Wasserlinsen-Form.

Zur Wasserlinsen-Form gehören einige kleine Wasserpflanzen, deren flache oder linsenförmige, höchstens 1 cm große, bisweilen sogar wurzellose Vegetationskörper, an denen Achse und Blatt nicht deutlich unterscheidbar sind, oft in großer Menge dichtgedrängt auf stehenden Süßwasseransammlungen schwimmen oder in ihren oberen Schichten schweben und sie mit einer hellgrünen Decke überziehen. Die Blüten sind winzig, überdies selten und kommen daher für den Habitus nicht in Betracht. Die Wasserlinsen-Form deckt sich mit der Familie der Wasserlinsengewächse [128]. Obwohl diese zu den Blütenpflanzen gehören, systematisch also mit den Gruppen I und III bis XIII nichts zu tun haben, wurden sie gleich nach den einzelligen Pflanzen deshalb angeführt, weil sie mit ihnen das gemeinsam haben, daß sie nur dann in der Landschaft eine Rolle spielen, wenn sie in großer Menge dichtgedrängt auftreten. (Vgl. dazu die Schwimmfarn-Form S. 236).

III. Schleimpflanzen.

Die Schleimpflanzen bilden an feuchten oder zeitweilig feuchten Orten schleimige oder gallertige Massen, manchmal bis 1,5 m² groß, von verzweigter, flacher, knolliger oder lappiger Form und verschiedener (weißer, gelber, roter oder schmutziggrüner) Farbe. Es sind teils Pilze („Schleimpilze"), Bakterien- und Blaualgenkolonien, teils gallertige Flechten.

IV. Fadenpflanzen.

Die Fadenpflanzen sind einfache oder verzweigte Fäden oder Geflechte von solchen von weißer, blaugrüner, schwarzer, brauner, roter oder rein grüner Farbe, und zwar Bewohner feuchter Stellen des Landes (Erde, Felsen); häufiger bewohnen sie das Wasser (Meerwasser, stehende oder fließende Binnengewässer); die Wasserpflanzen unter ihnen schwimmen, haften (d. h. sie sind entweder auf festem Grund oder an Tierschalen, Steinen, Holz usw. bloß oberflächlich befestigt) oder wurzeln. Im Süßwasser schwebende, durcheinandergewirrte, hellgrüne Fadenalgen werden oft in Form flacher Massen durch den bei der Kohlensäureassimilation frei gewordenen und in dem Fadengeflecht in Form von Bläschen verteilten Sauerstoff aufwärts getrieben und bedecken dann große Strecken der Oberfläche stehender Gewässer als „grüner Schlamm". Sie gehören zu den Algen, die weißen zu den Bakterien oder Pilzen; manche unter ihnen sind gewissen höheren Wasserpflanzen ähnlich.

V. Tange (Tangpflanzen).

Die Tange (Tangpflanzen) haben band-, platten-, schlauch-, kugelförmige, korallenartige oder sproßähnliche Form und hell- bis dunkelbraune, rote (meist rosarote) bis violette oder rein grüne Farbe. Es sind Wasserpflanzen, hauptsächlich Bewohner des Meeres, die meist auf fester Unterlage, wie Felsen, Steinen, Tierschalen, Holz usw., oberflächlich haften, seltener in losem Material, wie Sand und Schlamm,[1] wurzeln. In manchen relativ ruhigen, von Strömungen umkreisten Meeresteilen werden die an benachbarten Felsküsten haftenden Tange losgerissen und bilden schwimmende Ansammlungen von gewaltiger Größe. Am bekanntesten ist die „Sargasso-See", die den Raum des nordatlantischen Ozeans zwischen 21° und 34° n. Br. und 39° und 75° w. L. in einer Ausdehnung von $4^1/_2$ Millionen Quadratkilometer erfüllt. Diese Ansammlung besteht aus schwimmenden und treibenden Beerentangen (*Sargassum*-Arten), die von den Küsten von Mittelamerika und Westindien stammen; die einzelnen Stücke wach-

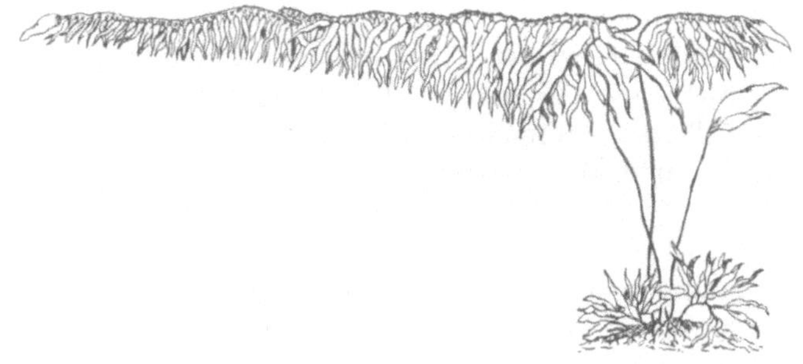

Abb. 10. Der Riesentang *Macrocystis pirfera*. Sehr stark verkleinert. (Nach HOOKER u. HARVEY.)

sen, obwohl losgerissen, weiter. Ähnliche derartige Ansammlungen sind noch aus dem Stillen Ozean nördlich von Hawaii und von einigen Gebieten der südlichen Meere bekannt.

Tange kommen in großer Artenzahl in allen Meeren der Erde vor, wo sie zusammen mit braunen, roten und grünen ebenfalls zu den Braun-, Rot- und Grünalgen gehörigen Fadenpflanzen vom Gebiet des Meeresspiegels in wechselnder, nach abwärts rasch abnehmender Arten- und Individuenzahl oft in sehr üppigen Beständen wachsen. Manchen Meeresalgen schadet es nicht, wenn sie bei Ebbe eine Zeitlang trocken liegen; sie bilden den in der Landschaft der Felsküsten sehr auffallenden, ein- oder mehrfarbigen „auftauchenden Gürtel"; und wenn die See bewegt ist, so treibt der Schwall der Brandung die Tange an den Felsgestaden bald hinauf, bald zurück in die See. Am auffälligsten ist dieser Vorgang in den kühlen und kalten Meeren; denn wenn auch in den wärmeren Meeren die Formenmannigfaltigkeit (Artenanzahl) der Algen

---

[1] Solche Standorte stellen in größeren Tiefen oder besonders in stark bewegtem Wasser Wüsten dar; in seichtem Wasser siedeln Seegräser darauf (S. 235).

am größten ist, so ist es in den kühlen und kalten die Größe und die Anzahl der Individuen; die Riementange (*Laminaria*) der nordeuropäischen Küsten, die wie braune Riemen oder wie gestielte Riesenhände aussehen, erreichen eine Länge von einigen Metern und ihre stielartigen Teile Fingerdicke. Sie werden noch weit übertroffen von den Riesentangen (besonders *Macrocystis*) (Abb. 10), den größten Wasserpflanzen, die es gibt, die bis zu 60 m, nach anderen Angaben mehrere hundert Meter lang werden.

Zur Vegetationsform der Tange gehört wohl auch die Blütenpflanzenfamilie der *Podostemonaceae* [49]. Ihr meist moos- oder thallusähnlicher, verzweigter, manchmal einen krustenförmigen Überzug bildender Vegetationskörper ist meistens ganz untergetaucht, und die Blütenknospen sind schon unter Wasser so weit entwickelt, daß sie sich, wenn sie bei niedrigem Wasserstand auftauchen, sehr rasch öffnen und daß so die Bestäubung in der Luft vollzogen werden kann. Die Podostemonazeen kommen auf Steinen und Felsgrund in rasch fließenden Gewässern der Tropen, besonders Asiens und Amerikas, namentlich in Stromschnellen und Wasserfällen, vor.

VI. Schwämme.

„Schwämme" sind die Sporenträger (Fruchtkörper) von Pilzen. Man kann Strunkpilze, Keulenpilze, Korallenpilze, kugel- und knollenförmige Pilze, Becher- und Trichterpilze, Halbhutpilze, Hutpilze (mit Strunk und Hut) unterscheiden. Bei letzteren finden sich an der Unterseite des Hutes weiche Stacheln, Röhren oder Löcher, oder radiär gestellte Lamellen. An oder in diesen Gebilden werden die Sporen erzeugt. Unter den kugel- und knollenförmigen gibt es auch ganz unterirdisch wachsende (z. B. die Trüffeln). Die übrigen kommen namentlich auf Waldboden und auf Holz, besonders Fallholz, vor. Im Innern dieser Substrate lebt der eigentliche Pilzkörper, das Fadengeflecht oder Myzel, die „Brut", wie die Champignonzüchter sagen, als meist weiße, fädige oder flockige Masse saprophytisch oder parasitisch. Die Farbe der Schwämme ist sehr verschiedenartig, aber nie rein grün. Die Schwämme sind von weichfleischiger, zähfleischiger oder holziger Beschaffenheit. Unter den erstgenannten finden sich viele, die für den Menschen genießbar sind, aber auch einige (viel weniger als eßbare), die in verschiedenem Maße giftig sind (die giftigsten bei uns die Knollenblätterschwämme). Zu den holzigen gehören die „Baumschwämme" (Feuerschwamm, Buchenschwamm), welche den Zunder liefern; diese sind Halbhutpilze und erreichen ein beträchtliches Alter und bedeutende Größe (40 bis 50 cm breit, 10 bis 20 cm lang und bis 30 cm dick).

Die meisten Schwämme aber sind kurzlebig und vergänglich, und es gibt unter den Hutpilzen namentlich der tropischen Regenwälder z. B.

solche mit haardünnem Stiel und einem kleinen Hut von wenigen Millimetern Durchmesser.

VII. Fleckenpilze.

Die Fleckenpilze sind meist Sporenlager verschiedener Pilzarten, die sich auf Pflanzenteilen vorfinden, in denen das Fadengeflecht des Pilzes schmarotzt. Diese Sporenlager bilden verschieden gefärbte, aber nie rein grüne Flecken und Striche. In anderen Fällen bildet das Fadengeflecht selbst einen weißen, schimmelartigen Überzug auf der Oberfläche der befallenen Pflanze (Mehltau).

VIII. Gallen.

Die Gallen sind Gebilde von sehr verschiedener Form und Farbe, die aus jugendlichem, noch wachsendem Gewebe der Pflanzen, an welchen sie stehen, erzeugt werden, und zwar bisweilen durch einen Pilz. Die meisten „Gallen“ aber sind tierischen Ursprungs und entstehen durch Eiablage von bestimmten Wespen, Mücken, Käfern, Läusen, Milben oder Fadenwürmern. Das durch diesen Reiz entstehende Gebilde wird von dem tierischen Parasiten, der darin seine Entwicklung durchmacht, als Wohnstätte benützt. Auf einer und derselben Pflanze können mehrere, ja viele Arten von Gallenbildnern leben; die Gallen, die sie erzeugen, sind voneinander verschieden, und zwar oft in hohem Maße. An entblätterten Bäumen treten Gallen bisweilen außerordentlich hervor und sehen wie vertrocknete Zweige oder Früchte aus.

IX. Krustenpflanzen.
(S. Bemerkung S. 92.)

Hierher gehören einige krustenartige Pilze und Algen sowie sehr zahlreiche Flechten, welche Gestein, Erde, Holz, Rinde überziehen oder bis etwa 2 cm tief in sie eingesenkt sind, so daß nur die „Fruchtkörper“, die knopf- oder schüsselähnlich gestalteten Gebilde, in denen die Sporen erzeugt werden, oberflächlich sichtbar sind. Solche Flechten nennt man endolithisch, wenn sie in Gestein, endophlöodisch (unterrindig), wenn sie in Rinde eindringen, epilithisch bzw. epiphlöodisch, wenn sie die genannten Substrate überziehen. Krustenflechten können Gestein lückenlos überziehen, so daß auf Felsflächen weithin nur die Flechten sichtbar sind, nirgends, außer an frischen Bruchflächen, die nackte Gesteinsoberfläche. Da die Farbe der Flechten, weiß, grau, schwarz, braun, rot, orange, gelb, grünlichgelb, bläulich, blaugrün (nicht grasgrün), von der des Gesteins im allgemeinen verschieden ist, da ferner meist mehrere Flechten neben- und durcheinander siedeln, auch wohl nach dem Alter verschiedenfarbig, so sind Felsen durch die Flechten oft recht bunt gefärbt (Abb. 11). Dies ist besonders bei kalkarmem Gestein oder „Urgestein", wie manche Botaniker, besonders aber manche Flechtenspezialisten, oft im Gegensatz zu Kalkstein etwas ungenau, ohne Rücksicht auf das Alter, jedes kalkarme Gestein nennen, der Fall. Denn der Unterschied in der Pflanzenwelt, die auf und in Gestein sowie in dem Boden, der aus dem Gestein entsteht, siedelt, hängt, soweit überhaupt die chemische Beschaffenheit des Faktors „Boden" in Betracht kommt, in erster Linie vom Gehalt an kohlensaurem Kalk ab, während das geologische Alter der Unterlage von geringerer Bedeutung ist.

Abb. 11. Mosaik einer endolithischen Krustenflechte, die Kalkstein bei Lunz am See in den niederösterreichischen Voralpen lückenlos bedeckt. Die einzelnen Stücke verschieden alt. Die schwarzen Punkte sind Fruchtkörper. Etwas verkleinert. (Phot. L. GEITLER.)

In feuchtem Klima kann lückenlose Bedeckung sowohl von glatter Rinde (Rotbuche) als von rauhen Borken durch unterrindige Krustenflechten vorkommen. (Die erwähnten Beobachtungen wurden von L. GEITLER im Gebiet der niederösterreichischen Kalkvoralpen in der Umgebung von Lunz am See gemacht; die Erscheinung ist aber sicher weiter verbreitet).

— Auch in den immerfeuchten Tropen sind Flechten an Baumstämmen für die Farbe derselben sehr maßgebend und helle, oft weiße Farben tonangebend (eigene Beobachtungen vom unteren Amazonas).

Die Flechten des Kalksteines, und zwar nicht nur die Krusten-, sondern auch die Laubflechten sind von denen des „Urgesteins" größtenteils verschieden. Unter ersteren ist besonders die leuchtend grünlichgelbe, mit schwarzen Zeichnungen (Rand und Fruchtkörper) versehene Landkartenflechte (*Rhizocarpon geographicum*) auch für den Geographen deshalb bemerkenswert, weil sie infolge ihrer Auffälligkeit leicht dazu dienen kann, im Kalkgebirge Einsprengungen oder einzelne Stücke von Kiesel od. dgl. zu entdecken.

Flechten bilden manchmal staubartige Überzüge („Staubflechten"). Eine davon, die wegen ihrer hellgelben Farbe „Schwefelflechte" heißt, überzieht manchenorts (z. B. im Elbesandsteingebirge) feuchte, schattige Felsen und wird vom Publikum bisweilen für Schwefel gehalten.

Eine auch außerhalb des botanischen Publikums bekannte und, weil sehr auffallend, viel beachtete Tatsache ist die, daß senkrecht stehende,

namentlich freistehende Bäume an verschiedenen Seiten in verschiedenem
Grade mit Überzüge bildenden Algen, Flechten und Moosen bewachsen
sind;[1] minder beachtet wird, daß es sich hier um eine ganze Menge verschiedener Arten und an verschiedenen Stellen um andere handelt. Die
„Wetterseite" ist auch nicht immer die gleiche, und das Gesamtbild
der Erscheinung hängt auch von der Baumart (Beschaffenheit der Borke)
und davon ab, ob der Epiphyt (vgl. S. 10) eine Alge, eine Krusten-
oder Laubflechte oder ein Moos ist. Einheitliches, Allgemein-
gültiges läßt sich also darüber nicht sagen, und die systematische
soziologische und ökologische Analyse des Vorkommens ist eine detail-
lierte Aufgabe des Botanikers, die dieser nur im Laboratorium vornehmen
kann, zum Teil gar nur zusammen mit Spezialisten. Der Geograph wird
sich mit Notizen über einiges besonders Auffällige begnügen, wie Art
der Bäume, Feststellung der am stärksten und schwächsten besiedelten
Seite, Feststellung, ob Moose, Strauch-, Laub- oder Krustenflächen oder
Algenüberzüge vorwiegen, Notierung der Farben, Beschaffenheit der
Rinde (Borke); so kann er wenigstens einiges Material für die Frage
gewinnen, wie der landschaftliche Eindruck zustande kommt. (Unter
Berücksichtigung von Mitteilungen von L. Geitler).

Die Flechten überhaupt, besonders die Krustenflechten, sind in den
meisten Standortsansprüchen sehr bescheiden; sie vertragen große
Temperaturextreme und starke Austrocknung, dringen daher im Hochgebirge und gegen die Pole weiter an die Grenzen des Lebens vor als andere
autotrophe Pflanzen. Nur in Wüsten fehlen sie beinahe ganz, meiden
überdies die stärker verbauten Teile ausgedehnterer menschlicher An-
siedlungen, deren Luft reich an schwefliger Säure, Ruß und Staub und
damit zum Teil an stickstoffreichen Substanzen ist; auch die Bäume
benachbarter Anlagen, Alleen usw. gehören oft noch zur „städtischen
Flechtenwüste". Genauer untersucht und beschrieben sind in dieser
Hinsicht u. a. Paris, Stockholm und Oslo; auch über Wien ist einiges
bekannt. Natürlich verhalten sich nicht alle Flechtenarten gleich und
namentlich die häufige und durch ihre gelbe Farbe sehr auffallende
Wandflechte (*Xanthoria parietina*) gehört zu den am wenigsten stadt-
feindlichen Arten (nach Mitteilungen von K. Redinger).

X. Laublagerpflanzen.
(S. Bemerkung S. 92.)

Die Laublagerpflanzen überziehen als flache, gekrauste oder
gelappte Gebilde Gestein, Erde, Holz oder Rinde. Zu ihnen gehören

---

[1] In beschränkten trockeneren Gebieten Mitteleuropas sind die Baum-
rinden allgemein unbewachsen, mit Ausnahme der als Wetterseite oder aus
anderen Gründen (herabrinnendes Wasser) befeuchteten Seite. Hier bildet
sehr häufig eine einzellige Grünalge (*Pleurococcus*) ausgedehnte Überzüge.

Abb. 12. Laubflechte, bei Lunz am See in den niederösterreichischen Voralpen auf Humus und Moosen gewachsen. Die weißen umgebogenen Scheibchen sind Fruchtkörper. Etwa viermal verkleinert. (Phot. L. GEITLER.)

Flechten (Laub- oder Blattflechten, Abb. 12),[1] deren Farben ebenso verschieden sind wie die der Krustenflechten (S. 99), ferner gewisse Lebermoose, deren Farbe rein grün ist.

XI. Strauch- und Büschelflechten.

Die Strauch- und Büschelflechten haben die Gestalt kleiner Sträuchlein oder Büschel mit rundlichen oder flachgedrückten Stämmchen und Ästen; sie sind meist grau bis schwarz und haften auf Steinen, Erde oder Holzgewächsen.

XII. Bart- und Schleierpflanzen.

Die Bart- und Schleierpflanzen bilden lange, dünne, verzweigte Fäden, welche von Ästen herabhängen. Farbe meist grau, seltener rein grün. Hierher gehören die Bartflechten (Baumbart), 5 bis

Abb. 13. Entblätterter Baum, behängt mit „Louisiana-Moos" [118]. Trockengebiet von Nordost-Brasilien. (Original.)

[1] Auch unter diesen gibt es ausgesprochene Kalk- und „Urgesteins"-Bewohner (s. S. 100).

10 m lang, ferner eine ihnen ähnliche Blütenpflanze des wärmeren Amerika, das Louisianamoos [118] (Abb. 13), bis 3 m lang, und die Schleiermoose (bis 1 m lang) der „Nebelwälder“ der tropischen Hochgebirge (S. 34, 149, 187).

XIII. Moosförmige Pflanzen (Moos-Form).

Zu den moosförmigen Pflanzen (Moos-Form) gehören meist kleine Pflanzen von rein grüner Farbe (Ausnahmen: einige Torfmoose und schwärzliche Rinden- und Felsenmoose) mit einem dünnen, niederliegenden oder aufrechten (in diesem Falle bis $1/_2$ m hoch) Stengel und vielen meist dichtstehenden, kleinen Blättern und dünnen, wurzelartigen Organen, mit denen sie in die Unterlage eindringen oder an ihr haften. Sie wachsen außer auf Erde häufig auf Gestein oder Holz, auch zusammen mit Flechten auf lebenden Holzgewächsen (epiphytisch), ohne darauf zu schmarotzen. (In den kühleren Gebieten der Erde sind fast alle Epiphyten Moose, Flechten und Algen und nur wenige Farn- und Blütenpflanzen.)

Einige wenige moosförmige Pflanzen wachsen unter Wasser, und zwar nur im Süßwasser, wo sie am Grunde an Holz, Steinen u. dgl. haften.

Zu den moosförmigen Pflanzen gehören ein Teil der Lebermoose, und zwar diejenigen, bei denen der Stengel niederliegend und (von oben gesehen) zweizeilig beblättert ist, ferner die Laubmoose; bei ihnen ist der Stengel ringsum beblättert. Dabei kann er niederliegend und stark verzweigt sein, so daß er die Unterlage teppichartig überzieht. Diesen „Teppichmoosen“ ähneln gewisse kleine, zarte Blütenpflanzen, z. B. die „Mieren“ [26]. Bei den Torfmoosen *(Sphagnum)*, welche den Hauptbestandteil der Hochmoore bilden und hier auch landschaftlich vorherrschen, stehen die Stengel aufrecht, sind oft sehr lang und haben kurze Seitenzweige. Die Farbe der Torfmoose ist oft nicht grün, sondern rotbraun oder braun und im trockenen Zustand bleich, ebenso diejenige des kalkfeindlichen Weißmooses *(Leucobryum glaucum)*, das stattliche Polster bildet und für manche unserer Wälder sehr bezeichnend ist. Bei den meisten Laubmoosen stehen die Stengel parallel oder radiär und bilden Rasen oder Polster, die manchmal sogar kugelförmig sein können, letzteres bei Arten des antarktischen und subantarktischen Gebietes.

XIV. Stamm-Blatt-Pflanzen.

Die bisher behandelten Vegetationsformen (I bis XIII) umfassen fast durchaus Pflanzen, bei denen (etwa mit Ausnahme der Moosförmigen) eine Gliederung in Stamm (Achse) und Blätter entweder gar nicht besteht oder nicht in so vollkommener Weise sichtbar ist wie bei der folgenden Abteilung XIV.

Die zu dieser Abteilung XIV gerechneten Pflanzen können wir wegen der deutlichen Sichtbarkeit der Gliederung in Stamm und Blätter als Stamm-Blatt-Pflanzen bezeichnen. Hierher gehören die Farnpflanzen (eigentliche Farne, Schachtelhalme, Bärlappe und ihre Verwandten) und vor allem die Blütenpflanzen.

Die Stamm-Blatt-Pflanzen sind an Sippen (Familien, Gattungen, Arten) reicher als alle anderen Vegetationsformen zusammengenommen und außer durch massenhaftes Vorkommen auch infolge ihrer Größe für die Gestaltung der Landschaft von weit überragender Bedeutung. Nur im Meer und an den Grenzen des Lebens gegen die Pole und die Höhen der Gebirge spielen sie eine untergeordnete Rolle; im Meer sind nämlich hauptsächlich die Vegetationsformen I, IV, V (einzellige Pflanzen, Fadenpflanzen, Tange), gegen die Pole und die Höhen der Gebirge vor allem die Vegetationsformen I, IX, X, XI, XII, XIII (einzellige, Krusten- und Laublagerpflanzen, Strauch- und Büschelflechten, Bart- und Schleierpflanzen, moosförmige Pflanzen) vertreten, die größtenteils durch massenhaftes Auftreten ersetzen müssen, was ihnen an Größe des Einzelwesens abgeht.

Abb. 14. Kleine *Tillandsia* [118], an Granitfelsen wachsend. Trockengebiet von Nordost-Brasilien. (Original.)

Die Farbe der assimilierenden Organe, vor allem der Blätter, ist bei den Stamm-Blatt-Pflanzen meist ein reines Grün in verschiedenen Abstufungen; nur wenn ein Wachsüberzug oder dichtstehende, Luft enthaltende Haare ein Organ bedecken, so erscheint es im ersten Falle grünlich oder bläulichgrau, im zweiten grau oder weiß; letzteres ist namentlich bei Sproßspitzen und jungen Blättern, in Trockengebieten auch bei erwachsenen Blättern der Fall. Auch der weitverbreitete Blütenfarbstoff Anthokyan (S. 57) verdeckt nicht selten das Grün von Stengeln und Blättern und läßt sie purpurn bis blau erscheinen.

Saprophyten und Parasiten sind unter den Stamm-Blatt-Pflanzen selten; sie haben entweder Gestalt und Farbe der Autotrophen (selbständig assimilierenden Pflanzen) oder sind durch Verkümmerung der Blätter und geringe Verzweigung der Stengel abweichend gestaltet und nicht grün gefärbt, weil das Chlorophyll entweder fehlt oder durch andere Farbstoffe verdeckt wird (S. 199, Schuppenwurz-Form).

Die weitaus meisten Stamm-Blatt-Pflanzen wurzeln in einer lockeren Unterlage (Boden, Erde), in die sie mit den Wurzeln eindringen: dies tun auch diejenigen unter ihnen, die man zu den Felsenpflanzen rechnet, denn diese senken ihre Wurzeln in erderfüllte Spalten der Felsen oder in Erdauflagerungen auf Felsen; dagegen gibt es nur wenige an der nichtverwitterten Fläche des Felsens selbst haftende Stamm-Blatt-Pflanzen (Abb. 14). Die Epiphyten unter den Stamm-Blatt-Pflanzen verhalten sich zu ihrer Unterlage ebenso, d. h. sie wurzeln meist in Erdansammlungen, in Astgabeln oder auf waagrechten oder schiefen Ästen; seltener haften sie direkt an der Rinde der Stämme und Äste.[1]

Die Epiphyten bilden keine einheitliche Vegetationsform, sondern gehören zu mehreren; gemeinsam ist ihnen nur der Standort, nicht das Aussehen; auch die bereits behandelten Gruppen I, III, IV, IX, X, XI, XII, XIII (Einzellige, Schleim-, Faden-, Krusten-, Laublagerpflanzen,

Abb. 15. Epiphytische Arongewächse [127], von unten aufgenommen. Pará. (Original.)

Strauch- und Büschelflechten, Bart- und Schleierpflanzen, Moosförmige) enthalten zahlreiche Epiphyten, unter denen die haftenden vorwiegen.

Wie oben erwähnt, ist bei den Stamm-Blatt-Pflanzen eine Gliederung in Stamm und Blatt im allgemeinen deutlich zu sehen, also sind wohlausgebildete Blätter vorhanden. Indessen sind bisweilen, meist im Zusammenhang mit außergewöhnlicher Trockenheit des Standortes oder mit saprophytischer oder parasitischer Lebensweise, die Blätter sehr klein oder rückgebildet.

---

[1] Im Amazonasgebiet gehören die sogenannten „Ameisengärten" (Blumengärten, indian. Tracuá) zu den auffälligsten Erscheinungen. Es handelt sich um Ameisennester, die von Pflanzen durchwachsen und überwuchert sind und auf Bäumen (oft in Höhen von 20 bis 30 m) oder im Strauchwerk angelegt werden. Sie machen den Eindruck von Ansammlungen epiphytischer Gewächse. Die Ameisen kultivieren diese verschiedenen Familien (z. B. Bromeliazeen, Arazeen, Solanazeen) angehörenden Pflanzen, die fast alle (14 Arten sind bekannt geworden) eigene Arten oder Abarten darstellen, indem sie deren Samen und Erde in das ursprünglich in der Höhe angelegte Nest zusammentragen, das so Kopfgröße erreicht. Das ganze Gebilde besitzt oft einen sehr beträchtlichen Umfang (Abb. 15). Abbildungen bringt ULE in den Vegetationsbildern von KARSTEN und SCHENCK (3. Reihe, Heft 1).

Anderseits gibt es Pflanzen, bei denen im Habitus die Blätter sehr überwiegen, so daß vom Stengel deshalb zeitweise nichts oder wenig zu sehen ist, weil wenigstens außerhalb der Blüte- und Fruchtzeit nur ein unterirdischer Stamm vorhanden ist, aus dem die Blätter entspringen (grundständige oder Grundblätter).[1] Man nennt derlei Pflanzen im gewöhnlichen Leben und in der Gärtnerei Blattpflanzen, besonders dann, wenn die Blüten unscheinbar oder nur kurze Zeit zu sehen sind. Bei Laien besteht bisweilen ein Zweifel, ob „Blattpflanzen" überhaupt blühen. Diese Meinung kann auch darauf beruhen, daß derlei Pflanzen, besonders Holzgewächse und solche wärmerer Gegenden, eine ganze Reihe von Jahren brauchen, um in das blühbare Alter zu kommen, ja in der Gewächshaus- und Zimmerkultur nie Blüten entwickeln. (Dieses späten Blühens halber heißt ja die *Agave americana* [115] „hundertjährige Aloë" oder „Jahrhundertpflanze", weil sie, in unseren Glashäusern kultiviert, bis 30 Jahre braucht, um zum Blühen zu kommen.)

Die Stamm-Blatt-Pflanzen zerfallen in zwei Hauptgruppen:

A. Landpflanzen (einschließlich der Sumpfpflanzen).

B. (Echte) Wasserpflanzen (ohne Sumpfpflanzen).

A. Landpflanzen (einschließlich der Sumpfpflanzen).

Bei den Landpflanzen ist der Stamm samt Verzweigungen in frischem (nicht gewelktem) Zustand meist steif, oft verholzt (nur die Blütenstandsachsen und bei Lianen auch andere Achsen können, wenn sie der Stütze beraubt sind, auch im frischen, nicht gewelkten Zustand schlaff sein). Auch die Blätter sind, wenn nicht gewelkt, mehr oder weniger steif. Stengel und Blätter sind oft behaart.

Die eigentlichen Landpflanzen leben (mit Ausnahme der haften- den Epiphyten, die nicht in die Unterlage eindringen) in zwei Medien: das unterirdische Organ (Wurzel, Wurzelstock usw.) im Boden, alles übrige (auch manche Wurzeln) in der Luft.

Die Sumpfpflanzen, die nach Bau und Aussehen nur selten sich den Wasserpflanzen nähern und daher den Landpflanzen anzuschließen sind, leben fast stets in drei Medien: das unterirdische Organ (Wurzel, Wurzelstock usw.) im Boden, der untere Teil des Stengels (mit den zu- gehörigen Blättern) im Wasser, der übrige Teil des Stengels und der Blätter sowie die Blüten in der Luft (Schilf, Binsen). Beim Zurücktreten des Wassers leben die Sumpfpflanzen oft nur in zwei Medien (Boden,

---

[1] Der manchmal gehörte Ausdruck „Wurzelblätter" muß vermieden werden, da eine echte Wurzel nie Blätter hervorbringt. Wenn es manchmal so aussieht, so zeigt genaue Untersuchung, daß es stets der an das obere Ende der Wurzel anschließende Stengelgrund ist, der die Blätter trägt.

Luft). Nicht selten sind bei ihnen die untergetauchten Blätter (Wasser-
blätter) von anderer Form als die Luftblätter.

Die Hauptgruppen (Sippen) der Blütenpflanzen.

Die zur Vegetationsform der Stamm-Blatt-Pflanzen gerechneten
Gewächse umfassen, wie bereits erwähnt, die höchst entwickelten
Sporenpflanzen oder Kryptogamen, die „Farnpflanzen" und fast
alle Blütenpflanzen (Samenpflanzen oder Phanerogamen). Da letztere
überaus mannigfaltig und formenreich sind, so können wir Begriff und
Namen der Hauptgruppen derselben bei Behandlung der einzelnen Vegetationsformen der Stamm-Blatt-Pflanzen nicht entbehren und sei deshalb eine kurze Charakteristik der Hauptgruppen (Sippen) der
Blütenpflanzen hier eingeschoben.

Wie S. 50 erwähnt, bilden das oder die Fruchtblätter der Blüte
durch Verwachsung gewöhnlich ein allseits geschlossenes (nur selten
oben offenes) Gehäuse, den Fruchtknoten, in welchem eine oder
mehrere Samenanlagen eingeschlossen sind; auch die Samen sind
wenigstens bis zur Reife in der Frucht eingeschlossen. Die Blütenpflanzen mit so beschaffenen weiblichen Blütenorganen und Früchten
haben also bedeckte Samen und heißen daher

Bedecktsamige Blütenpflanzen (*Angiospermae*).

Ihre Blüten sind meist zwittrig, seltener eingeschlechtig und haben
meist eine Blütenhülle. Griffel und Narbe (oder wenigstens letztere)
sind stets vorhanden.

Weitaus die meisten Blütenpflanzen (von ungefähr 140000 Arten
etwa 139000) gehören zu dieser Gruppe;[1] es sind fast alle später angeführten Vegetationsformen darunter vertreten.

Bei den restlichen kaum 500 Arten sind die Fruchtblätter nicht miteinander verwachsen und bilden daher kein Gehäuse; Fruchtknoten,
Griffel und Narbe fehlen. Die Samenanlagen und später die Samen
stehen frei an den Fruchtblättern; sie sind höchstens durch Aneinander-
drängung (nicht aber durch Verwachsung derselben) verdeckt.[2] Diese
Blütenpflanzen heißen daher

Nacktsamige Blütenpflanzen (*Gymnospermae*).

Ihre Blüten sind stets eingeschlechtig (ein- oder zweihäusig) und
entbehren meist der Blütenhülle. Es sind nur Holzgewächse, und zwar
Bäume (Wipfel- oder Schopfbäume), Sträucher und Holzlianen. Die

---

[1] Diese und die anderen die Hauptgruppen der Blütenpflanzen betreffenden
Zahlen beruhen auf einer Zählung der um das Jahr 1900 bekannten Arten.
[2] Z. B. bei einem noch geschlossenen Nadelholzzapfen.

meisten Arten gehören zur Sippe der Nadelhölzer [8], ziemlich viele zu
den Palmfarnen [6]; der sommergrüne Laubbaum *Ginkgo biloba* [7],
die tropische Gattung Gnetum [9],[1] die über die warmen Trockengebiete
der Erde weitverbreitete Ruten-Strauch-Gattung Meerträubchen [9]
und die als eigene Vegetationsform betrachtete *Welwitschia mirabilis* [9]
vertreten je eine eigene Sippe.

Um zu entscheiden, ob eine vorliegende Pflanze eine Angiosperme
oder Gymnosperme ist, wird es meist genügen zu entscheiden, ob sie zu
einer der oben gesperrt hervorgehobenen Gruppen gehört; wenn
nicht, ist es fast immer eine Angiosperme.

Die Angiospermen teilt man in zwei Klassen: zweikeim-
blättrige Blütenpflanzen, Blattkeimer oder Dikotyledonen
und einkeimblättrige Blütenpflanzen, Spitzkeimer oder
Monokotyledonen.

Merkmale, die leicht kenntlich und daher ohne genauere Untersuchung zur Entscheidung, ob eine vorliegende Pflanze in die eine oder
andere dieser Klassen gehört, praktisch verwendet werden können, sind
folgende:

<table>
<tr><td align="center">Dikotyledonen.</td><td align="center">Monokotyledonen.</td></tr>
</table>

Vegetationsformen (Habitus).

Dikotyledonen	Monokotyledonen
Alle Hauptvegetationsformen (a bis g) vertreten.	Weitaus vorwiegend Stauden, und zwar Blattpflanzen und grasartige Holzgewächse mit einfachem oder meist wenig verzweigtem Stamm (Schopfbäume).
Holzgewächse meist stark verzweigt (Wipfelbäume und Aststräucher).	Lianen selten.
	Keine Stammsukkulenten.

Unterirdische Organe:

Dikotyledonen	Monokotyledonen
Zwiebeln sehr selten.	Niemals Pfahlwurzeln.

Stamm (Stengel) und Verzweigungen:
(Verzweigungen s. unter „Habitus".)

Dikotyledonen	Monokotyledonen
Gefäßbündel fast immer in einen Kreis gestellt, sehr oft (namentlich bei Holzgewächsen) einen geschlossenen Holzkörper bildend, der das Mark von der Rinde trennt.	Gefäßbündel meist zerstreut stehend, voneinander getrennt, daher kein geschlossener Holzkörper und keine deutliche Scheidung in Rinde, Holz und Mark.

(Diese Unterschiede sind auf Querschnitten leicht zu sehen.)

---

[1] Wenige Bäume und Sträucher, mehr Lianen.

Blätter:

Anzahl und Größe:

Meist viele relativ kleine.

Meist wenige relativ große.

Stellung:

Meist wechselständig, aber selten zweizeilig; häufig (gekreuzt-) gegenständig, also vierzeilig.

Häufig wechselständig, sehr oft zwei- oder dreizeilig; sehr selten (gekreuzt-) gegenständig.

Form:

Sehr schmale (grasartige) Bätter selten.

Sehr schmale Blätter sehr häufig; fiederförmig oder handförmig geteilte fast nur bei den Palmen; stark geteilte selten, zusammengesetzte fehlen.

Rand:

Ganzrandig oder in verschiedener Weise eingeschnitten (gesägt, gezähnt, gekerbt).

Meist ganzrandig, manchmal durch Zähnchen rauh oder bestachelt oder bedornt.

Nervatur:

Hauptnerven: fast immer fieder- oder handförmig gestellt, sehr selten bogenförmig (Melastomazeen).
Adern: ein Netz bildend (Blätter fieder-, hand-, netznervig).

Hauptnerven: meist parallel oder bogenförmig verlaufend, durch Querbrücken miteinander verbunden; selten (Palmen) fieder- oder handförmig gestellt oder (Arongewächse) Blätter netznervig.

Scheide und Stiel:

Scheide meist wenig entwickelt.
Stiel sehr oft vorhanden.

Scheide meist stark entwickelt, den Stengel oft rinnen- oder röhrenförmig umfassend.
Stiel meist fehlend.

Blüten:

Wirtel der Blütenhüllblätter:

Meist fünfzählig, häufig vierzählig, selten dreizählig.

Niemals fünfzählig, selten vierzählig, meist dreizählig.

Anzahl der Arten:

116000.

24000.

a) Holzgewächse. [b) Lianen s. S. 159.]

Oberirdische Achsen (mit Ausnahme der Blütenstiele und der Blütenstandsachsen überhaupt) der ganzen Länge nach, also bis zur Spitze, verholzend, daher besonders steif, meist mit dauerndem Dickenwachstum. Nur die jüngsten Achsenteile (Zweigspitzen, heurige Triebe) sind grün; die älteren behalten diese Farbe selten; sie sind vielmehr meist grau oder braun, von einer glatten oder wenig rauhen Korkhaut bedeckt, die selten bis ins höchste Alter bleibt, meist durch Borke ersetzt wird.[1]

Verholzung und dauerndes Dickenwachstum befähigen zur Erreichung bedeutender Größe und eines hohen Alters. Viele Nadelbaumarten werden bis 100 m und darüber hoch, z. B. der Mammutbaum [8] Kaliforniens bis 140 m, bei einem Durchmesser bis zu 16 m; Alter bis über 3000 Jahre; am höchsten werden einzelne Fieberbaumarten [57] Australiens, die bei 30 m Umfang eine Höhe von 155 m erreichen können (zum Vergleich: Kölner Dom 157 m, Stephansdom in Wien 136 m).

Holzgewächse können in einzelnen Fällen (Mammutbaum, Kanarischer Drachenbaum [113]), mehrere tausend, sehr häufig einige hundert Jahre alt werden.

Holzgewächse kommen (außer in Grassteppen und in den hauptsächlich von niederen Pflanzen bewohnten Gebieten gegen die Pole und die höchsten Lagen der Hochgebirge) in allen Vegetationsgebieten (auch in Halbwüsten) vor; ebenso an allen Arten von Standorten, auch als Sumpf-, Sand-, Schutt- und Felsenspaltenpflanzen; aber ihre absolute und relative Artenzahl ist in den wärmeren Ländern viel größer als in den kühleren und in den Waldgebieten der Tropen am größten;[2] dagegen sind in Niederösterreich unter zirka 2150 Arten von Blütenpflanzen nur zirka 50 wildwachsende Bäume.

Die tropischen Jungferninseln (Kleine Antillen) St. Thomas und St. John beherbergen unter 904 Arten von Blütenpflanzen 58% Arten Holzgewächse, Dänemark unter 1084 Arten nur 7%, Spitzbergen unter 110 Arten nur eine Art (1%) von geringer Größe.

Manche Sippen enthalten nur Holzgewächse, z. B. die Klasse der Nadelhölzer [8], die Familien der Weidengewächse [14], der Buchengewächse [12], der Ahorngewächse [74]. In manchen Familien und Gattungen sind die Holzgewächse auf die Tropen oder wenigstens die wärmeren Gebiete beschränkt. Beispiel für ersteren Fall die Veilchengewächse [43] und die Krappgewächse [101], für den zweiten Fall die Gattung Wolfsmilch [27].

---

[1] Die Korkhaut ist sehr häufig von zahlreichen, sehr verschieden großen und für die einzelnen Holzarten charakteristisch (lineal bis rundlich oder eckig) gestalteten Gebilden durchsetzt, die Lücken in der Korkhaut darstellen und physiologisch eine ähnliche Rolle spielen wie an den Blättern die Spaltöffnungen. Man nennt sie Rindenporen oder Lentizellen nach der Form des Querschnittes (kommt nicht von „Zellen“, sondern heißt „kleine Linsen“ — lens, lenticula).

[2] „Nach einer ungefähren Schätzung des Oberförsters KOORDERS kommen auf Java allein etwa 1500 wildwachsende Baumarten vor, wobei die kleineren Formen und strauchartigen Gewächse gar nicht mitgezählt sind.“ Nach HABERLANDT, G.: Eine botanische Tropenreise. (Indo-Malayische Vegetationsbilder und Reiseskizzen.) 2. Aufl. S. 60. Leipzig: W. Engelmann. 1910.

Die Holzgewächse umfassen zwei Hauptgruppen: 1. Bäume,
2. Sträucher. (Pflanzen mit $\pm$ verholzenden Achsen finden sich auch
unter den im folgenden als Gruppe b bis g angeführten Vegetationsformen: Lianen, Baumwürger, Halbsträucher, Polsterpflanzen, Stamm-
und Blattsukkulente, bei denen aber andere Merkmale so bezeichnend und
auffallend sind, daß das Merkmal der Verholzung, das übrigens bei diesen
Gruppen nicht durchgreifend ist, in den Hintergrund tritt.)

1. Bäume.

Ganz unverzweigt (z. B. Palmen) oder ein ausgesprochener, erst
ein Stück oberhalb des Bodens verzweigter Hauptstamm vorhanden.
Dieser geht entweder ganz gerade bis zum Wipfel durch (so bei vielen
Nadelhölzern wie Fichten, Tannen, Lärchen) oder er löst sich in Äste auf
(selten dicht über dem Boden, so daß der Baum das Aussehen eines
großen Strauches hat, z. B. Flügelnuß [13]; s. auch S. 129).

Aus dem unterirdischen Organ findet keine Erneuerung des Hauptstammes statt, dagegen kann, wenn dieser abgebrochen wird, ein Ast
durch Vertikalstellung den Hauptstamm fortsetzen (bei Nadelhölzern
häufig). Wenn der Stamm eines Baumes abgesägt wird, so entsprießen
dem Wundgewebe (Callus), das sich zwischen Holz und Bast aus dem
Kambium bildet, in großer Anzahl Triebe („Stockausschlag"), von denen
einige die übrigen überflügeln und durch ihr Dickenwachstum verdrängen,
so daß nach Jahren auf dem Stumpf des ursprünglichen Baumes einige
ziemlich gleich starke, dünnere Stämme stehen. Manche unserer Laubwälder bestehen ganz aus solchen Bäumen. Wenn bei Weidenbäumen [14]
(gewöhnlich Silber- oder Bruchweide) die Äste in einigen Metern Höhe
wiederholt abgeschnitten werden, so entwickeln sich aus den Wundstellen
zahlreiche lange, dünne Triebe und es entstehen die so auffallenden „Kopf-
weiden", die also keine eigene Art darstellen, sondern ein Produkt menschlicher Einwirkung sind. Auch das wiederholte Abschneiden der Zweige
zu Futterzwecken (Lauben, Schneiteln) gibt Anlaß zur reichlichen
Bildung von Stockausschlag und verändert den Habitus der Bäume (z. B.
Esche [100]) sehr stark.

Manche Bäume haben eine lotrecht in den Boden eindringende Haupt-
wurzel („Pfahlwurzel"), bei anderen verlaufen die Wurzeln fast waagrecht, teils in geringer Tiefe, teils (wenigstens mit dem Anfangsteil) oberirdisch. Derlei Wurzeln setzen sich manchmal am Grunde des Stammes
in Form von Wülsten nach oben fort („Wurzelanläufe"), so bei der Hainbuche [11].

Aus flachstreichenden Wurzeln sprießen manchmal (so bei der Pyramidenpappel [14]) reichlich Triebe („Wurzelausschlag", „Wurzelbrut").

Die oben gemachten Angaben über Größe und Alter beziehen sich
auf Bäume. Da Bäume eine längere Vegetationszeit beanspruchen als

Sträucher, so dringen sie gegen die Pole und die Höhen der Gebirge nicht so weit vor wie diese (polare und Gebirgs-Baumgrenzen).

Die Bäume zerfallen in zwei Hauptgruppen:

α) Wipfelbäume (deutlicher, aber weniger gebräuchlich als Astkronenbäume zu bezeichnen). Reich verzweigt, mit zahlreichen, verhältnismäßig kleinen Blättern, so daß die Form der Baumkrone durch die Äste und Zweige gebildet wird. Hierher gehören alle Bäume der kühleren Gebiete, z. B. Mitteleuropas; ihre Artenzahl ist aber auch in den Tropen viel größer als die der Gruppe

β) Schopfbäume (Blattkronenbäume s. S. 142). Stamm einfach oder wenig verzweigt, am Ende des Stammes und jeder Verzweigung ein Büschel von wenigen, verhältnismäßig großen Blättern. (Hierher gehören u. a. die meisten Palmen; Schopfbäume kommen nur in wärmeren Ländern vor).

α) **Wipfelbäume.** Die Form der Baumkrone kann bei Exemplaren derselben Baumart sehr verschieden sein, je nachdem der Baum ganz frei oder am Rande eines Waldes oder mitten im Bestand steht. Im ersten Fall wird die Krone allseits entwickelt sein und überall oft dicht über dem Boden beginnen, im letzten Fall wird nur ihr oberer Teil ausgebildet sein, im zweiten Fall wird der Baum an der freien Seite eine Krone der ersten, an der dem Wald zugekehrten eine solche der zweiten Art tragen. Dies kommt daher, daß die Äste, die nicht genügend Licht empfangen, bald absterben, und daher haben Bäume, die mitten im Bestande stehen, weit hinauf (in tropischen Regenwäldern bis 70 m hoch) „astreine" Stämme.

Die Form der Baumkrone und damit der Habitus des ganzen Baumes kann auch durch den Wind beeinflußt werden (s. S. 8). Zu den „Windformen" gehören auch die in manchen Gebirgen (so auch in Teilen der Alpen) auftretenden „Krüppelbuchen" und „Legzirben".[1]

An kultivierten Bäumen treten nicht selten abweichende und oft sehr auffallende Formen der Baumkrone auf, die man bei wild wachsenden Exemplaren nicht oder sehr selten findet. Diese Erscheinung ist ein besonderer Fall der Tatsache, daß kultivierte oder wenigstens einigermaßen unter menschlichem Einfluß lebende („domestizierte" und „halbdomestizierte") Pflanzen und Tiere viel mehr dazu neigen, Abweichungen vom Typus zu bilden als freilebende (vgl. S. 132). So kann der Winkel, den die Äste und Zweige mit dem Stamm bilden, ein so spitzer sein, daß spindel- oder walzenförmige Kronen entstehen; man spricht in diesem Fall von Pyramidenbäumen (var.[2] *pyramidalis*, var. *fastigiata*).

---

[1] Beides sind keine eigenen Arten oder Sippen niedrigerer Ordnung, sondern rein lokal ausgebildete Kümmerformen der Rotbuche [12], bzw. der Zirbelkiefer [8], deren Wuchsform nicht vererbt wird. Anders ist es bei der Legföhre, einer niederliegenden Wuchsform der Bergföhre [8], die ohne Rücksicht auf Seehöhe, Windwirkung usw. vererbt wird.

[2] Abkürzung für variatio = Varietät, Abart.

Beispiele: Pyramidenpappel, eine Wuchsform der Schwarzpappel [14], mit der sie in den übrigen Merkmalen völlig übereinstimmt. Dasselbe gilt für die var. pyramidalis der mediterranen Zypresse [8], eines Charakterbaumes der südeuropäischen Landschaft, deren Wildform (var. *horizontalis*) waagrecht abstehende Äste besitzt.[1]

Das Gegenteil der Pyramidenbäume sind die „Trauerbäume" (var. pendula), bei denen Äste und Zweige nach abwärts wachsen. Die „japanischen Zwergbäume" sind meist Nadelhölzer, bei denen der Wuchs durch Schnitt, ungenügende Ernährung usw. künstlich zurückgehalten wird, die aber bei geringer Größe den Habitus erwachsener Bäume zur Schau tragen.

Einteilung nach Achsen und Wurzeln: Unter den normal gewachsenen Wipfelbäumen seien auf Grund der Beschaffenheit des Achsengerüstes und des Wurzelsystems (soweit es oberirdisch sichtbar ist) folgende Formen hervorgehoben:

1. Kegelbäume: Der Stamm (Hauptachse) geht, ohne sich in Äste aufzulösen, vom Boden bis zum Wipfel gerade durch und wächst durch eine endständige Knospe in die Länge. Die Äste entspringen rings um den Stamm, wachsen in die Länge und bilden Seitenzweige, die sich wieder verzweigen können. Die untersten Äste sind natürlich die ältesten und daher die längsten, die weiter nach oben folgenden sind immer kürzer; so kommt die Kegelform zustande, eine Form, die auf die Klasse der Nadelhölzer [8] beschränkt, in dieser aber sehr häufig ist (Tannen, Fichten, Lärchen, Lebensbäume u. a.). Manche Nadelhölzer haben nur in der Jugend eine kegelförmige, später eine rundliche oder schirmförmige Krone (manche Arten von Föhren oder Kiefern).

2. Schirmbäume: Die Krone ist flach und ähnelt einem aufgespannten Schirm. Diese Baumform findet sich in den Tropen und Subtropen namentlich bei Bäumen der Schmetterlingsblütler [51] vor allem bei der artenreichen Gattung *Acacia*, den echten Akazien,[2] von denen viele die wichtigsten Charakterbäume der afrikanischen Savanne sind.

3. Etagenbäume: Die Krone ist in mehrere Stockwerke gegliedert, zwischen die astfreie Stammstücke eingeschaltet sind (Abb. 16). Diese Baumform ist auf die Tropen beschränkt und kommt in verschiedenen Familien vor.

---

[1] Die „Zypressen" der mitteleuropäischen Friedhöfe sind Lebensbäume [8]. Die echte Zypresse ist nicht winterhart.

[2] Der Name „Akazie" wird bei uns allgemein der Robinie oder Falschen Akazie beigelegt, einem im östlichen Nordamerika heimischen Schmetterlingsblütler. Die echten Akazien Afrikas haben doppeltpaarig gefiederte Blätter; unter den Akazien Australiens gibt es viele Arten mit mannigfach gestalteten Phyllodien (s. S. 47), deren (gelb) blühende Zweige bei uns unter dem Namen „Mimosen" verkauft werden. Die eigentliche Mimose, die mit den echten Akazien nahe verwandt ist, ist eine niedrige, nicht holzige, rosa blühende Pflanze, die in Südamerika heimisch und in den ganzen Tropen verbreitet ist; ihre Blättchen und Blätter antworten auf Berührung mit ziemlich raschen Bewegungen.

4. Strauchähnliche Wipfelbäume haben einen niederliegenden oder bogenförmig aufsteigenden Stamm und ebensolche Äste. Ein Beispiel, die Legföhre, wurde bereits erwähnt.

Abb. 16. Etagenbaum [56], in einem Städtchen Nord-Brasiliens angepflanzt. (Original.)

5. Dickstammbäume und Flaschen- oder Tonnenbäume sind Bäume mit Stämmen von mäßiger Höhe, aber bedeutender Dicke und großem Wassergehalt. Der Stamm ist bei ersteren kegel-, bei letzteren schmal tonnen- oder spindelförmig (nach oben und unten verjüngt, in der Mitte am dicksten) (Abb.17). Die Dickstammbäume wachsen namentlich in den Trockengebieten des tropischen Afrika; der riesige **Affenbrotbaum** [63] ist ein Charakterbaum der Savannen Afrikas (Abb. 18). Die Tonnenstammbäume sind vor allem in den Trockenwäldern des inneren Brasilien, den Caatingas, heimisch, wo sie „Barrigudos‟ (Dickbäuche) genannt werden. Die genannten Beispiele, alle regengrüne Bäume, gehören zu den mit den Malven verwandten Woll- oder Kapokbäumen [63]; Dickstammbäume kommen auch in anderen Familien vor, z. B. die Flaschenbäume [65] in Queensland.

Das **Wurzelsystem** ist bei folgenden Baumformen zum Teil oberirdisch sichtbar und trägt daher zum Habitus bei:

6. Stelzwurzelbäume: Aus den unteren Teilen des Stammes entspringen **schief** nach unten Wurzeln, durch die der Stamm seitlich gestützt wird. Sie kommen

Abb. 17. Ein Tonnenbaum (Dickbauchbaum [63]) im Trockenwald von Nordost-Brasilien. (Original.)

nur in den Tropen vor; Beispiel: **Imba-uba-Baum** [15] (Abb. 19). Bei anderen Stelzwurzelbäumen kommen aus den unteren Teilen

Abb. 18. Affenbrotbaum [63] in einer afrikanischen Savanne, zur Trockenzeit entblättert, umgeben von echten Akazien [51]. (Vegetationsform der Schirmbäume, auch Mimosen-Form.) (Phot. W. Busse.)

des Stammes Wurzeln hervor, die im Bogen den Erdboden erreichen; ähnliche, mehr gerade gewachsene Stelzwurzeln entspringen den

unteren Ästen. Hierher gehören vor allem die tonangebenden Bäume der Mangrove (Abb. 20), jenes niedrigen Waldes, der überall in den Tropen (diese nur wenig überschreitend) in breitem Saum sandige und schlammige Flachküsten und die Ufer von Flußmündungen (diese weit landeinwärts) bedeckt; es sind Arten der Gattung *Rhizophora* [54]. Die Befestigung derartiger Bäume durch ein ganzes System von „Stelzen" in dem lockeren Boden, der noch dazu im Bereich der Gezeiten liegt, ist sicher von großer Bedeutung für das Leben der Mangrove-Bäume.

Abb. 19. Basis des Stammes eines Ibma-uba-Baumes [15] mit Stelzwurzeln. Unterer Amazonas. (Original.)

7. *Stützwurzelbäume:* Eine großartige Entwicklung von oberirdischen Wurzeln zeigt eine Feigenbaumart Ostindiens, der Banyan [15].

8. *Bäume mit Bretterwurzeln und Plankengerüst.* Bei vielen tropischen

8*

Abb. 20. Mangrove, Nord-Brasilien. Mangle-Bäume [54], zirka 5 m hoch, mit Stützwurzeln und (in der Baumkrone) ausgekeimten Samen. (Original.)

Bäumen aus den verschiedensten Familien sind die waagrecht verlaufenden Wurzeln seitlich zusammengedrückt, verlaufen halb oberirdisch und setzen sich in Wülste („Wurzelanläufe", s. S. 111) fort, die, gegen das Ende immer niedriger werdend, am Stamm aufwärts ein Stück zu verfolgen sind. Da sie aussehen wie Bretter, die man radiär um den Grund des Stammes gelegt hat, nennt man sie Bretterwurzeln (Abb. 21). Sind diese Bretter steil aufgestellt, so bilden sie bisweilen mannshohe Nischen an der Basis des Baumstammes, und in diesem Falle spricht man von einem Plankengerüst (Abb. 22). Die Riesenbäume der Tropenwälder (so einige Feigen-

Abb. 21. Alter Kapokbaum [63] mit Bretterwurzeln. Pará. (Original.)

Abb. 22. Baum mit steilen Bretterwurzeln. (Original.)

baumarten [15]) haben nicht selten derlei Einrichtungen, die geeignet sind, die gewaltigen Stämme im Boden besonders fest zu verankern.

9. Atemwurzelbäume: Bei Bäumen, deren flachstreichende Wurzeln sich in sehr wasserreichem, sumpfigem, namentlich in zeitweilig oder periodisch überschwemmtem Boden ausbreiten, entspringen nicht selten an diesen Wurzeln nach oben Gebilde, die man Atemwurzeln (Pneumatophoren) nennt, weil sie aus dem wasserdurchtränkten und daher sauerstoffarmen Boden in die Luft ragen und so den Gasaustausch zwischen den Wurzeln und der Atmosphäre erleichtern (Abb. 23). Sie kommen bei Mangrove-Bäumen (aus verschiedenen Familien) vor, und zwar umgibt da gewöhnlich eine große Anzahl kurzer, dünner Atemwurzeln den Grund des Stammes. Die Atemwurzeln der Sumpfzypresse [8], eines sommergrünen (auch bei uns winterharten) Nadelbaumes aus

Abb. 23. Mangrove-Bäumchen am sandigen Strand eines Inselchens bei Rio de Janeiro, daneben vertikale, etwa 20 cm lange Atemwurzeln. (Original.)

dem südöstlichen Nordamerika, sind nur in geringer Zahl vorhanden, erreichen aber bedeutende Größe (bis 1 m Höhe).

Einteilung nach den Blättern: Eine andere Einteilung der Wipfelbäume beruht auf der Form und Beschaffenheit der Blätter und kann natürlich mit der obigen Einteilung nach Achsengerüst und Wurzelsystem kombiniert werden.

Die meisten Bäume haben flache Blätter, d. h. solche von relativ geringer Dicke und beträchtlicher Flächenausdehnung:

1. Flachblattbäume oder, wie man gewöhnlich sagt, *Laubbäume*. Die Größe und der Umriß der Blätter können verschieden sein; Blätter, die schmäler als etwa $^1/_3$ bis $^1/_2$ cm, dabei vielmal länger als breit sind, nennt man Nadelblätter oder kurzweg Nadeln; Blätter, die weniger als etwa $^1/_2$ cm lang, relativ breit und dabei mehr oder weniger dicklich sind, heißen Schuppenblätter. Beiderlei Blätter können spitz oder stumpf sein. Bäume mit Nadel- oder Schuppenblättern werden nicht zu den

Laubbäumen gerechnet, sondern bilden je eine eigene Vegetationsform (s. S. 132).

2. *Immergrüne Wipfelbäume:* Die Laubbäume haben Blätter, die erwachsen entweder derb („lederig") oder zart sind. Blätter der ersten Art, die also relativ dick sind, bleiben fast immer mehrere Jahre am Leben und werden dann als altersschwach gewordene Organe nach und nach einzeln zu verschiedenen Zeiten, ohne Bindung an eine bestimmte Jahreszeit, abgestoßen. Ein Baum mit solchen Blättern ist niemals ganz kahl, sondern „immergrün", da sich an ihm, gleichfalls oft unabhängig von der Jahreszeit, neue Blätter entwickeln, die in der ersten Zeit im Gegensatz zu dem dunklen Grün und der derben Beschaffenheit der älteren Blätter lichtgrün und zart, bei vielen Tropenbäumen gelblich oder rötlich sind und hier oft schlaff herabhängen. Der gleichzeitige Besitz von solchen zweierlei noch lebenden Blättern von verschiedenem Aussehen ist für immergrüne Bäume so bezeichnend, daß sie daran leicht erkannt werden können, ohne daß man ihr Verhalten mehrmals und zu verschiedenen Jahreszeiten beobachten müßte.

Abb. 24. Entblätterter Topffruchtbaum [55] mit den überreifen, deckellosen, entsamten, bis kinderkopfgroßen Früchten. Unterer Amazonas. (Original.)

Die immergrünen Bäume, die übrigens den verschiedensten Familien angehören, setzen die Wälder der immerfeuchten wärmeren Gebiete zusammen, also die tropischen, subtropischen und temperierten Regenwälder, und da sie hier weitaus überwiegen, so sind auch diese Wälder immergrün. Freilich gibt es in den Regenwaldgebieten auch Bäume mit sehr kurzlebigen Blättern, die, ohne Rücksicht auf die Jahreszeit, alle auf einmal für kurze Zeit abgestoßen und dann ebenfalls alle gleichzeitig und nach kurzer Zeit wieder ersetzt werden, so daß manche Bäume zeitweise kahl dastehen (Abb. 24).

Der Umriß der Blätter der immergrünen Bäume ist wohl verschieden, aber die längliche oder elliptische Form (etwa wie ein Lorbeerblatt) ist doch so sehr vorherrschend (ebenso wie der Mangel der Behaarung), daß Hunderte von Bäumen der Regenwälder in diesem Merkmal einander außerordentlich ähneln und ihre Bestimmung ohne Blüten sehr schwierig, ja vielfach auch einem Botaniker unmöglich ist.

Eine besondere Steigerung erfährt die derbe Beschaffenheit immergrüner Blätter bei den Hartlaubgehölzen (Sklerophyllen), Sträuchern und (meist niederen) Bäumen, die in den Gebieten mit kühlem, regenreichem Herbst und Winter und langem, heißem und trockenem Sommer Wälder und Gebüsche zusammensetzen. Welche Gebiete das sind, wurde bereits S. 34 gesagt; die Niederwälder und Gebüsche heißen in den Mittelmeerländern mâquis (franz.) oder macchie (ital.), in Kalifornien chaparrals (span.). Die Blätter der Hartlaubgehölze sind oft so steif, als wären sie aus Karton oder gar aus dünnem Blech geschnitten. Nicht selten sind sie unterseits mehr als oberseits durch dichte Bedeckung mit Haaren grau oder weiß.

Die Hartlaubgehölze gehören sehr verschiedenen Familien an. Unter denjenigen Kaliforniens sind viele immergrüne Eichen. Sehr arten- und endemitenreich sind die Hartlaubgebiete des südwestlichen Kaplandes und des extratropischen, besonders südwestlichen Australien. In beiden Gebieten ist die durch mannigfach gestaltete Blätter und oft sehr schöne Blüten ausgezeichnete, auf die Südhalbkugel beschränkte Familie der Proteazeen [20] mit mehr als 1000 Arten vertreten. Für Australien bezeichnend und nur hier vertreten sind die bereits erwähnten Fieberbäume [57], deren Blätter oft schwach sichelförmig gekrümmt und so gestellt sind, daß ihre Flächen nicht nach oben und unten, sondern seitwärts schauen; die oft beschriebene Schattenarmut der ohnehin weitständigen Eucalyptusbestände wird dadurch noch vergrößert. Mehrere Fieberbäume werden in wärmeren Ländern (tropisch bis warmtemperiert) ihres raschen Wachstums wegen zur Aufforstung verwendet.

Einige charakteristische Blattformen, die bei Hartlaubhölzern, besonders solchen der Mittelmeerländer, vorkommen, seien noch ausdrücklich genannt:

Myrten - Form: Blätter gegenständig, klein, nicht über 2 cm lang, länglich bis eiförmig; hierher die Myrte [57], ein häufiger Bestandteil der Macchien der Mittelmeerländer.

Stecheichen - Form: Blätter wechselständig, mittelgroß, bis etwa 4 cm lang, länglich bis elliptisch, am Rande dornig gezähnt, unterseits oft grau behaart; hierher die Steineiche [12], Blätter unterseits grau;[1] in den Mittelmeerländern als hoher Baum, häufiger als Gebüsch verbreitet; die Kermeseiche [12] ebenso, hauptsächlich in Griechenland; die Echte Korkeiche [12] in den westlichen Mittelmeerländern ausgedehnte, sorgfältig geschonte Wälder bildend, in denen der Baum

---

[1] Am selben Exemplar finden sich bei dieser Art oft zweierlei Blätter, dornig gezähnte und fast ganzrandige; erstere wiegen an niedrigen, buschartig gewachsenen, letztere an baumartigen Exemplaren vor.

durch den Farbengegensatz zwischen dem behufs Korkgewinnung geschälten unteren Teil mit seinem rotbraunen Holz und dem dicken, weißgrauen Korkmantel des oberen Teiles sehr auffällt.

Lorbeer-Form: Blätter 5 bis 10 cm lang, länglich ganzrandig, wellig oder gesägt, beiderseits grün; hierher: Echter Lorbeer [30] und Kirschlorbeer [50], mit dem Lorbeer nicht näher verwandt.[1]

Ölbaum-Form: Blätter gegenständig, mittelgroß, länglich oder lanzettlich, ganzrandig, oberseits trübgrün, unterseits grau; Beispiel: Ölbaum [100],[2] ein meist niedriger, knorrig gewachsener, leicht hohl werdender Baum; im vorderen Orient einheimisch, in allen Hartlaubgehölzgebieten kultiviert, namentlich in der durch das Vorkommen der immergrünen Wälder und Gebüsche charakterisierten Stufe, die als ein zusammenhängender, nur in der nördlichen Adria und dort, wo Wüste oder Deltaniederungen ans Meer treten, unterbrochener, breiterer oder schmälerer Gürtel die ganzen Mittelmeerküsten umschlingt; viele terrassierte Berghänge, weite Niederungen werden dort von Pflanzungen des Ölbaums eingenommen, dessen graue Blätter jenen eigenartigen Farbenton erzeugen, der der Mittelmeerlandschaft so sehr eigen ist.

Oleander-Form: Blätter ziemlich groß, etwa 6 bis 12 cm lang, lanzettlich, ganzrandig, beiderseits grün, Seitennerven sehr dichtstehend; hierher der Oleander [98], ein kleiner Baum mit meist zu drei wirteligen Blättern und großen, trichterförmigen rosa Blüten. In den wärmeren Mittelmeerländern eine Charakterpflanze der im Sommer trockenen Bachbetten, die er mit Platanen, Tamarisken usw. oft in großer Menge besiedelt. Da er im Hochsommer blüht, sind seine Bestände ein schöner Schmuck der sonnverbrannten Landschaft.

Pistazien-Form: Blätter gefiedert; hierher die Mastixpistazie [73], ein häufiger Bestandteil der Macchien der Mittelmeerländer.

3. Periodisch kahle Wipfelbäume: Die Blätter der zartblättrigen Laubbäume sind im Vergleich zu ihrer Dicke groß; ihre Lebensdauer ist gering und beträgt meist nicht mehr als ein halbes Jahr; sie werden zu Beginn der kalten oder trockenen Jahreszeit (vgl. S. 46) abgestoßen, und zwar alle in kurzer Zeit („auf einmal"), so daß der Baum in der ungünstigen Jahreszeit kahl dasteht. Daher nennt man derlei Bäume periodisch kahl, und zwar a) sommergrün oder

---

[1] Ersterer wächst sowohl im immergrünen, als auch in den an sie grenzenden sommergrünen Gehölzen, letzterer, der auch bei uns winterhart ist, nur in diesen.

[2] Der „Ölbaum" der mitteleuropäischen Anlagen ist die Ölweide [53], ein kleiner, dorniger, an allen jüngeren Teilen dicht mit silberweißen Schuppen bedeckter Baum, dessen Blätter, Blüten und Früchte denen des Ölbaumes sehr ähnlich sind; die Ölweide ist aber winterkahl und verträgt unseren Winter; sie kommt in den weiten Gebieten von Südwesteuropa bis China wild vor (Duft).

winterkahl, wenn die Zeit der Vegetationsruhe kalt ist; b) regengrün oder trockenkahl, wenn sie zwar warm, aber trocken ist. In der Vegetationszeit, namentlich in deren Höhepunkt, kann ein solcher Baum, abgesehen von der zarten Beschaffenheit der erwachsenen Blätter, auch daran erkannt werden, daß alle Blätter in dieser Beziehung gleichzeitig von gleicher Beschaffenheit sind, da sie ja so ziemlich das gleiche Alter haben.

Die sommergrünen Bäume bilden in den sommerfeuchten und immerfeuchten Gebieten der kaltgemäßigten Teile der Erde mit mehr ozeanischem Klima sowie in gewissen Stufen der Gebirge dieser Länder und solcher, in deren Niederungen immergrüne Waldungen herrschen, z. B. in den Mittelmeerländern, ausgedehnte Wälder, manchmal in Gesellschaft von immergrünen Nadelbäumen. Derlei sommergrüne Laubwaldgebiete sind Mitteleuropa, das mittlere Ostasien und der Osten der Vereinigten Staaten von Amerika, die beiden letzteren, besonders Ostasien,[1] viel formenreicher als unsere Heimat. Die Südhalbkugel beherbergt nur im Feuerland und im südlichsten Chile Laubwälder mit sommergrünen Bäumen (s. S. 35).

Die Blätter der sommergrünen Laubbäume sind im Umriß viel mannigfaltiger (die Lorbeerblattform ist selten) als die der immergrünen, obwohl die Zahl der Familien, zu denen sie gehören, kleiner ist als bei diesen. Innerhalb einer größeren Sippe kann diese Mannigfaltigkeit sehr groß sein, z. B. bei der Gattung Ahorn [74], die zugleich lehrt, wie unrichtig es wäre, aus der Form des Laubes der einheimischen Arten auf die Beschaffenheit desselben bei den übrigen zu schließen und etwa bloß darnach die Bestimmung der Gattung vorzunehmen.[2] Denn unsere drei Ahornarten haben fünflappige Blätter, unter den zahlreichen ausländischen gibt es solche mit länglichen, dreilappigen, dreizähligen, gefiederten Blättern.

Die wichtigsten Blattformen der sommergrünen Laubhölzer, besonders der Bäume, seien im folgenden ausdrücklich genannt, wobei natürlich in erster Linie auf die in Mitteleuropa vorkommenden Arten Rücksicht genommen wird. Übrigens lassen sich die Blattformen der sommergrünen Laubhölzer in den sommergrünen Laubwaldgebieten der Mittelmeerländer, des Orients, des kühleren Ostasien und der nordöst-

---

[1] Zu den sommergrünen Laubbäumen gehört auch der Ginkgobaum [7], dessen Heimat Ostasien ist. Durch seine fächerförmigen, vorne meist eingeschnittenen Blätter ist er sehr auffallend. Im Publikum gilt er als „Übergang" von den Laub- zu den Nadelbäumen. Physiognomisch ist er ein vollkommen typischer sommergrüner Laubbaum; seine Blüten verweisen auf Verwandtschaft mit der Ordnung der Nadelhölzer, noch mehr mit derjenigen der Farnpalmen [6].

[2] Vgl. das S. 23 über Euphorbia Gesagte.

lichen Vereinigten Staaten im allgemeinen ebenfalls in die unten anzuführenden Gruppen einreihen, wodurch die hier auf Grund der Blattform unterschiedenen Vegetationsformen einen weiteren Geltungsbereich erlangen. (Wo nicht anders bemerkt, sind die Blätter wechselständig, kurzgestielt, d. h. der Stiel ist höchstens halb so lang als die Blattspreite,[1] spitz oder zugespitzt und fiedernervig.)

Weiden-Form: Blätter lineallanzettlich bis länglich, namentlich unterseits durch Wachsüberzug, Behaarung oder Beschuppung oft grau oder weißlich. Hierher gehören: viele Arten der Gattung Weide [14], hohe Sträucher oder zum Teil mächtige Bäume (z. B. bei uns Silberweide[2] und Bruchweide). Die schmalblättrigen Weiden gehören nebst Pappeln und Erlen zu den tonangebenden Au- und Uferholzarten; sie besetzen (oft als erste Holzgewächse) Schotter- und Sandbänke der Bäche und Flüsse, eine Pionierarbeit, zu welcher ihre mit Haarschopf versehenen Samen sie befähigen. Derlei Weiden gibt es in großer Arten- und Individuenzahl namentlich in den gemäßigten Gebieten der Nordhalbkugel; sie fehlen aber auch den Tropen nicht (z. B. Amazonas).

Einer strauchigen Weide habituell sehr ähnlich (aber dornig) ist der Sanddorn [53], der z. B. auf Schotter- und Sandbänken, an von Vegetation entblößten diluvialen Hängen in den österreichischen Voralpen, an den Steilhängen norddeutscher Küsten ausgedehnte Gebüsche bildet, die im Herbst im Schmuck kleiner, orangeroter Früchte prangen. Zur Weidenform sind auch zwei Steinobstbäume [50] zu rechnen: Mandelbaum und Pfirsichbaum, ersterer mehr in Südeuropa, letzterer auch im wärmeren Mitteleuropa kultiviert, ersterer weiß oder blaßrosa, letzterer (mit Blättern, die denen mancher Weiden sehr ähnlich sind) sattrosa blühend, beide im ersten Frühjahr vor Blattausbruch die Blüten entfaltend und besonders dann auffällig, wenn sie in den zu dieser Jahreszeit noch kahlen Weingärten gepflanzt sind.

Edelkastanien-Form: Blätter groß, mindestens 10 cm lang, länglich bis lanzettlich. Hierher die Edelkastanie [12], ein dickstämmiger Baum mit breiter Krone und stachelspitzig gezähnten, meist 15 bis 25 cm langen Blättern, der im nördlichen Südeuropa (z. B. am Südhang der Alpen) ausgedehnte Wälder und Haine bildet und (zum Teil kultiviert) bis weit nach Mitteleuropa vordringt (Abfall von Hart und Vogesen gegen die Rheinebene, Wienerwald, Ostabfall der Alpen) (s. auch S. 51, 128).

Hier schließt sich auch der Kirschbaum [50] an, ein mittelgroßer Baum, dessen dunkelbraune Rinde bis ins mittlere Alter glänzend und

---

[1] Als „sehr kurz gestielt" ist das Blatt dann bezeichnet, wenn der Blattstiel nur ± 1 cm lang ist.

[2] In Weingärten der Mittelmeerländer werden kleine Silberweiden oft kultiviert; ihre Gerten dienen zum Binden der Reben.

ringförmig gezont, später rissig ist; die Blätter sind meist $\pm$ 15 cm lang, gesägt und lang zugespitzt. In Laubwäldern niedrigerer Gebirgslagen nur vereinzelt, ist er im Frühjahr landschaftlich in der Daraufsicht doch sehr auffallend, wenn die blühenden Bäume aus den zu dieser Jahreszeit noch unbelaubten, düsteren Baumbeständen als weiße Flecken hervorleuchten. Dem Kirschbaum sehr ähnlich ist der nahe verwandte Weichselbaum [50], der kleinere (6 bis 9 cm lange) und relativ breitere (längliche bis elliptische) Blätter hat, so daß er einen Übergang zur Buchenform darstellt. Er stammt aus dem vorderen Orient und wird (wie der Kirschbaum) häufig gepflanzt.

Buchen-Form: Blätter mittelgroß, zirka 6 bis 10 cm lang (bei der Grünerle nur 3,5 cm); elliptisch bis rundlich. Spitze der Blätter mit Ausnahme der Schwarzerle spitz oder zugespitzt. Hierher gehört eine Anzahl sehr wichtiger Laubhölzer Europas, z. B. Rot- oder Waldbuche, Buche schlechthin [12]; Stamm rund, mit glatter, hellgrauer Rinde, Holz rötlichweiß, Blätter elliptisch, ganzrandig oder wellig. Im mehr ozeanischen Teil von Mitteleuropa, östlich bis Ostpreußen und Rumänien, in den Zentralalpen fehlend oder selten, Wälder bildend, die sehr schattig, daher vegetationsarm und manchmal ganz artrein sind;[1] im nördlichen und mittleren Südeuropa in den mittleren Gebirgslagen. Blüht nur alle 6 bis 7 Jahre, die meisten Bäume eines Gebietes im selben Jahr („Mastjahr"); im Jahr darauf ist der ganze Wald voll von Keimlingen, die natürlich größtenteils zugrunde gehen.

Weiß- oder Hainbuche [11]. Wurzeln am Stammgrund „Anläufe" bildend. Stamm mit Längswülsten; hellgrau, Holz gelblichweiß; Blätter länglich-elliptisch, scharf gesägt. In einem großen Teil Europas in mittleren Lagen; in Mitteleuropa mit Rotbuche und Eichen. Im nördlichen Südeuropa wird sie durch die Hopfenbuche ersetzt, die sich durch rissige, schwarzbraune Rinde und mehr eiförmige Blätter unterscheidet. Beide sind untereinander sehr nahe, mit der Rotbuche nicht näher verwandt. Die Erlen [11], deren aufgesprungene, zentimetergroße, schwarzbraune Früchtchen in Menge lange Zeit am Baume bleiben; Blätter gesägt. In Mitteleuropa drei Arten: Schwarzerle: Baum, Blätter rundlich, vorn stumpf oder ausgerandet, unterseits grün. Grauerle: Baum, Blätter elliptisch, spitz, unterseits blaugrau. Grünerle: Baum oder Strauch, Blätter klein, 3 bis 5 cm lang, elliptisch, spitz, unterseits grün; Blattstiel meist kürzer als 1 cm, also „sehr kurz". Die Schwarzerle wächst in den einen großen Teil des Jahres unter Wasser stehenden Erlenbrüchen (Einzahl das Erlenbruch), ferner in niedrigeren Gebirgs-

---

[1] In der Prenj planina (nördliche Herzegowina) ging ich im Jahre 1929 etwa eine Stunde lang in zirka 1200 m Höhe fast ohne Steigung durch einen Wald, in dem von den hohen Baumkronen bis zum blattbedeckten Boden alles Pflanzliche von der Rotbuche stammte.

lagen an Ufern. Die Grauerle ist sehr häufig in Auen und in mittleren Gebirgslagen an Ufern. Die Grünerle wächst an Wasserläufen und wasserdurchtränkten Schotter- und Erdhängen in höheren Gebirgslagen, namentlich im Schiefergebirge, als niedriges Gebüsch oft in großer Menge. Der Gemeine Haselstrauch, Hasel, Haselnuß [11] hat sehr kurz gestielte, große, rundliche, lang zugespitze, gesägte Blätter; er kommt als Unterholz vor und bildet in niedrigen Gebirgslagen auf ehemaligem Waldboden oft ausgedehnte Gebüsche. — Auch eine breitblättrige Weide ist hier zu nennen (mit elliptischen, seicht gekerbten, unterseits graufilzigen Blättern), nämlich die Sahlweide [14], die nicht an Ufern oder in Auen, sondern in Bergwäldern wächst. Sie ist eine von den Weiden, deren männliche Blütenstände vor dem Aufblühen ganz in lange, silbergraue Haare eingehüllt sind (daher „Kätzchen" genannt) und deren Zweige als Palmkätzchen Verwendung finden. Zur Buchenform gehören auch einige Rosazeenbäume [50], so wild in Laubwäldern wachsend der Mehlbeerbaum mit unterseits weißfilzigen Blättern. Ebenso gehören mehrere Obstbäume hierher: Zwetschken- oder Pflaumenbaum, Reineclaude- (Ringlotten-) Baum, beide mit sehr kurz gestielten Blättern, der Apfelbaum.

Ulmen-Form: Blätter an den oft sehr langen Zweigen zweizeilig gestellt, unsymmetrisch (s. oben, Grünerle), gesägt. Hierher die Ulmen [17], mächtige Bäume mit sehr kurz gestielten, elliptischen oder verkehrt eiförmigen Blättern und fast kreisrund geflügelten Früchten. Es gibt bei uns drei Arten: Feldulme, Bergulme, Flatterulme. Die Feldulme ist in der Ebene und im Hügelland verbreitet, die Bergulme wächst in Bergwäldern, die Flatterulme in Auen.

Die Ulmen blühen lange vor Blattausbruch und sind auch ohne Blätter an den langen Endzweigen zu erkennen, an denen die sehr kleinen, meist kugelförmigen Blütenbüschel stehen. Die Blüten verwandeln sich sehr rasch in Früchte, die alsbald in Massen abfallen; sie verdecken, solange sie noch am Baum haften, die zu dieser Zeit noch kleinen Blätter.

Ein zur selben Familie wie die Ulmen [17] gehöriger Baum mit dickem Stamm, breiter Krone und länglich-eiförmigen, langzugespitzten Blättern ist der Europäische Zürgelbaum. Er ist im nördlichen Südeuropa heimisch und z. B. in den kleinen Orten von Istrien und Dalmatien ein oft gepflanzter „Dorfbaum".

Pappel-Form: Blätter rund bis deltoidförmig oder dreieckig, langgestielt. Hierher gehören: die Pappeln [14], meist stattliche Bäume mit einer in der Jugend glatten, weißlichgrünen Rinde und oft seitlich zusammengedrückten Blattstielen. Samen mit Haarschopf, zur Zeit der Reife wie Schneeflocken die Luft erfüllend. Bei uns drei Arten: Schwarzpappel, hoher Baum mit deltoidischen oder dreieckigen Blättern; Silberpappel mit rundlichen, zum Teil gelappten, unterseits, anfangs auch oberseits weißen bis grauen Blättern; Zitterpappel oder Espe mit fast kreisförmigen Blättern. Die beiden ersten Arten bilden mit der Silberweide das Oberholz der Auen in den Flußniederungen des wärmeren Mitteleuropa und von Osteuropa. Die Pyramidenpappel, die sich von der Schwarzpappel nur durch den Wuchs (S. 113) unterscheidet, wurde früher in landschaftlich überaus auffallenden Alleen gepflanzt. Die Espe ist in ganz Europa verbreitet und wächst in Nord- und Mitteleuropa in Bergwäldern in mittleren Lagen.

Die baumförmigen Birken [11] sind durch ihre weiße Korkhaut ausgezeichnet und haben mäßig langgestielte, kleine, eiförmige bis deltoidische Blätter. In Mitteleuropa bildet die Gemeine Birke, an den herabhängenden Zweigen kenntlich, lichte Bestände mit wiesenartigem Grund in niedrigen und mittleren Lagen der Gebirge; die Ausstattung der Früchte mit Flügeln befähigt sie zur raschen Besiedlung von Holzschlägen und zur Einnistung in Mauerspalten oft auf hohen Gebäuden (Kirchtürmen usw.). Die Moorbirke, deren Zweige abstehen, wächst auf Mooren und steigt in den Alpen bis ins Krummholz. Einige ihr sehr ähnliche Arten bilden im hohen Norden Europas ausgedehnte Waldungen und damit die Baumgrenze; bei Hammerfest gibt es noch bei 70° n. Br. ein Birkenwäldchen.

Zur Pappel-Form gehören von gepflanzten Obstbäumen [50] auch der Marillen- oder Aprikosenbaum mit großen, herzeiförmigen, gesägten, und die Birnbäume mit kleinen, rundlichen, kleingesägten oder zum Teil ganzrandigen, oft sehr langgestielten Blättern.

Die oben erwähnten Kern- und Steinobstbäume stammen sämtlich von Arten ab, die in Mittel- und Südeuropa sowie im Orient und in Zentralasien ihre Heimat haben. Gegenwärtig werden sie auch in anderen Ländern mit geeignetem Klima kultiviert, besonders der Apfelbaum in Kanada, Kalifornien und Australien in ausgedehnten Pflanzungen.

Linden-Form: Blätter schief-herzförmig, unsymmetrisch,' zugespitzt, gesägt, langgestielt, handnervig. Die beiden in Mitteleuropa heimischen Arten der Gattung *Tilia* [64], Sommer- oder großblättrige Linde und Winter- oder kleinblättrige Linde, wachsen in Wäldern der Ebene und in niedrigen Gebirgslagen nicht häufig; gegen Osten zahlreicher werdend. In viel größerer Anzahl sind sie in Alleen gepflanzt und finden sich zum Teil als Reste ehemaliger Wälder vielleicht in großen, oft sehr alten, manchmal ruinenhaften, künstlich gestützten Exemplaren in Dörfern und bei Gehöften. Nicht nur wegen des schönen Aussehens, sondern auch wegen der herrlich duftenden Blüten werden die Linden gepflanzt.

Eichen-Form: Blätter länglich bis verkehrt eiförmig, fiederlappig, meist sehr kurzgestielt; die länglichen Früchte sitzen einzeln in einem beschuppten Becher; Borke tiefrissig; mächtige Bäume, die in freiem

Stand eine breite Krone entwickeln. Hierher die meisten europäischen und vorderasiatischen Arten der Gattung Eiche [12]. In Mitteleuropa vier Arten, die durch folgende Merkmale zu unterscheiden sind:

1. Blätter länglich, mit meist spitzen Lappen:

Zerreiche.

2. Blätter länglich-verkehrt eiförmig mit stumpfen Lappen:
   a) Blattstiel 1 bis 2 cm lang.

   α) Blätter bis zum Beginn des Herbstes unterseits dicht filzig behaart:

Flaumeiche.

   β) Blätter in erwachsenem Zustand kahl:

Wintereiche.

   b) Blattstiel höchstens 1 cm lang:

Sommer- oder Stieleiche.

Die Zerreiche unterschiedet sich außerdem von den drei anderen mitteleuropäischen Arten durch die etwa zweimal so breiten Rippen der Borke (Abb. 25) sowie dadurch, daß die Schuppen des Fruchtbechers derbfadenförmig und gewunden (nicht flach) sind.

Sommer- und Wintereiche sind in Mitteleuropa allgemein verbreitet, erstere mehr in der Niederung, letztere mehr in niedrigen Lagen der Gebirge,

Abb. 25. Ungefähr gleichdicke Stämme von Zerreiche (Stamm ganz links) und von Wintereiche (Stamm ganz rechts), um den Unterschied in der Borke zu zeigen. Wien, Lainzer Tiergarten.
(Phot. K. Hagen.)

sie sind die „deutschen Eichen".[1] Die Sommereiche geht bis Mittelschweden
und bis zum Ural. Die Flaumeiche ist ein Bewohner des Nordens und der
Binnengebiete von Südeuropa, deren eigentlicher Charakterbaum in den
niedrigeren Gebirgslagen (unterhalb der Rotbuche) sie ist und wo sie mit Edelkastanie, Hopfenbuche, der noch anzuführenden Mannaesche (S. 129) u. a.
sommergrünen Laubhölzern zusammen ausgedehnte Wälder bildet; in Mitteleuropa findet sie sich nur in sehr warmen Gegenden (etwa wo Wein kultiviert
wird). Ähnlich ist die Verbreitung der Zerreiche. Schließlich ist noch die durch
spitze Blattzipfel und im Herbst schön rot gefärbte Blätter ausgezeichnete
Roteiche, die aus dem atlantischen Nordamerika stammt und oft in mitteleuropäischen Parken kultiviert wird, zu erwähnen.

Ahorn-Form: Blätter handförmig gelappt, langgestielt, handnervig. Hierher gehören die meisten Arten der Gattung Ahorn [74], die
übrigens sämtlich stets an den gegenständigen Blättern und den zweiteiligen
Flügelfrüchten zu erkennen ist. In Mitteleuropa wachsen drei Arten:
Bergahorn, Spitzahorn, Feldahorn. Die beiden ersten haben
große Blätter (bis über 15 cm breit), die beim Bergahorn grob gesägt,
beim Spitzahorn in lange feine Spitzen ausgezogen sind; der Feldahorn
hat kleine (bis zirka 8 cm breite), ganzrandige Blätter. Der Bergahorn
ist in Bergwäldern häufig,[2] der Spitzahorn ebenda selten, wird aber sehr
oft als Alleebaum kultiviert; der Feldahorn wächst in den Niederungen
und in Auen.

Manchen Ahornarten sind in der Form der Blätter einige Platanen
recht ähnlich; diese Gattung stellt eine eigene Familie [29] dar. Die
Blätter sind wechselständig, die kugelförmigen Blüten- und Fruchtstände hängen an langen Stielen herab, oft mehrere gemeinsam. Es sind
dickstämmige Bäume mit breiter Krone und oft gewaltigen Ausmaßen,
aber da sie schnell wachsen, sind sie nicht so alt, als man ihrer Größe
nach vermuten könnte. In Mitteleuropa gibt es nur gepflanzte Platanen,
und zwar wird meist die Ahornblättrige Platane gepflanzt. Ihre
Blätter sind denen des Spitzahorns sehr ähnlich. Ihre glatte Borke blättert
sich an Stamm und Ästen in großen, dünnen, unregelmäßig begrenzten
Tafeln ab. Sie gilt als Bastard zwischen der Nordamerikanischen
Platane und der in Griechenland bis zum Himalaya heimischen Morgen-

---

[1] Ziemlich große Bestände alter Eichen stehen im Spessart, im „Lainzer
Tiergarten" bei Wien (kein Park, sondern ein vollkommen urwüchsiger Wald);
alte Einzelbäume bei Varel in Oldenburg usw. Kein Baum der Ebene, des
Hügel- und niedrigen Berglandes hat in Mitteleuropa in solchem Maße der
Landwirtschaft weichen müssen (namentlich dem Getreidebau) wie die
beiden deutschen Eichen. Darum ist es stets von Wert, den Wuchsort älterer
Eichen (Einzelbäume oder Gruppen) topographisch festzulegen, weil sie
Zeugen ehemaligen urwüchsigen Vorkommens sein können. (Blätter mit-
nehmen, um die Art sicher bestimmen zu können!)

[2] Riesige Bergahorne stehen als Einzelbäume und Zeugen einstigen Waldes
bei Gehöften in vielen Alpentälern.

ländischen Platane, die sehr große, tief eingeschnittene Blätter mit schmalen Lappen hat; die oben erwähnte Art der Abblätterung der Borke ist auf jüngere, also dünnere Stämme und auf Äste beschränkt, während an den dicken Stämmen die Borke klein- und dickschuppig ist. Ihr natürlicher Standort sind Ufer von Gewässern und Bachbetten (s. S. 120). In Südeuropa und im Orient wird sie an Stellen, wo ihr genug Wasser zur Verfügung steht, öfter gepflanzt und da gibt es an mehreren Orten (z. B. bei Quellen) wahre Riesenbäume, die eine sehr malerische Umrahmung der nahen Siedlungen bilden können.[1]

Zur Ahorn-Form gehört auch der Echte Feigenbaum [15],[2] ein niedriger Baum mit breiter, schirmförmiger Krone, dicken Zweigen und wechselständigen, großen, mehr oder weniger tief gelappten Blättern. Die Blütenstände sind birnförmige Behälter, die im Innern zahlreiche kleine Blüten bergen; die Wand des Behälters wird fleischig und bildet den Hauptteil der Feige. Die ganze Pflanze strotzt von Milchsaft. Der Echte Feigenbaum ist im Mittelmeergebiet heimisch und wird in den Mittelmeerländern und im Orient bis Indien[3] massenhaft kultiviert, kommt aber in geschützten Lagen auch bis weit ins wärmere Mitteleuropa fort und reift auch seine Früchte.

Zur Roßkastanien-Form gehören stattliche Bäume mit großen, gegenständigen, gefingerten Blättern und schönen Blüten in großen Rispen. Hierher die Gemeine Roßkastanie [75] mit meist siebenzähligen Blättern. Die breiteste Stelle der Blättchen ist nahe an deren Spitze gerückt. Die Blüten sind weiß, die Früchte haben eine stachelige Schale.[4] Sie ist in mittleren Lagen der Gebirge von Bulgarien und Nordgriechenland heimisch. In Mitteleuropa sehr häufig, namentlich in Alleen gepflanzt. Die rotblühende Roßkastanie unserer Gärten ist ein in

---

[1] In dem süddalmatinischen Dorf Trsteno (früher Cannosa genannt) bei Dubrovnik (Ragusa) stehen neben einer starken Quelle drei gewaltige Morgenländische Platanen.

[2] Die Gattung Ficus gehört zur Familie der Maulbeergewächse [15]; sie ist eine der artenreichsten Gattungen der Blütenpflanzen (zirka 1000 fast durchaus tropische Arten), die den verschiedensten Vegetationsformen angehören: Bäume, darunter viele Riesen mit Bretterwurzeln oder mit zahlreichen Stämmen, kauliflore Bäume, wurzelkletternde Lianen, Baumwürger, Epiphyten. Wenn sie blühen, sind sie, so verschieden ihre Tracht und ihre Blätter sein mögen, stets an den Blütenständen zu erkennen, die immer die Form von kugel- oder birnförmigen Behältern von sehr verschiedener Größe haben, deren mit den kleinen Blüten besetzter Hohlraum durch ein Loch mit der Außenwelt in Verbindung steht. Alle Arten enthalten Milchsaft.

[3] Die „indische" Feige ist die Frucht des Echten Feigenkaktus [25].

[4] Warum die Samen „Kastanien" genannt werden, wurde S. 51 erwähnt. Der Zusatz „Roß-" bedeutet wie bei manchen anderen Pflanzennamen unecht, unedel; Gegensatz: Echte oder Edelkastanie, mit der die Roßkastanie weder Ähnlichkeit noch nähere Verwandtschaft hat.

der Kultur entstandener Bastard[1] der weißen mit einer strauchigen, rotblühenden Art *(Aesculus Pavia)*, die in Nordamerika heimisch ist; sie ist auch nichtblühend daran zu erkennen, daß die Blätter wechselnd 5- bis 7zählig sind und daß die breiteste Stelle der Blättchen etwa in der Mitte liegt.

Die folgenden fünf Vegetationsformen haben unpaarig gefiederte Blätter. Bei der Nußbaum-Form sind die Blättchen groß, etwa bis 15 cm lang, länglich-elliptisch, fast ganzrandig. Hierher der Gemeine Nußbaum [13] mit sieben bis neun stark riechenden Blättchen, ein stattlicher Baum mit sehr heller, rissiger Borke und ziemlich dicken Zweigen; er ist auf der Balkanhalbinsel und im vorderen Orient zu Hause.

Bei der Eschen-Form sind die Blättchen mittelgroß, etwa bis 10 cm lang, länglich-lanzettlich. Hierher gehören zahlreiche Holzgewächse aus verschiedenen Familien; hervorzuheben sind: Die Gemeine Esche [100], ein hoher Baum mit ziemlich dicken Zweigen, gegenständigen Blättern mit 7 bis 13 Blättchen, unscheinbaren Blüten und zungenförmigen Flügelfrüchten, die noch im Winter massenhaft an den weiblichen Bäumen hängen. Die Esche wächst in Mitteleuropa in der Niederung und kommt auch in niederen Gebirgslagen (Wienerwald) manchmal als tonangebender Waldbaum vor. Bei Gehöften wird sie oft als Laubfutterbaum gepflanzt. Die Manna-Esche ist kleiner, die Blätter sind kürzer (nur sieben bis neun Blättchen), die weißen Blüten stehen in großen, sehr auffallenden Rispen. Die Manna-Esche ist einer der charakteristischesten Bäume der Wälder des Nordens und der Binnengebiete von Südeuropa (s. S. 127).[2]

Der Götterbaum [71] ist ein hoher Baum mit dicken Zweigen und wechselständigen, sehr langen (bis 90 cm) Blättern und ganzrandigen, nur am Grunde mit einigen Zähnen versehenen Blättchen; Flügelfrüchte zungenförmig, noch im Winter massenhaft an den weiblichen Bäumen. Der Götterbaum stammt aus Ostasien und wird, weil er schnell wächst und sehr anspruchslos ist, bei uns in Alleen, Gärten und in Höfen angepflanzt, auch auf schlechtem Boden aufgeforstet; er verwildert im wärmeren Mitteleuropa leicht. — Der Schwarze Hollunder, in Österreich

---

[1] Bastarde spielen in der Gärtnerei eine sehr wichtige Rolle. Aber sie entstehen auch in der Natur ohne Zutun des Menschen dort, wo Gelegenheit ist, daß Pollen einer Art auf die Narbe einer anderen unweit davon wachsenden Art derselben oder einer sehr nahe verwandten Gattung übertragen wird. In manchen Gattungen sind Bastarde sehr häufig, so bei Weiden, Rosen, Brombeeren, Veilchen, Schlüsselblumen. Für den Landschaftsforscher haben sie keine Bedeutung.

[2] Das „Manna" des Handels ist eine zuckerartige Substanz, die durch Einschnitte aus der Rinde der Manna-Esche gewonnen wird; das „Manna" der Bibel ist wahrscheinlich eine in den Trockengebieten des Orients und Zentralasiens auf dem Boden wachsende Krustenflechte, die gelegentlich durch Wind und Regen zusammengetragen wird.

„Holler" [102],[1] ist ein Strauch oder kleiner Baum, dessen jüngere Zweige ein sehr dickes, weißes Mark bergen. Blätter gegenständig, Blättchen gesägt, Blüten weiß, in großen, schirmförmigen Blütenständen, Früchte schwarz. Meist in Dörfern, bei Gehöften.

Die Ebereschen-Form stellt einen Übergang zur nächsten Vegetationsform vor. Die Blätter sind wechselständig, die Blättchen klein (4 bis 5 cm lang), schmallänglich, gesägt, ziemlich stumpf. Blüten weiß, in schirmförmigen Blütenständen. Hierher die Eberesche oder Vogelbeerbaum [50], ein kleiner Baum mit hochroten, beerenähnlichen Früchten. Der Vogelbeerbaum ist in Mitteleuropa ein Charakterbaum der Gebirgswälder in mittleren und höheren Lagen und steigt (so wie die Moorbirke) noch ins Krummholz. Mit der Esche hat er nichts als einige Ähnlichkeit in den Blättern gemeinsam.

Abb. 26. Zweig einer echten (afrikanischen) Gummi-Akazie [51] mit doppeltpaarig gefiederten Blättern. (Nach Baillon.)

Die Rosen-Form umfaßt aufrechte und spreizklimmende Schößlingsträucher, deren Achsen und Blätter fast immer Stacheln (s. S. 54) tragen. Blätter wechselständig, kurz, Blättchen kleingesägt. Blüten von der bekannten Form und Farbe der „wilden" oder Heckenrose [50] und der „gefüllten" oder Gartenrose. Früchte meist rot, oben vom Kelch gekrönt („Hagebutten"). Die wilden Rosen sind in Mitteleuropa hauptsächlich Bewohner des Hügellandes und der niederen Gebirgslagen. Von einigen europäischen Rosen stammen verschiedene weiße Rosen, die Zentifolie von der schön rot und sehr groß blühenden Essigrose. Die gelb blühenden und die Kletterrosen haben auch ostasiatische Wildrosen zu Stammeltern.

Zur Robinien-Form gehören Holzgewächse mit wechselständigen, mittellangen Blättern, die 9 bis 19 Blättchen tragen, welche länglich oder elliptisch, ganzrandig, vorn stumpf oder abgerundet sind. Hierher die Robinie oder Falsche Akazie [51], ein stattlicher Baum mit sehr stark zerrissener Borke und weißen, duftenden Blüten. Ihre Heimat ist

---

[1] „Blauer Holler" heißt in Österreich der Flieder, der mit dem „schwarzen Holler" weder ähnlich noch näher verwandt ist.

das östliche Nordamerika; im wärmeren Mittel- und Osteuropa wird sie nicht nur in Gärten und Ortschaften, sondern in holzarmen Gegenden, z. B. den ungarischen Tiefländern, auch im offenen Land in langen Alleen und kleinen Gehölzen angepflanzt; sie verwildert leicht.

Die regengrünen Bäume bilden in den Trockengebieten der Tropen Wälder und gehören zu den Charakterpflanzen der Savannen.[1] Ihre Entlaubung in der Trockenzeit ist nicht immer vollständig; auch blühen sie oft in kahlem Zustand, wie denn, da es ja an Wärme nicht fehlt, auch äußerlich ihre Lebenstätigkeit nicht vollständig unterbrochen ist — im Gegensatz zum äußerlichen Verhalten der sommergrünen Bäume im Winter (Abb. 27).

4. Wintergrüne Wipfelbäume: Ein Mittelding zwischen den immergrünen und den periodisch kahlen Bäumen sind die wintergrünen. Es sind derbblättrige Holzgewächse (Bäume oder häufiger Sträucher), denen der kühle (nicht kalte) Winter ihrer Heimat gestattet, die Blätter über diese Jahreszeit zu behalten und sie erst im Frühjahr beim Ausbruch

Abb. 27. Entblätterter Baum im Trockenwald des nordöstlichen Brasilien. (Original.)

des neuen Laubes abzustoßen. Die Lebensdauer der Blätter beträgt also ein Jahr, und im Frühjahr sind durch kurze Zeit zweierlei Blätter, junge hellgrüne und alte, zum Teil schon verrottete zu sehen. Eine Eiche des nördlichen Südeuropa (Falsche Korkeiche [12]) sowie einige, namentlich ostasiatische Arten der Gattung *Ligustrum* [100] sind Beispiele dafür.[2]

Auf die Sippen sind sommer- und immergrüne Holzgewächse (Bäume und Sträucher) meist so verteilt, daß in einer und derselben Gattung oder Familie nur die eine oder die andere Vegetationsform vertreten ist. So sind z. B. alle Birkengewächse [11], ebenso alle Ahorne [74] sommergrün, alle Lorbeergewächse [30] und die Angehörigen vieler rein tropischer Familien

---

[1] Unter diesen sind viele mit feingefiederten Blättern, die man als Vertreter einer eigenen Vegetationsform („Mimosen-Form") betrachten kann. Hierher gehören die Schirmakazien der afrikanischen Savannen (vgl. S. 115, Abb. 18; S. 130, Abb. 26).

[2] Bei der Rotbuche und den mitteleuropäischen Eichen bleibt ein Teil der Blätter über Winter in dürrem Zustand am Baume hängen. Alle diese Bäume sind natürlich als sommergrün zu bezeichnen.

immergrün. Anderseits enthalten die Buchengewächse [12] in der Gattung
Eiche sommergrüne und immergrüne Arten, ebenso die Gattung Südbuche,
deren Arten den Hauptbestandteil der S. 35 erwähnten Wälder des äußersten
Südens von Südamerika bilden und überdies auf der Südinsel von Neuseeland
und in Tasmanien vorkommen. Für die wintergrünen Holzgewächse
wurden bereits oben Beispiele erwähnt. In beiden dort genannten Gattungen
(Eiche und Liguster) sind alle drei Vegetationsformen vertreten.

Bei kultivierten Laubbäumen kommen häufig sehr auffallende
Varietäten der Blätter in Form und Farbe vor.

Mehrere Bäume (Birken, Erlen, Haselnuß, Weißbuche, Rotbuche u. a.)
tragen zerschlitzte Blätter (var. *laciniata*), und zwar bisweilen entweder
an allen Zweigen oder nur an einigen, während die übrigen normale Blätter
haben. Durch die Zerschlitzung wird die Blattfläche verkleinert und das
kann so weit gehen, daß nur ein schmaler Saum von Blattgewebe zu beiden
Seiten des Mittelnervs übrigbleibt; bei der Rotbuche findet man alle möglichen Blattformen von der normalen (ovalen, fast ganzrandigen) bis zu der
zuletzt erwähnten.

Bei Haselnußarten, besonders aber bei der Rotbuche entwickelt sich der
im Pflanzenreich, namentlich in purpurnen, violetten und blauen Blüten so
verbreitete Farbstoff Anthokyan (S. 57) oft in solcher Menge, daß er das
Chlorophyll vollständig verdeckt und die Blätter purpurn bis rotviolett
aussehen (Bluthasel, Blutbuche).

Sehr auffallend sind auch die Bäume mit grün und blaßgelblich bis gelb
gescheckten ,,weißbunten'' oder ,,gelbbunten'' (panaschierten) Blättern. Diese Erscheinung kommt dadurch zustande, daß in manchen Blättern
das Chlorophyll ganz, in anderen zum Teil fehlt, und zwar ästeweise; einige
Äste haben auch oft normale, ganz grüne Blätter. Ein bei uns häufig (auch
außerhalb der Gärten) kultivierter nordamerikanischer Ahorn mit unpaarig
gefiederten Blättern (Eschen-Ahorn [74]) zeigt die Erscheinung sehr schön
und in großer Mannigfaltigkeit.

5. *Nadelblattbäume:* Im gewöhnlichen Leben pflegt man den Laubbäumen (Laubhölzern) die Nadelbäume (Nadelhölzer) gegenüberzu-
stellen; es ist jedoch festzuhalten, daß dieser Ausdruck nicht für die
Vegetationsform der Bäume mit Nadelblättern (S. 117) verwendet werden kann, weil darunter ganz allgemein eine Sippe, nämlich
die Klasse der Koniferen [8] verstanden wird. Die Vegetationsform wäre als ,,Nadelblattbäume'' zu bezeichnen. Sie umfaßt außer
den Koniferen mit Nadelblättern auch noch einige Proteazeen
[20] (S. 119) und australische Akazien [51] mit nadelförmigen
Phyllodien (S. 113). Die Koniferen haben häufiger mehrjährige,[1]
derbe Blätter, sind also immergrün (Fichten, Tannen, Kiefern, Eibe),
oder viel seltener nur eine Vegetationsperiode lebende, zarte Blätter,
sind also sommergrün (Lärchen).

6. *Schuppenblattbäume:* Anderseits haben einige Koniferen der Südhalbkugel breit lanzettliche Blätter, so die Araukarie der chilenischen

---

[1] Bei der Tanne und der Fichte z. B. können die Blätter ein Alter von
9 bis 12, bei manchen Föhren bis 14 Jahren erreichen.

Anden, oder längliche, nicht stechende Blätter, so die Kaurifichte Neu-
seelands. Auch ein großer Teil der übrigen Koniferen gehört
zur Vegetationsform der Schuppenblattbäume (S. 139).

Koniferen.

Die Koniferen setzen, bisweilen mit Laubhölzern gemischt, einen
sehr großen Teil der Wälder der Erde zusammen, und zwar hauptsächlich
in den Niederungen der kaltgemäßigten Länder der Nordhalbkugel mit
kontinentalem Klima (Nordeuropa, Sibirien, Kanada) und in den höheren
Lagen der Gebirge der ganzen Nordhalbkugel bis weit in die Tropen.
Nordamerika und Ostasien sind an Arten besonders reich.

In den Tropen sind die Koniferen auf die höheren Lagen beschränkt.
Artenreich (zirka 70) ist vor allem die Gattung *Podocarpus*, häufig mächtige
Bäume, deren Blätter oft wie die der Eibe aussehen, oft aber lanzettlich
bis eiförmig sind. In den Tropen der Südhalbkugel ist besonders Neukaledonien, in den gemäßigten Gebieten derselben Tasmanien und Neuseeland reich an Arten. — Von den großen borealen Gattungen dringen Föhren-
arten in Westindien und Mittelamerika ins Gebirge vor und überschreiten
auf den Sunda-Inseln den Äquator; eine Tannenart wächst auch in Mittelamerika.

Die Koniferen der gemäßigten Gebiete der Nordhalbkugel gehören
größtenteils zu den Gattungen Tanne (40 Arten), Fichte (40 Arten), Kiefer
oder Föhre (80 Arten), alles sehr artenreiche Gattungen. Die Gattungen
Lärche und Zeder sind viel ärmer an Arten.

Die erwähnten Gattungen sind auch ohne Zapfen, die ja nicht immer
zur Verfügung stehen, als solche leicht zu unterscheiden, und zwar folgender-
maßen:

1. Nadeln einzelnstehend, höchstens 4 cm (oder selten bis 7 cm) lang:

a) Alle Nadeln in einheitlicher Weise angeordnet, vierkantig bis
flach, spitz bis stumpf oder ausgerandet, entweder an allen vier Seiten oder
an zweien davon mit (bisweilen undeutlichen) weißlichen
Wachsstreifen (am besten an jüngeren Nadeln zu sehen):
Tanne und Fichte.

α) Die abgefallenen Nadeln hinterlassen kreisrunde
flache Narben, die sich nicht über die Oberfläche der
Zweige erheben (Zapfen aufrecht stehend, bei der Reife in
ein Haufwerk von Schuppen und Samen zerfallend): Tanne
(Abb. 28 a).

β) Wenn die Nadeln abfallen, bleiben die Stielchen und
die „Blattpolster" an den Zweigen stehen, so daß letztere
in der Jugend durch diese Organe regelmäßig gefeldert
und höckerig erscheinen (Zapfen hängend, bei der Reife
als Ganzes abfallend): Fichte (Abb. 28 b).

b) Die Nadeln zum Teil in Abständen angeordnet, zum Teil büschelförmig:

α) Nadeln derb, immergrün: Zeder.

β) Nadeln weich, sommergrün: Lärche.

2. Nadeln zu zwei, drei oder (drei bis) fünf beisammenstehend,
selten kürzer als 4 cm: Kiefer oder Föhre.

a   b

Abb. 28.
Zweigstücke von
Tanne und Fichte,
Nadeln abgefallen.
a Tanne, b Fichte.
(Nach ENGLER-
PRANTL.)

Über unsere beiden bekanntesten europäischen Nadelhölzer wäre noch folgendes zu sagen: Die (mitteleuropäische) Tanne, auch Weißtanne oder Edeltanne genannt, wird im Publikum sehr häufig mit der (mitteleuropäischen) Fichte verwechselt oder es werden Merkmale als unterscheidend angegeben, die nicht oder nur mit Einschränkungen gelten. Gerade der gewöhnlich angeführte Unterschied gehört hierher: „Tanne: Nadeln zu beiden Seiten der Zweige stehend; Fichte: rings um den Zweig." Angewachsen sind sie, wie schon die Blattnarben beweisen, bei beiden ringsumher, aber bei waagrechten, beschatteten Seitenzweigen der Tanne infolge Drehung der Stielchen der Nadeln flach gescheitelt, bei besser belichteten Blattstielen alle nach oben gerichtet („Doppeltanne").

Daher seien hier die besten und sichersten Unterschiede unter Einschluß derjenigen, die für alle oder die meisten Tannen- und Fichtenarten gelten, angeführt.

<table>
<tr><td align="center">Tannen</td><td align="center">Fichten</td></tr>
<tr><td colspan="2" align="center">aller Arten</td></tr>
</table>

α) Zapfen aufrecht, nicht als Ganzes abfallend, sondern bei der Reife auf dem Baum in ein Haufwerk von Schuppen zerfallend.[1]

α′) Zapfen hängend, nach der Reife als Ganzes abfallend.

β) Von den abgefallenen Nadeln werden kreisrunde, flache Narben hinterlassen, die sich nicht über die Oberfläche der Zweige erheben (Abb. 28a).

β′) Die Stielchen und „Blattpolster" der abgefallenen Nadeln bleiben an den Zweigen stehen, so daß letztere in der Jugend regelmäßig gefeldert und höckerig erscheinen (Abb. 28b).

Die im folgenden angeführten Unterschiede gelten nur für unsere beiden mitteleuropäischen Arten der Tanne und Fichte:

<table>
<tr><td align="center">Tanne</td><td align="center">Fichte</td></tr>
<tr><td colspan="2" align="center">Farbe der Rinde
(namentlich bei jungen Bäumen)</td></tr>
<tr><td align="center">hellgrau</td><td align="center">rötlichbraun.</td></tr>
<tr><td colspan="2" align="center">Wipfel</td></tr>
<tr><td>breit, flach abgerundet („Storchnest")</td><td align="center">spitz.</td></tr>
<tr><td colspan="2" align="center">Nadeln</td></tr>
<tr><td>meist flach, stumpf oder ausgerandet,[2] unterseits mit zwei weißlichen Wachsstreifen</td><td>vierkantig, von flachrhombischem Querschnitt, spitz, an allen vier Seiten mit weißlichen Streifen.</td></tr>
</table>

In Gegenden, in denen von den beiden Bäumen nur die Fichte vorkommt, z. B. in Ostpreußen, wird sie auch vom Landvolk „Tanne" genannt („Fichte" heißt dort die Föhre); auch in der schönen Literatur gibt es fast nur „Tannen".

---

[1] Daher findet man am Boden liegend normalerweise niemals „Tannenzapfen", und die so bezeichneten schlanken Zapfen (10- bis 15mal 2 bis 2,5 cm) sind stets Fichtenzapfen.

[2] Nur die Nadeln des Haupttriebes (Wipfels), die jahrelang am Hauptstamm stehenbleiben, sind spitz, ebenso diejenigen der Zweige erster Ordnung.

Als Weihnachtsbaum ist die Fichte nicht so beliebt wie die Tanne, weil ihre Zweige infolge der Beschaffenheit der Nadeln nicht so schön sind und weil sie von den toten (trockenen) Zweigen sehr bald abfallen.

Fichte und Tanne haben ein sehr verschiedenes Verbreitungsgebiet; die Fichte bewohnt ganz Mitteleuropa, wo sie, ohne in der Ebene (z. B. Ostpreußen) als einheimischer Baum zu fehlen, in mittleren und höheren Lagen der Gebirge der weitaus wichtigste und häufigste Baum ist und bis zur Baumgrenze aufsteigt, weiter unten oft mit der Tanne und der Rotbuche vergesellschaftet. In tieferen Lagen wurde sie früher sehr häufig an Orten aufgeforstet, an denen sie ursprünglich nicht vorkam, und hat so vielfach das Laubholz, insbesondere die Rotbuche, verdrängt.

In Westeuropa fehlend, wächst die Fichte in Nordwesteuropa (Skandinavien) bis 69° 30′, auf der Balkanhalbinsel kommt sie nur im nördlichen Teil vor, den beiden anderen südeuropäischen Halbinseln und den Pyrenäen fehlt sie. Sie wird bis 50 m (60 m) hoch; an der Baumgrenze finden sich kaum 1 m hohe Krüppel.

Die Tanne hat ihre Hauptverbreitung ebenfalls in den Gebirgen Mitteleuropas, reicht aber in diesen nicht so weit nach oben, ferner nur bis zum 51. Grad (fehlt z. B. im Harz), geht aber in die Pyrenäen und bis nach Nordostspanien, ferner bis Unteritalien und Sizilien und in den Norden der Balkanhalbinsel. Im südlichsten Spanien wird sie durch die südspanische (andalusische) Tanne, in Griechenland (auch auf den Inseln) durch die griechische Tanne ersetzt. Sie wird bis 55 m (65 m) hoch.

Anhangsweise sei hier noch die Eibe erwähnt, die in den Zweigen der Tanne einigermaßen ähnelt, ohne aber mit den eben erwähnten Nadelbäumen näher verwandt zu sein.

Ähnlichkeiten und Unterschiede der Zweige und Nadeln von

Tanne	und	Eibe
Nadeln flach, oft zweizeilig gestellt, gescheitelt, daher Zweige flach		
Nadeln meist stumpf, unterseits mit zwei weißen Wachsstreifen.		Nadeln stets spitz, unterseits einfarbig, blaßgrün.

Die Eibe kommt in Nord- und Mitteleuropa sowie in den Gebirgen des Mittelmeergebietes bis in den Kaukasus vor, überall einzeln und stets in Beständen anderer Laub- und Nadelbäume von der Ebene bis in mittlere Lagen der Gebirge; diese Art des Vorkommens ist zum Teil durch den Menschen bedingt, der ihr Holz besonders im Mittelalter sehr geschätzt hat.

Die echten Zedern haben ihre Heimat nur im Atlas, Libanon, Taurus, auf Zypern, in Afghanistan und im nordwestlichen Himalaja. (Was in deutsch geschriebenen Schilderungen aus anderen Ländern, namentlich Nordamerika, als „Zeder“ bezeichnet wird, sind stets verschiedene andere Nadelbäume, die in englisch sprechenden Ländern „cedar“ heißen.)

Die europäischen Lärchen bewohnen die Alpen, auch in niederen Lagen, z. B. schon Teile des Wienerwaldes, und beschränkte Gebiete in den Ostkarpaten und Ostsudeten, auch im polnischen Hügelland; sie bilden oft sehr lichte Bestände („Lärchenwiesen").

Die meisten Föhren (Kiefern) haben nur in der Jugend den für die Koniferen bezeichnenden Wuchs von Kegelbäumen; später entwickelt sich dadurch, daß die Äste stärkeres Längenwachstum als der Stamm zeigen, ferner durch das Absterben der unteren Äste eine rundliche (manchmal schirmförmige) Krone, so daß der Baum oft eher wie ein Laubbaum aussieht. Die Zapfen haben bei den zweinadeligen Arten dicke, holzige Schuppen mit einem breit pyramidenförmigen Höcker. Bei den meisten europäischen Föhren stehen die Nadeln zu zwei.

Die wichtigste und verbreitetste Art ist die Kiefer, Föhre (schlechtweg), Rot- oder Waldföhre. Merkmale: Bis 30 m (40 m) hoch; Rinde braungrau, bei älteren Stämmen im oberen Teile hellrostrot („Rotföhre"). Nadeln meist 4 bis 5 cm lang, meist der Länge nach um ihre Achse gedreht, hellgrün, $\pm$ stark grau bereift. Die Föhre kommt fast in ganz Europa von 37° bis 70° n. Br. vor, und zwar auf den verschiedensten, meist schlechten Bodenarten, auf letzteren entweder infolge natürlicher Auslese im Wettbewerb mit anderen Bäumen um den Standort oder infolge künstlicher Anpflanzung (Aufforstung) an Orten, deren Boden anderen anspruchsvolleren Bäumen nicht zusagt, so z. B. im norddeutschen Tiefland, wo sie (zum Teil aufgeforstet) ausgedehnte Strecken sandigen Bodens bedeckt („Kiefernheiden"), ebenda in krüppelhaften, kurznadeligen Formen („Kusseln") auf Hochmooren; in niederen und mittleren Lagen der Alpen siedelt sie gerne an Felsen, während andere Bäume erdigen Grund bewohnen.

Als „Schwarzföhren" werden mehrere einander sehr ähnliche Bäume zusammengefaßt, die sich durch die ganz braungraue Rinde, die längeren (8 bis 15 cm), nicht gedrehten, dunkelgrünen, nicht bereiften Nadeln von der Rotföhre unterscheiden. Sie sind in den Gebirgen des wärmeren Mitteleuropa und nördlichen Südeuropa von Spanien bis zur Krim und zum Taurus verbreitet (z. B. Korsika, Ostrand der nördlichen Kalkalpen von Wien bis zum Semmering,[1] in Südkärnten, einige dalmatinische Inseln, Bosnien, Herzegowina, Gegend des „Eisernen Tores" an der unteren Donau usw.). Fast überall wachsen die Schwarzföhren auf Kalkboden, Dolomit, auch Serpentin. Durch ihre schirmförmige Krone ungemein malerisch und landschaftlich außerordentlich wirksam sind die Bäume, die zwischen Kalkfelsen, namentlich an steilen Talhängen wachsen (in Niederösterreich „Parapluiebäume").

---

[1] Die ostalpine Schwarzföhre wird namentlich von den Forstleuten meist als *Pinus austriaca* bezeichnet.

Eine Reihe Föhrenformen wird als Bergföhre zusammengefaßt. Sie zeichnen sich durch kurze (2 bis 5 cm lange), auffallend stumpfe (nicht stechende), nicht gedrehte, dunkelgrüne Nadeln aus. Sehr verschieden ist ihr Wuchs. Die „Spirken" sind bis 25 m hohe Kegelbäume, die Legföhren, in Österreich „Latschen", sind Zwergbäume von kaum $\frac{1}{2}$ bis 4 m Höhe mit niederliegendem Stamm oder richtige Sträucher.

Zwischen den Spirken und den Legföhren bilden hochwüchsige Bergföhren mit aufsteigendem Stamm ein Mittelding. Die Bergföhre ist auf Mitteleuropa (etwa bis 51° n. Br.) und den Norden der Iberischen sowie den Nordwesten der Balkanhalbinsel beschränkt. Im Westen dieses Gebietes gibt es nur Spirken, die vom asturisch-kantabrischen Gebirge bis in die Ostschweiz und nach Westtirol in höheren Lagen bisweilen ausgedehnte Wälder bilden (daher „Bergspirken"). Von da östlich findet sich die Legföhre anfangs zusammen mit Spirken, dann aber nur in der strauchähnlichen, bisweilen mehrstämmigen Form (Legföhre u. a. krummstämmige Formen) und bildet, vor allem auf Kalkboden zunächst in die obersten Teile der Bergwälder eindringend, dann aber die verkümmerten Bäume immer mehr und mehr verdrängend („Kampfgürtel") schließlich alleinherrschend, auf Plateaus ausgedehnte, schwer durchdringliche Bestände („Krummholz"); auch in gestuftem oder gebuckeltem Gelände besetzen die Legföhren viele Stellen, hängen von den Felsbändern nieder und hüllen die Kalkberge der Ostalpen in einen dichten oder durch Fels und Matten unterbrochenen Mantel, dessen Schwarzgrün von der helleren Farbe der tiefer liegenden Fichtenwälder deutlich absticht. Außer oberhalb der Wald- und Baumgrenze kommen Latschen und Spirken sowie deren oben erwähnte Übergangsformen auch in viel tieferen Lagen auf Hochmooren vor („Moorspirken"[1]), so in den Alpen, dem Schwarzwald, dem Böhmerwald, den Sudeten (im Vorland dieser Gebirge) und in der Böhmischen Masse überhaupt. Mitten im hochstämmigen Fichtenwald liegt da manchmal ein kleiner, runder, tiefdunkler Moorsee („Moorauge"), dessen Mitte offenes Wasser zeigt, das vom Rande her verlandet. Und an die Wasserpflanzenzone schließt ein Gürtel von Krummholz und hart hinter ihm steigt der Wald auf — ein Bild vollkommen ungestörter Urnatur. Im nördlichen Mitteleuropa fehlt die Bergföhre als wildwachsende Holzart. Die Latschen, die man z. B. auf den großen Dünen der Kurischen Nehrung in Menge sieht, sind zum Zweck der (sehr wirksamen) Bindung des Flugsandes aufgeforstet.

Unter den Föhren Südeuropas ist die bekannteste die Echte

---

[1] Nicht zu verwechseln mit der oben erwähnten krüppelhaften Moorform der Waldföhre.

Pinie, die infolge der ausgeprägt schirmförmigen Krone[1] der älteren Bäume mit der Zypresse zu den bezeichnendsten Bäumen der Kulturlandschaften der niederen Lagen der Mittelmeerländer gehört (der „aufgespannte und der zusammengelegte Regenschirm"). Hier ist die Pinie wohl meist angepflanzt. Dagegen bildet sie in einigen küstennahen, flachen Sandgegenden, z. B. im Norden der Adria bei Ravenna, ausgedehnte lichte Waldungen. 10 bis 20 cm lange, kräftige Nadeln und faustgroße, eirundliche Zapfen mit sehr dicken Schuppen zeichnen diesen Baum aus. Vom reisenden Publikum wird oft noch eine andere Föhre Südeuropas als Pinie bezeichnet, weil sie dieser im Habitus (Schirmform der Krone bei älteren Bäumen) ähnlich ist, nämlich die Aleppoföhre, häufiger Strandföhre genannt; sie unterscheidet sich von der Pinie durch viel kürzere (4 bis 9 cm) und dünnere, weiche Nadeln; die Zapfen, die, auch wenn die Samen schon ausgefallen sind, noch lange in Menge an den Bäumen stehen bleiben, sind in geschlossenem Zustand eikegelförmig. Die Aleppoföhre ist auch heute noch in den niederen Lagen der wärmeren Mittelmeerländer sehr häufig; ausgedehntere Wälder sind z. B. noch im Gebiet von Dubrovnik (Ragusa) erhalten.

Einen ähnlichen deutschen Namen (Achtung wegen Verwechslung!) hat die (Sternföhre) Meerstrandföhre, die aber wegen der langen, dicken Nadeln viel mehr der Pinie ähnelt. Sie ist mediterran und in den „Landes" Südwestfrankreichs in großem Maßstab aufgeforstet.

Föhren, bei denen (3 bis) 5 Nadeln beisammenstehen, gibt es in Europa nur ganz wenige, deren wichtigste die Zirbelkiefer ist. Ein gewaltiger Baum mit länglicher, stumpfer, bei alten Exemplaren oft arg zerzauster Krone, mittellangen (5 bis 9 cm), dünnen, aber steifen Nadeln und rundlichen bis eiförmigen Zapfen, deren Schuppen flach sind. Bildet in den Alpen manchmal ausgedehnte Wälder, die allerdings im Laufe der Zeit arg verwüstet worden sind. Die Zirbelkiefer steigt erheblich höher als andere Bäume (Zentralschweiz bis 2500 m — Fichte bis 2100 m) und steht daher oft in großen Exemplaren noch mitten im Krummholz.

Landschaftlich' spielen in Europa auch einige Wacholderarten mit nadelförmigen, pfriemlich-linealen, scharf spitzigen Blättern, die zu drei in Wirteln stehen, eine Rolle, und zwar in Mittel- und Nordeuropa der Gemeine Wacholder (im Süden des deutschen Sprachgebietes „Kranawitten", im Norden „Machandelbaum" genannt), gewöhnlich strauchförmig, in Westdeutschland oft baumförmig, mit sehr schlanker, pyramidenpappelähnlicher Krone. Er wird z. B. in der Lüneburger Heide bis 10 m hoch und täuscht in größerer Menge Zypressenlandschaften vor. Blätter oberseits mit einem grauweißen Wachsstreif. Die fleischigen

---

[1] Der Entstehung dieser Kronenform wird oft durch das Abhauen der unteren Äste nachgeholfen.

„Beerenzapfen" sind blauschwarz („Wacholderbeeren"). In Südeuropa wachsen meist in ausgedehnten Gebüschen an Stelle ehemaliger Laubwälder Arten, deren Blätter oberseits zwei Wachsstreifen haben und deren Beerenzapfen größer und braunrot oder braun sind (z. B. der rotfrüchtige Wacholder). Weit verbreitet in den Gebirgen von ganz Europa über der Baumgrenze ist der niederliegende, relativ breitblättrige Zwergwacholder.

Die gewaltigen Räume des nordöstlichen Europa (Nordrußland), ferner Sibirien bis zu der baumlosen Tundra erfüllt der Nadelwald der „Taiga", bestehend aus: der sibirischen Fichte (sehr ähnlich unserer Fichte), der sibirischen Tanne, der sibirischen Lärche (unserer Lärche ähnlich), der Rotföhre und der Zirbelkiefer, die im äußersten Osten in einer legföhrenartig gewachsenen Form auftritt. In den Gebirgen des übrigen extratropischen Asien, besonders in Ostasien, gibt es viele Arten von Fichten, Tannen, Lärchen und Föhren.

Ähnliches gilt von Nordamerika von den Tundren bis Mexiko, wo man ein kanadisches, ost- und westamerikanisches Gebiet (die beiden letzterwähnten durch die Trockengebiete der Prärien usw. getrennt) unterscheiden kann. In den Gebirgen von Mexiko, Mittelamerika, einigen der Großen Antillen gibt es auch noch Föhren, darunter solche mit sehr langen Nadeln. Die in den Nordoststaaten und Kanada heimische Weymouthskiefer hat 6 bis 14 cm lange, sehr dünne und schlaffe, zu fünf stehende Nadeln, glatte Rinde und wird in Mitteleuropa bisweilen in Menge aufgeforstet. Die Föhre der Kanaren hat zu drei stehende, 20 bis 30 cm lange Nadeln.

Zu den Schuppenblattbäumen, und zwar zu den derbblättrigen, also immergrünen[1] gehören, wie schon erwähnt, ziemlich viele Koniferen. Die Schuppenblätter stehen bei ihnen so dichtgedrängt, daß die Zweige selbst oft nicht sichtbar sind und ein ganzes Zweigsystem einem gefiederten Blatt nicht unähnlich ist.

In Europa gibt es nur wenige Koniferen, die zur Vegetationsform der Schuppenblattbäume gehören. Die bekannteste ist die Echte Zypresse [8] in ihrer schmalkegelförmigen Wuchsform (var. *pyramidalis*; namentlich auf Friedhöfen und in Gärten) in den niederen Lagen der Mittelmeerländer; die schwarzgrüne Farbe und die einer Walnuß in Größe und Form ähnlichen Zapfen mit schildförmigen Schuppen zeichnen den Baum aus. Er ist in den östlichen Mittelmeerländern zuhause, und zwar nur in einer Form mit abstehenden Ästen (var. *horizontalis*). Da die Zypresse den mitteleuropäischen Winter nicht aushält, pflanzt man an ihrer Stelle bei uns auf Friedhöfen zwei ähnliche, aber breiter gewachsene

---

[1] Zartblättrige, also periodisch kahle Schuppenblattbäume sind selten. Beispiel: Die Tamarisken [41], Bewohner von Flußufern und ähnlichen feuchten Orten, namentlich in warmen Trockengebieten (Wüsten); vgl. S. 120.

Arten von Lebensbäumen *(Thuja)*, deren einer *(Th. orientalis)*, dessen Zweige in lotrechter Ebene verzweigt sind, aus Nordostchina, der andere *(Th. occidentalis)* aus dem östlichen Nordamerika stammt. Bei beiden sind die Zapfen klein (etwa 1 cm lang).

Auch Wacholder-Arten [8] mit wenigstens zum Teil schuppenförmigen, zum Teil sehr kurz nadelförmigen Blättern gibt es, so den strauchigen, schwärzlich grünen, sehrstark und unangenehm riechenden „Sadebaum" oder besser Sevenstrauch, der in den Gebirgen der nördlichen Kontinente an Felsen wild wächst und sehr häufig in Bauerngärten gepflanzt wird. Nahe verwandt ist der Virginische Sadebaum, in Amerika „rote Zeder" genannt, ein stattlicher Baum mit heller grünen Blättern; er wächst in einem großen Teil der Vereinigten Staaten wild, bei uns auch kultiviert und liefert das beste Bleistiftholz.

7. Ericoide Bäume: Die Erika-Ähnlichen oder ericoiden Bäume haben kleine (meist kürzer als 1 cm), sehr schmale, parallelrandige („lineale") Blätter, die in großer Zahl vorhanden sind und sehr dicht stehen. Darauf beruht die Ähnlichkeit mit gewissen Nadelhölzern. Am reichsten an ericoiden Gehölzen (darunter mehr Sträucher als Bäume) ist die Familie der Heidegewächse [83]; jedoch kommt diese Vegetationsform auch in verschiedenen anderen Familien vor. Viele lieben ein ozeanisches Klima mit großer Luftfeuchtigkeit; daher ist z. B. das atlantische Europa relativ reich an Arten der Gattung *Erica*; auch die im Spätsommer und Herbst blühende Besenheide [83] hat hier ihre Heimat, wo sie allein auf weite Strecken die Vegetation beherrscht und die Formation der Heide bildet (vgl. S. 138, 155). Im südwestlichen Kapland ist die Gattung *Erica* mit etwa 400 Arten vertreten.

8. Rutenbäume: Bei den Rutenbäumen sind die Zweige dünn und überhängend, ruten- oder gertenförmig, chlorophyllreich, daher grün; sie vertreten physiologisch die Stelle der Blätter, die auf sehr kleine, weit voneinander entfernte Schuppen beschränkt sind. Hierher gehören vor allem die Arten der Gattung *Casuarina* [10], die eine eigene Familie repräsentieren. Ihre Zweige sehen wie Stengel grüner Schachtelhalme aus, da die Blätter auch hier wirtelförmig stehen und zu manschettenförmigen, am Rande ausgezackten Gebilden verwachsen sind. Die Casuarinen bewohnen die trockeneren Teile des Malaiischen Archipels und Melanesiens sowie Australien.

Außerhalb der beiden Einteilungen der Wipfelbäume (S. 112) seien noch zwei bemerkenswerte Vegetationsformen genannt.

Bei den dornigen Bäumen sind Zweige oder Blätter (Blattteile) in Dornen verwandelt. Ersteres ist der Fall beim Schotenbaum, „Christusdorn" [51], bei dem ganze Büschel zum Teil verzweigter Dornen am Stamm stehen, letzteres bei der bereits mehrmals erwähnten Robinie, die Nebenblattdornen besitzt.

Bei den kaulifloren oder stammblütigen Bäumen stehen die Blüten und nachher die Früchte (oder die Blüten- und Fruchtstände) nicht, wie es gewöhnlich der Fall ist, an den jüngsten oder vorjährigen, sondern alle oder ein Teil davon an älteren Zweigen, Ästen oder am Stamm selbst bis hinunter zum Stammgrund (Abb. 29). Die Erscheinung der Kauliflorie ist fast ganz auf die Tropen beschränkt und kommt in verschiedenen Familien vor. Beispiele: der Kakaobaum [65], Heimat im nördlichsten Südamerika; der Kalebassenbaum [91], Heimat Westindien (Abb. 30). Als Beispiele für extratropische kauliflore Bäume seien zwei Schmetterlingsblütler [51] genannt: der Johannisbrotbaum, immergrün, in den wärmeren Teilen der Mittelmeerländer zu Hause, und der Judasbaum, der in Südeuropa und im Orient heimisch

Abb. 29. Stamm eines Jackfruchtbaumes [15]. Früchte bis 15 kg schwer, stammbürtig. Kultiviert bei Pernambuco. (Original.)

ist, sommergrün, bei uns winterhart. Er wird wegen seiner schönen rosa Blüten in unseren Gärten häufig kultiviert.

Abb. 30. Kalebassenbaum [91] (kauliflor) mit Früchten. Unterer Amazonas. (Original.)

β) **Schopfbäume.** Die Schopfbäume sind deutlicher, aber weniger gebräuchlich als Blattkronenbäume zu bezeichnen. Hierher gehört vor allem die Hauptmasse der Palmen ([126] — einer Familie von über 1000 Arten), und zwar diejenigen, die in erwachsenem Zustand einen 20 bis 30 m (50 m) hohen, schlanken, meist kerzengeraden, unverzweigten Stamm besitzen, der sich nach oben nur wenig verjüngt und an dessen oberem Ende verhältnismäßig wenige große Blätter sitzen, die bei einzelnen Arten bis 20 m Länge und 12 m Breite erreichen können.

Hochstammpalmen: Palmen, die in erwachsenem Zustand diesen Habitus besitzen, gehören zur Vegetationsform der Hochstammpalmen (Abb. 31).

Abb. 31. Fächerpalme, unten am Stamm kletterndes Arongewächs [127]. Rechts Assai-Palmen [126]. Überschwemmungsgebiet an einem Arm des unteren Amazonas. (Original)

Der Stamm ist schon in der Jugend, wenn er noch ganz kurz ist, relativ dick und wächst weiterhin nur wenig in die Dicke, und zwar nicht durch periphere Anlagerung von Holz und Bast (nicht durch Jahresringe), sondern durch Vergrößerung der Markzellen; die Gefäßbündel bilden keinen kompakten Holzkörper, sondern sind dünn und in sehr großer Zahl über den Querschnitt zerstreut. In die Länge wächst der Stamm durch eine große Gipfelknospe, die, solange die Blätter noch zart und jung sind, bei vielen Arten ein Gemüse, den „Palmkohl", liefert. Die Blätter sind in entwickeltem

Abb. 32. Palmen mit Resten abgestorbener Blätter: Vorn die südkalifornische Wüstenpalme (Fächerpalme), Stamm mit ringförmigen Blattnarben. In der Mitte eine *Cocos*-Art (Fiederpalme) mit Blattscheiden. Botanischer Garten von Lissabon. (Original.)

Zustand fiederteilig oder handförmig geteilt,[1] wonach die leicht kenntlichen Vegetationsformen der Fiederpalmen und der Fächerpalmen unterschieden werden. Der Blattstiel ist kräftig, aber oft sehr kurz und erweitert sich nach unten zu einer mächtigen, oft sehr dicken Blattscheide, die breit am Stamme sitzt, ja ihn bisweilen ganz umfaßt, und wenn das Blatt altersschwach geworden, sich ablöst und eine ringförmige Blattnarbe hinterläßt (Abb. 32).

Die Ablösung der abgestorbenen Blätter findet nicht immer so restlos und ohne Übergang statt, sondern es bleiben unter der Krone noch funktionierender Blätter die abgestorbenen eine Zeitlang hängen, und zwar einzeln, oder sie bilden, wenn in größerer Anzahl vorhanden, einen mächtigen Büschel, der den oberen Teil des Stammes verhüllt. Die ältesten, also untersten, beginnen dann von der Blattspitze her zu verrotten, es bleibt nur der Blattstiel stehen, der sich weiterhin in ein Büschel Fasern auflöst, das sind die aus derberem Gewebe bestehenden Gefäßbündel, zwischen denen das zartere Gewebe vertrocknet und verschwindet. Endlich lösen sich auch diese Blattstielreste ab und es bleiben nur die Narben, die schließlich im untersten Teil des Stammes ebenfalls undeutlich werden.[2] Diese Prozesse verlaufen bei verschiedenen Arten in verschiedener Weise und geben den

Abb. 33. Fiederpalme. Untere, bereits abgestorbene Blätter herabhängend. Höher gelegenes Land am unteren Amazonas. (Original.)

betreffenden Palmen ein sehr charakteristisches Gepräge. Manchmal, so bei der Dattelpalme, bilden die Reste der Blattstiele bleibende Höcker am Stamm, die für einen Kletterer einen willkommenen Behelf darstellen (Abb. 33).

---

[1] Im Jugendstadium hängen die Abschnitte der Blätter seitwärts zusammen, überdies sind die Blätter längs der Seitennerven gefaltet. Erst mit der Entfaltung trennen sich die Blattabschnitte voneinander. Dabei treten bei manchen Arten, z. B. der südkalifornischen Wüstenpalme (Fächerpalme), die in südeuropäischen Anlagen sehr viel kultiviert wird, längs der Trennungslinien einzelne Gefäßbündel aus dem Gewebeverband und hängen als weiße Fäden von den Blättern herab.

[2] Das alles ist bei der oben erwähnten „Wüstenpalme" sehr schön zu sehen.

In den Achseln der Blätter entspringen die Blütenstände; die Blüten sind weder groß noch auffallend, stehen aber oft zu Hunderten beisammen, weshalb die Blütenstände sehr groß sein können. Vor dem Aufblühen sind sie von einer Blütenscheide umgeben. Wenn die noch jugendliche Blütenstandsachse abgeschnitten wird, so entströmt der Wunde ein zuckerhaltiger Saft, der durch Gärung den „Palmwein" liefert. Die Fruchtstände erreichen gewaltige Ausmaße, die Früchte sind sehr verschieden groß (bis $^1/_2$ m lang), ihre äußere Schicht ist entweder weich, oft fleischig oder faserig oder hart.

Die meisten Palmen (nicht nur die Hochstammpalmen) sind Bewohner der Tropen. In den Regenwäldern kommen nur kleinere Arten vor und diese spielen eine untergeordnete Rolle; die Hauptmasse liebt die offene Landschaft. Außerhalb der Tropen ist die Artenanzahl gering; einige Arten überschreiten den 40. Parallelkreis, und zwar auf der Nordhalbkugel an der

Abb. 34. Kokospalmen. Pernambuco. (Original.)

Riviera und in den Adrialändern, auf der Südhalbkugel auf der Südinsel von Neuseeland. Im Gebirge, so in den Anden, steigen einige Palmen bis 3000 m empor.

Unter den Hochstammpalmen befinden sich einige wichtige Nutzpflanzen, die sogar für den Welthandel in Betracht kommen, namentlich aber wegen ihrer vielseitigen Verwendbarkeit für die Bewohner der betreffenden Gebiete wichtig, zum Teil unentbehrlich sind. Beispiele: Fiederpalmen: Dattelpalme, Heimat Nordafrika, Vorderasien; als Fruchtbaum kultiviert in den Oasen der Sahara und der wärmeren Teile des Orients, ferner im wärmsten Südeuropa (Elche in Südostspanien), als Zierbaum noch nördlicher; Kokospalme, Heimat Malaiischer Archipel, kultiviert in den Küstengebieten aller Tropenländer, auch auf den kleinsten Eilanden der Südsee (Abb. 34). Piassavepalmen, faserliefernde Arten des tropischen Amerika und Afrika. Wachspalmen, darunter die brasilianische Wachspalme, Heimat die tropischen Trockengebiete Südamerikas; wegen des Wachses an den jungen Blättern sehr geschätzt. Ölpalme,

Abb. 35. Anlage an der italienischen Riviera: Links eine Echte, rechts eine Kanarische Dattelpalme.
Die Länge der Blattstiele ist teilweise durch künstliches Stutzen erzielt. (Nach einer Ansichtskarte.)

Abb. 36. Königspalmen mit Blütenständen
und im Abfallen begriffenen Blättern.
Pernambuco. (Original.)

Abb. 37. Mehrstämmige Palme. Pernambuco.
(Original.)

Heimat Guinea, Waldgebiete Westafrikas, ebenda kultiviert; Assaipalme, eine zierliche Art des tropischen Amerika; Betelnußpalme,
tropisches Asien, die Blätter für das Betelkauen liefernd; Palmyra- oder

Delebpalme, eine Fächerpalme, Heimat Afrika und tropisches Asien, kultiviert, da eine der nützlichsten Palmen überhaupt.

Als Alleebäume werden außer der Echten Dattelpalme auch die auf den Kanaren heimische Art (Abb. 35) in den Städten der Mittelmeerländer, ferner die ebenfalls zu den Fiederpalmen gehörige Königspalme mit geradem, in der Mitte etwas angeschwollenem Stamm, die

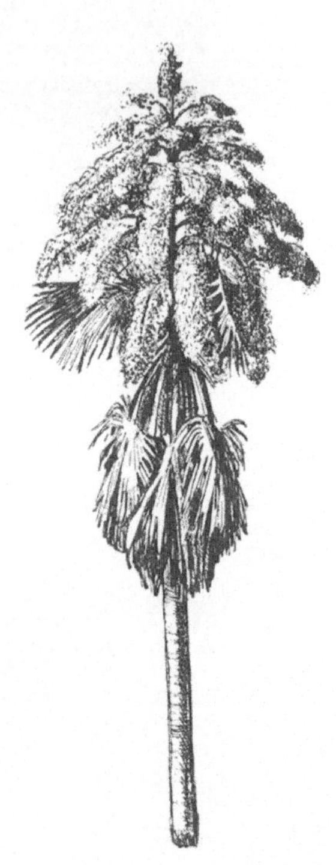

Abb. 38. Fiederpalme. Mittlerer Teil des Stammes durch die stehengebliebene Basis der abgefallenen Blätter geringelt; an den untersten noch erhaltenen Blättern sind die großen Blattscheiden sichtbar. Beispiel einer „Stachelpalme". Höher gelegenes Land am unteren Amazonas. (Original.)

Abb. 39. Schirm- oder Talipotpalme, blühend. 30 bis 40 m hoch. Blätter im Absterben. (Nach H. EICH-HORN.)

in Westindien heimisch ist, in den Städten der Tropen und Subtropen kultiviert (Abb. 36).

Bei einigen Hochstammpalmen entspringen aus der Basis des Hauptstammes Seitenstämme, so daß dieser von einem halben Dutzend solcher Stämme umgeben sein kann. Eine solche Mehrstämmigkeit kann der betreffenden Art eigentümlich sein oder als Ausnahme vorkommen (Abb. 37).

Einige Hochstammpalmen haben einen mehrmals gabelig verzweigten Stamm. Beispiel: die Dumpalme (Fächerpalme), die für die Landschaft Oberägyptens sehr bezeichnend ist; andere Arten der Gattung bewohnen die afrikanischen Savannen.

Bei nicht wenigen Hochstammpalmen sind Blattstiele, Blattabschnitte, Blütenscheiden mit dünnen, meist dunkel gefärbten Stacheln besetzt; sie bilden die Vegetationsform der Stachelpalmen (Abb. 38).

Besondere Erwähnung verdient noch die Schirm- oder Talipotpalme, eine in Ostindien heimische Fächerpalme, wegen ihrer eigenartigen Entwicklung. Nachdem der Stamm jahrelang nur Blätter gebildet hat, aber keine Blüten, entsteht an der Spitze (nicht in den Achseln der Blätter) ein mächtiger,[1] breitkegelförmiger, sehr reichblütiger Blütenstand und zugleich beginnen sämtliche Blätter zu welken. Nach dem Verblühen knickt der obere Teil des Stammes ein und darnach bricht der ganze saftlos gewordene Baum zusammen (Abb. 39). Die Schirmpalme blüht also nur einmal in ihrem Leben, und zwar deshalb, weil der Blütenstand endständig, dabei sehr groß ist und das ganze Wasser nebst den durch die Assimilation gewonnenen Stoffen (Reservesubstanzen) aufzehrt.

Die Endständigkeit des Blütenstandes erlaubt überdies kein Weiterwachsen des Stammes und keine Entwicklung neuer Blätter. Solche nur einmal blühende und daher auch nur einmal fruchtende und dann absterbende Pflanzen nennt man hapaxanth oder monokarpisch. Man kann sie unter anderem auch daran erkennen, daß, wenn an einer Stelle mehrere Exemplare derselben Art wachsen, gewöhnlich jüngere von verschiedener Größe, nur Blätter in verschiedener Anzahl tragende vorhanden sind, ferner blühende und abgestorbene, so daß nicht der ganze jahrelang dauernde Entwicklungsgang an einem Exemplar beobachtet werden muß.

Unter den kleineren Holzgewächsen, Blattsukkulenten und unter den nicht holzigen Pflanzen ist diese Erscheinung, die Einmalblüherei, häufiger.

Auch bei den höchsten Hochstammpalmen ist in der Jugend der Stamm eine Zeitlang so kurz, daß er wenig aus der Erde hervortritt und von der Basis der Blätter vollständig verdeckt wird, so daß in diesem Stadium jede Hochstammpalme „stammlos“ erscheint.

Buschpalmen (Fieder- und Fächerpalmen): Es gibt aber auch Palmen, bei denen der Stamm zeitlebens unterirdisch bleibt, also einen Wurzelstock bildet, der Blätter treibt.[2] Man nennt sie Busch-

---

[1] Angeblich der höchste unter allen Pflanzen, bis 14 m hoch, die untersten Äste 6 m lang.

[2] Das unterirdische Organ der meisten Palmen besteht aus zahlreichen, aber nicht sehr langen und verhältnismäßig dünnen Wurzeln, welche von der verdickten und an der Unterfläche gewölbten Stammbasis ausgehen. Sie treiben keine Blätter, was ja echte Wurzeln nie tun (vgl. S. 43).

palmen; sie können Fieder- oder Fächerpalmen sein. Beispiele für erstere sind: Die Nipapalme der indo-malaiischen Mangrove und die kleine Steinnußpalme und die große Steinnußpalme des nördlichen Südamerika und die hapaxanthe (Echte) Sagopalme, welche in Melanesien beheimatet ist (S. 223), haben einen sehr kurz bleibenden oberirdischen Stamm. Die westmediterrane Zwergpalme, die einzige in Europa heimische Palme, eine Fächerpalme, erscheint gewöhnlich als Buschpalme und entwickelt meist nur in Gärten einen einige Meter hohen Stamm. Sie geht am weitesten nach Norden, gedeiht auch noch in Istrien im Freien.

Den fiederblättrigen Hochstammpalmen habituell sehr ähnlich ist die Farnpalmen- oder Zykadeen-Form, die sich mit der Sippe der Farnpalmen [6] vollständig deckt. Der Stamm ist, bei vielen Arten nur in der Jugend, manchmal fast kugelig, meist aber schlank-zylindrisch, bis fast 20 m hoch und mit Blattresten oder Blattnarben dicht bedeckt. Mehrstämmigkeit kommt auch hier gelegentlich vor (vgl. S. 146). Die Blätter sind, wie erwähnt, fiederteilig, aber viel derber als diejenigen der Fiederpalmen;[1] daran sind die Zykadeen von letzteren meist leicht zu unterscheiden. Ferner sind die Abschnitte der Blätter schon im Jugendstadium vollständig voneinander getrennt und jeder (sowie auch das ganze Blatt) kann an der Spitze eingerollt sein.[2] Die Blüten haben mit denen der Palmen nicht die geringste Ähnlichkeit; sie haben fast immer die Form von Zapfen, die eine sehr bedeutende Größe (50 bis 60 cm) erreichen können und zwischen den Blättern sitzen. Die Zykadeen weisen daher bezüglich ihrer Verwandtschaft trotz Verschiedenheit des Aussehens auf die Nadelhölzer [8]. Ihre Heimat sind die Tropen; in Südjapan kommen sie auch in den Subtropen vor.

Die Vegetationsform der Baumfarne setzt sich aus Angehörigen mehrerer Familien der Ordnung der eigentlichen Farne [4] zusammen. Der Stamm ist fast immer unverzweigt, schlank-zylindrisch, bis 20 m hoch und mit verschieden gestalteten Blattnarben bedeckt, zwischen denen oft Luftwurzeln und trockenhäutige Schuppen einen Filz bilden, der manchmal die unteren Stammteile wie ein dicker Pelz einhüllt. Die Blätter haben die bekannte Form derjenigen der Farnkräuter unserer Wälder, sind aber meist viel größer und zeigen im Jugend-

---

[1] Die „Palmzweige" sind stets Blätter, und zwar bei uns meist von Zykadeen.

[2] Das ist bei den Farnen ebenfalls der Fall (S. 149); daher und wegen der sonstigen Ähnlichkeit mit Baumfarnen werden die Zykadeen auch Farnpalmen genannt. Eine andere Bezeichnung für sie ist „Sagopalmen" — ein Name, der über das Aussehen nichts aussagt, der auch deshalb lieber zu vermeiden ist, da es eine habituell auch mit ihnen wenig ähnliche, echte Palme gibt, aus deren Mark Sago bereitet wird (s. oben).

stadium die bei den Zykadeen beschriebene Einrollung des ganzen Blattes und der einzelnen Abschnitte sehr deutlich. Die Baumfarne bewohnen hauptsächlich die kühleren Teile der tropischen sowie die subtropischen und temperierten Regenwälder. An den Hängen der tropischen Gebirge wachsen sie vornehmlich in jenen Höhen, die wochenlang in Nebel gehüllt sind, der alles durchnäßt. Frostfreiheit und hohe Luftfeuchtigkeit sind ihnen unerläßliche Lebensbedingungen. Daher können sie z. B. auf der Südinsel von Neuseeland nicht weit vom Rande der tief herabreichenden Gletscherzungen noch existieren.[1]

Eine von allen übrigen stark abweichende Vegetationsform ist die Ravenala-Form, die nur durch *R. madagascariensis* vertreten wird, einen zu den Bananen [123] gehörigen, in Madagaskar heimischen Baum mit einem bis 5 m hohen Stamm und mit sehr großen, zungenförmigen, zweizeilig und daher in eine Ebene gestellten Blättern.[2]

Zu den nächsten drei Vegetationsformen (Drachen-, Gras- und Schraubenbäume) gehören Schopfbäume mit einem Stamm, der mit Blattresten oder Blattnarben bedeckt ist und schmale, parallelnervige Blätter hat.

Bei der Drachenbaum-Form sind die Blätter kurz und schwertförmig. Diese Vegetationsform ist in den Tropen und Subtropen der Alten Welt und Amerikas, und zwar namentlich in Trockengebieten, vertreten durch eine Anzahl zu den Liliengewächsen [113] gehöriger Gattun-

Abb. 40. Unverzweigtes, zirka 3 m hohes, junges Bäumchen (ein Hülsenfrüchtler [51]) mit etwa 1 m langen, doppelt-paarig gefiederten Blättern. Rio de Janeiro. (Original.)

gen. Die Arten der Drachenbäume erreichen, wie bereits S. 110 erwähnt wurde, mitunter eine sehr bedeutende Größe (namentlich Dicke) und ein

---

[1] Junge, noch unverzweigte Exemplare mancher baumförmigen Hülsenfrüchtler mit großen, doppeltgefiederten Blättern und verhältnismäßig kleinen Blättchen sehen Baumfarnen oft recht ähnlich. Vgl. Mimosen-Form, S. 131, Anm. (Abb. 40).

[2] Seinen sonderbaren Namen „Baum der Reisenden" hat der Baum, weil das Regenwasser, das sich in den Blattachseln sammelt, auf Grund eines Reiseberichtes für gut trinkbar und daher für Reisende willkommen gehalten wurde. Da sich jedoch in den Tropen in derlei immerhin doch sehr warmen, kleinen Wasseransammlungen recht zahlreiche Lebewesen einzufinden und auch darin zu verwesen pflegen, so beruht diese Ansicht wohl auf einem Irrtum.

Abb. 41. Alter Kanarischer Drachenbaum [113] auf Tenerife. (Nach einer Photographie.)

Abb. 42. Australische Grasbäume [113]. Links *Xanthorrhoea*, rechts *Kingia*. (Nach H. EICHHORN.)

hohes Alter (Kanarischer Drachenbaum); in diesem Fall löst sich der Stamm in zahlreiche, dichtgedrängte Äste auf (Abb. 41). Drachenbäume und verwandte Gattungen bewohnen einen großen Teil von Afrika und verbreiten sich von da über Ostindien und den Malaiischen Archipel bis Polynesien und Neuseeland.

In den Trockengebieten Nordamerikas ist die Drachenbaum-Form durch die Palmlilie und einige andere Gattungen vertreten, die sich zum Teil durch große, auffallende, in großen Blütenständen stehende Blüten auszeichnen.

Die zur Grasbaum-Form gehörigen Arten [113] haben einen niedrigen, einfachen oder wenig verzweigten Stamm und sehr schmale, lange, oft überhängende Blätter von derber Beschaffenheit. Sie sind in den Trockengebieten Nordamerikas durch die Gattung *Dasylirion* u. a. vertreten, bei der die Blätter am Rande stachelig gezähnt sind, in den lichten Gehölzen und savannenartigen Landschaften Australiens durch die „Grasbäume" (Abb. 42) (*Xanthorrhoea* mit sehr langen, *Kingia* mit kugelförmigen Blütenständen).

Die Schraubenbaum-Form deckt sich mit der Gattung Schraubenbaum [129]. Der Stamm ist mittelhoch, einfach oder wenig verzweigt, nach unten oft stark verjüngt und durch schief verlaufende Stelzwurzeln gestützt. Die Blätter sind meist auffällig schraubig gestellt, sehr lang und daher überhängend, schmal, der Länge nach gefaltet und am Rande oft scharf gezähnt. Die Früchte sind bis kopfgroß und aus zahlreichen Teilfrüchten zusammengesetzt. Die Schraubenbäume bewohnen die tropischen Küstengebiete um den Indischen Ozean und sind von hier aus bis Polynesien verbreitet (Abb. 43).

Zu der Vegetationsform der Stangenbäume rechnen wir kleine, manchmal nur 1 m hohe Schopfbäume mit einfachem oder nur wenig verzweigtem Stamm und manchmal nur kleinfingerdicken, dünnen Zweigen und länglichen bis elliptischen, bogen- oder fiedernervigen Blättern. Diese Vegetationsform umfaßt Vertreter

Abb. 43. Ein Schraubenbaum (*Pandanus* [129]), kultiviert auf Ceylon. (Nach käuflicher Photographie.)

Abb. 44. Krone eines Imba-uba-Baumes [15]. Blätter zirka $^1/_2$ m im Durchmesser (unterseits grün, bei anderen Arten weiß). Urwald im höher gelegenen Land am unteren Amazonas. (Original.)

Abb. 45. F r a i l e j o n [108], bis 3 m hoch, in der Ost-
kordillere von Kolumbien, 3000 bis 4000 m. (Phot.
W. HELLMICH. Der Bergsteiger, XI, S. 93.)

Abb. 46. Baumförmige Wolfsmilch [27], etwa 3 m hoch auf
der Adria-Insel Pelagosa grande. Beblättert. (Phot. J. SCHILLER.)

verschiedener Familien, auch einige mit *Dracaena* verwandte Liliazeen.

Sind die Blätter handförmig geteilt und handnervig, so liegt die im übrigen mit den Stangenbäumen übereinstimmende Melonenbaum-Form vor. Beispiele: der im tropischen Amerika heimische und auch sonst in den Tropen und Subtropen als Obstbaum kultivierte Melonenbaum [44]; ferner die Imba-uba-Bäume [15], die S. 48 in anderem Zusammenhang erwähnt worden sind (Abb. 44).

Zur Riesensenecio-Form gehören Bäume aus zwei Gattungen der Korbblütler [108], einer der artenreichsten (12000 bis 15000 Arten) Familien des Pflanzenreiches, die etwa ein Zehntel aller Blütenpflanzen umfaßt. Die Angehörigen dieser Vegetationsform erreichen eine Höhe bis 7 m und sind einfach oder wenig verzweigt, mit kurzen Ästen, die wie die oberen Teile der Stämme meist mit einem dicken Pelz von Blattresten bedeckt sind und dadurch noch dicker erscheinen. Die Blätter sind schmal bis elliptisch, bis über $^1/_2$ m lang und fiedernervig. Die großen gelben Blütenköpfchen stehen in blattachselständigen Blütenständen. Etwa zehn Arten dieser Vegetationsform gehören zu der Gattung *Senecio*, der größten Korbblütlergattung (etwa 1200 bis 1500 Arten von verschiedenstem Habitus). Diese Senecio-Arten bewohnen Höhen von 3000 bis 4000 m in den Gebirgen des tropischen Ostafrika (außer Abessinien), und zwar sind die meisten Arten auf ein Gebirge beschränkt. Einige Arten der nur in den tropischen Anden wachsenden und mit *Senecio* nicht näher verwandten Korbblütlergattung *Espeletia* ähneln im Habitus den Riesensenecionen Afrikas sehr, sind aber meist unverzweigt; die Blätter der größten Art sind silberglänzend und außergewöhnlich dickwollig. Ihr einheimischer Name ist „Frailejon", d. h. Riesenmönch, vom spanischen fraile, d. h. Mönch (Abb. 45). Ein annehmbarer deutscher Name für die afrikanischen (und andinen) Arten dieser Vegetationsform wäre „Gespensterbäume". *Espeletia* bewohnt ebenfalls Höhen von 3000 bis 4000 m.

Zu einer eigenen Vegetationsform, den strauchähnlichen Schopfbäumen oder Federbuschbäumen kann man niedrige Bäume mit mehr oder we-

Abb. 47. Eine Riesen-Lobelie (Kerzenbaum) [107] aus dem tropisch-afrikanischen Hochgebirge. (Phot. V. SELLA.)

niger kurzem Stamm rechnen, der sich in geringer Entfernung vom Boden in Äste auflöst und ziemlich reich verzweigt ist, so daß die ganze Pflanze sich oft mehr in die Breite als in die Höhe entwickelt. Die Blätter sind häufig mittelgroß, schmal bis elliptisch, fiedernervig und zu kurzen Büscheln vereinigt. Hierher gehören Angehörige verschiedener Familien, die besonders auf subtropischen Inselgruppen (Kanaren, Juan Fernandez) einen bemerkenswerten Teil der Flora bilden. Einige, z. B. die 3 bis 4 m hohe Baumförmige Wolfsmilch [27], gedeihen schon in den wärmeren Mittelmeerländern (Abb. 46).

Pflanzengeographisch schließen sich an die afrikanischen Riesensenecionen Angehörige der Riesen-Lobelien-Form oder Kerzenbäume (Abb. 47). Der mit Blattnarben bedeckte Stamm ist stets unverzweigt und entwickelt eine Zeitlang nur schmale Blätter, dann erst einen endständigen, sehr großen zylindrischen oder spindelförmigen, sehr reichblütigen Blütenstand, der so lang wird, daß die blühende Pflanze 8 m Höhe erreichen kann. Nach einmaligem Blühen stirbt die Pflanze ab. Etwa zwanzig Arten dieser Vegetationsform gehören zur Gattung *Lobelia* [107]. Sie bewohnen hauptsächlich die Hochgebirge des tropischen Afrika zwischen 560 und 4300 m. Zwei Arten wachsen auch in Abessinien, je eine im Gebirge von Kamerum und Fernando Poo. In den Anden von Peru und Bolivien ist die Vegetationsform durch eine systematisch gar nicht verwandte Pflanze aus der Familie der Ananasgewächse [118], *Pourretia gigantea*, vertreten, die in blühendem Zustand bis 8 m hoch werden kann (Mitteilung von Carl Troll).

2. Sträucher.

Die Sträucher besitzen keinen ausgesprochenen oberirdischen Hauptstamm, sondern aus dem unterirdischen Organ entspringen, und zwar nach und nach einander ersetzend, mehrere ungefähr gleich starke Stämme. Dadurch entsteht die bekannte Vegetationsform, die man auch Busch,[1] und wenn in Mehrzahl vorhanden, Gebüsch nennt. Im gewöhnlichen Leben rechnet man zu den Sträuchern auch niedrige, mehr in die Breite als in die Höhe entwickelte Holzgewächse, auch wenn sie einen deutlichen Hauptstamm haben, wofern sich dieser schon an der Erdoberfläche oder in geringer Entfernung davon in Äste auflöst. Trotz habitueller Ähnlichkeit mit den echten Sträuchern handelt es sich hier um eine besondere Form von Bäumen, die daher in unserer Darstellung auch unter den Bäumen als „strauchähnliche Wipfelbäume" (S. 114) und „strauchähnliche Schopfbäume" (S. 153) behandelt worden sind.

α) **Aststräucher.** Die meisten Sträucher gehören zu den Aststräuchern, die sich durch reiche Verzweigung und zahlreiche, verhältnismäßig kleine Blätter auszeichnen.[2] Die meisten Aststräucher haben langlebige Stämme. Man kann auch hier unterscheiden: Flachblattsträucher oder Laubsträucher und unter diesen immergrüne, wintergrüne und periodisch kahle (sommer- und regengrüne); unter den immergrünen (oft grau- oder weißblättrigen) sind die Hartlaubsträucher besonders artenreich und landschaftlich bedeutungsvoll.

Nadelblattsträucher, Schuppenblattsträucher und ericoide

---

[1] Mit „Busch" wird in Beschreibungen minder kultivierter Länder oft jede Art von Gehölz (etwa mit Ausnahme von Hochwäldern) bezeichnet, wobei der Begriff des Wilden, Ursprünglichen, Verlassenen mitläuft (Buschmänner).

[2] Sie entsprechen den Wipfelbäumen, und vieles, was dort gesagt worden ist, gilt auch von den Sträuchern und braucht hier nicht wiederholt zu werden.

Sträucher sind wohl stets immergrün; namentlich die letzteren sind von großer landschaftlicher Wichtigkeit (nordwestdeutsche Heide) und in manchen Gebieten (Kapland) überaus artenreich (vgl. S. 140).

Die Rutensträucher haben wie die Rutenbäume (S. 140) dünne, ruten- oder gertenförmige, meist steif aufrechte Zweige, die drehrund oder kantig, bisweilen der Länge nach gefurcht sind und manchmal Dornen tragen. Die Rinde der Zweige ist sehr reich an Chlorophyll und auch an älteren Zweigen nicht mit einer Korkhaut bedeckt; daher sind die Zweige lange Zeit grün und fähig, die Assimilationsarbeit der Blätter zu ergänzen oder zu ersetzen. Diese sind nämlich in verschiedenem Grade reduziert: in geringer Zahl vorhanden oder klein, oder sie werden bald abgestoßen oder haben mehrere dieser Eigenschaften gleichzeitig. Rutensträucher sehen daher, namentlich wenn sie blattlos sind, wie Besen aus. Die meisten gehören zur Familie der Schmetterlingsblütler [51] und bilden die „Ginster-Form". Die Blüten sind meist gelb (seltener weiß), oft zahlreich und groß, weshalb blühende Ginstergebüsche landschaftlich überaus auffallend sind. Ein Hauptverbreitungsgebiet ist Südwesteuropa, namentlich Spanien, wo die Ginster „retama" heißen.

Auch bei den Dornsträuchern können die Blätter reduziert sein. Die Dornen entsprechen oft Zweigen, die auch Blätter oder Blüten tragen können (Beispiel: Schwarz- oder Schlehdorn [50]); in anderen Fällen sind es umgewandelte Blätter (Beispiel: Sauerdorn oder Berberitze [32]).

Von Kleinsträuchern spricht man, wenn sie nicht höher als etwa 1 m, von Zwergsträuchern, wenn sie nicht höher als etwa $^1/_2$ m sind. Beispiele von Kleinsträuchern: mehrere Schmetterlingsblütler [51]; Zistrosen [40]; Alpenrosen [83]; Rosmarin [94]. Beispiele von Zwergsträuchern: einige Weiden [14] der höheren Lagen in den Alpen, Karpaten usw.; Ginsterarten [51]; Seidelbast [52]; Steinröslein [52]; ferner einige immergrüne Heidegewächse [83]: Besenheide (im Spätsommer lila blühend), Frühlingsheidekraut (im Frühlung rosa blühend), Preißelbeere; die sommergrüne Heidelbeere.

Sehr niedrige Sträucher, deren Verzweigungen größtenteils an den Boden gedrückt, ja bisweilen im Boden vergraben oder von benachbarten Moosen, Polsterpflanzen usw. überwuchert sind oder Steine gitterartig bedecken, nennt man Spalier- oder Teppichsträucher. Hierher eine Anzahl die Arktis und die eurasiatischen Gebirge oberhalb der Baumgrenze bewohnende Weidenarten [14]; ferner die im genannten Gebiet weitverbreitete Gemsenheide oder Alpenazalee [83].[1]

---

[1] Als „Azaleen" werden im gewöhnlichen Leben und von den Gärtnern einige häufig kultivierte, meist immergrüne, schön blühende Holzgewächse aus der Familie der Heidegewächse bezeichnet. „Azalee" schlechtweg ist das in Ostasien heimische *Rhododendron indicum.* Eine systematische Gattung „*Azalea*" gibt es nicht. Vielmehr gehören alle oft so genannten Pflanzen zur

In dieselbe Familie [83] gehören auch die etwa 15 Arten der Gattung „Andenrose", die in den Gebirgen von Mexiko bis Peru vorkommen und als schön blühende Sträucher oder kleine Bäume (bis 3 m hoch) landschaftlich die Rhododendren der eurasiatischen Hochgebirge ersetzen.

Anhang. Die Mistel-Form ist zunächst durch den Standort und die Lebensweise charakterisiert. Die Misteln wachsen nämlich auf anderen Holzgewächsen, in deren Holz sie ihre eigentümlich gestalteten Wurzeln versenken, um Anschluß an die Wasserleitung ihrer Wirtspflanzen zu gewinnen. Es sind also Schmarotzer, die aber Chlorophyll besitzen, weshalb man sie zu den „Halbschmarotzern" rechnet. Sie bilden meist kugelige Büsche[1] mit sehr reicher, wiederholt gabeliger Verzweigung und gegenständigen, schmalen bis elliptischen, ganzrandigen Blättern; durch ihre Gestalt, ihre reiche Verzweigung, auch durch die Farbe ihres Laubes sowie dadurch, daß sie bisweilen immergrün sind, während der Baum, der sie trägt, winterkahl ist, können sie sich von ihren Wirtspflanzen schon von ferne abheben. Viele tropische Arten haben große, hochrote Blüten und sind auch dadurch sehr auffallend. Die Mistel-Form deckt sich mit der Familie der Mistelgewächse [21]. Bei uns ist sie durch zwei Gattungen mit vier Arten vertreten: die sommergrüne, nur auf Eichen schmarotzende Riemenmistel, aus der man früher den Vogelleim bereitete, und die immergrünen eigentlichen Mistelarten, die auf Tannen, Fichten und Föhren, ferner auf fast allen heimischen Laubhölzern (namentlich Pappeln und Obstbäumen, aber nie auf Eichen) wachsen. Die Misteln erreichen natürlich lange nicht das Alter ihrer Wirtsbäume, denen sie übrigens nicht erheblich schaden. Letztere bilden um die Basis des Schmarotzers oft Wucherungen von Keulen- oder kugeliger Form, die übrigbleiben, wenn die Mistel längst tot und aus der Vertiefung dieser Wucherungen herausgefallen ist; letztere stellen, namentlich wenn der Wirtsbaum entblättert ist, sehr auffallende Gebilde dar. Einige Loranthazeenarten haben sehr kleine, schuppenförmige Blätter.

Hexenbesen. Habituell gehören die sogenannten „Hexenbesen" hierher, welche auf Ästen verschiedener Laub- und Nadelhölzer sitzen und etwas struppige, reich verästelte und mit etwas verkümmerten Blättern dicht besetzte Gebilde darstellen. Manche von ihnen, z. B. der sehr häufige Hexenbesen unserer Tanne, entstehen dadurch, daß eine Knospe von einem parasitischen Pilz befallen wird. Alles, was aus dieser Knospe im Laufe der Jahre entsteht, bildet dann den Hexenbesen (Donnerbesen, Donnerbüsche). Von vielen solcher Hexenbesen ist aber die Ursache des Entstehens unbekannt. Wenn die Endknospe eines Baumes (namentlich Nadelbaumes) befallen oder verletzt wird, dann wird das Stammende so verändert, daß der Hexenbesen die Spitze krönt. Hexenbesen, die auf einen Parasiten zurückzuführen sind, können der Entstehungsursache nach zu den Gallen (S. 99) gerechnet werden.

Gattung *Rhododendron*, die auf vielen Gebirgen von Südspanien bis Neuguinea vertreten ist und in China etwa 500 Arten, in Europa nur 7 Arten zählt. Es sind Sträucher von verschiedener Größe, auch kleine Bäume.

[1] Ob die Mistel-Form nicht eher zu den strauchähnlichen Wipfelbäumen als zu den Aststräuchern gehört, bleibe dahingestellt. Hier ist sie unter letzteren angeführt, weil die Unterordnung unter den Begriff „Bäume" dem Sprachgebrauch sowohl des gewöhnlichen Lebens als auch der Botaniker doch zu sehr widersprechen würde.

Es wurde oben (S. 154) gesagt, daß die meisten Aststräucher langlebige Stämme haben. Die bisher angeführten Untergruppen der Aststräucher haben alle diese Eigenschaft. Es gibt aber auch solche, bei denen aus dem unterirdischen Organ alljährlich Triebe hervorkommen, die eine sehr kurze Lebensdauer haben; man nennt sie Schößlingsträucher. Zu ihnen gehören fast alle die sehr zahlreichen Arten Himbeer- und Brombeersträucher [50]; von ersteren gibt es in Mitteleuropa nur eine Art, von letzteren sind aus diesem Gebiet sehr zahlreiche (etwa 1500) Arten beschrieben. Der Unterschied zwischen den Früchten dieser Sträucher besteht nicht nur darin, daß die Himbeere in reifem Zustand rot ist, die Brombeere dagegen schwarz (manchmal blau bereift, selten rötlich), sondern auch darin, daß der Blütenboden, auf welchem die Teilfrüchtchen sitzen, bei ersterer trocken bleibt, weshalb sich diese leicht und vollständig von ihm ablösen läßt, bei den Brombeeren dagegen wird der Blütenboden weich und die Teilfrüchtchen lassen sich nur schwer von ihm trennen. Der Lebenslauf dieser Pflanzen ist gewöhnlich folgender: Aus dem unterirdischen Organ entwickeln sich alljährlich „Schößlinge", Triebe, die mit fast immer gefingerten Blättern besetzt sind und entweder mehr in die Höhe streben oder niedergestreckt sind; meist erreichen sie mit der Spitze den Boden, in den sie sich einwurzeln. Die Schößlingblätter fallen mit Beginn des Winters meist ab und im zweiten Jahr entspringen aus ihren Achseln Zweige, die meist einfachere Blätter sowie Blüten und Früchte tragen; am Ende der zweiten Vegetationsperiode sterben die Schößlinge meist ab, ihre Lebensdauer erstreckt sich also gewöhnlich nur über zwei Vegetationsperioden. An der Stelle, wo sie sich eingewurzelt haben, entspringt ein neuer Schößling, der denselben Lebenslauf hat wie der vom vorigen Jahr. Diese bogig wachsenden Schößlinge, oft in Reihen angeordnet, verleihen den Brombeergebüschen ein sehr charakteristisches Aussehen. Fast immer sind Achsen, Blattstiele und Blätter mit Stacheln besetzt.

Auch die Rosen [50] gehören zu den Schößlingsträuchern.

β) **Bambus-Form.** Diese Vegetationsform deckt sich mit der Unterfamilie „*Bambuseae*" der Echten Gräser [122]. Aus dem Wurzelstock sprießen in großer Zahl knotig gegliederte Halme hervor, die bis 40 m Höhe und bis 30 cm Durchmesser erreichen können und dann eigentlich Bäume vorstellen. Ihr Hohlraum ist an den Knoten durch Scheidewände unterbrochen. Ihr Wachstum ist oft außerordentlich rasch (bis fast 1 m in 24 Stunden; schneller wächst keine andere Pflanze). An den Knoten entspringen büschelweise Zweige, die gestielte, lanzettliche bis längliche, ganzrandige, parallelnervige Blätter tragen. Nicht alle Bambusen blühen jedes Jahr, ihre reichen Blütenstände erscheinen zum Teil in großen Zeitabständen, z. B. in einem Fall alle 32 Jahre, und zwar häufig an den

Stöcken einer Gegend gleichzeitig, worauf allgemeine Entblätterung und Nachwachsen stattfindet. Die Bambusen bewohnen in etwa 200 Arten, davon 150 in Asien, vor allem die tropischen und subtropischen Gebiete der ganzen Erde und bilden oft ausgedehnte Bestände (Bambuswälder), namentlich in Gebirgslagen; sie reichen z. B. im Himalaja bis 3400 m, in Südbrasilien bis 2500 m in 1 bis 2 m hohen Arten, in den tropischen Anden bis zur Schneegrenze. Am artenreichsten sind sie in Südasien vertreten; in Ostasien dringen sie bis weit in die gemäßigten Gebiete (50° n. Br.) vor.

γ) **Rohrpalmen-Form.** Es gibt auch strauchartig wachsende Pflanzen mit unverzweigten Stämmen und wenigen, verhältnismäßig großen Blättern, die demnach den Schopfbäumen entsprechen; sie bilden die Vegetationsform der Rohrpalmen, bei denen aus dem Wurzelstock viele dünne, nicht sehr hohe Stämme hervorkommen, deren Blätter nicht zu einer Krone gehäuft sind, sondern locker stehen. Die Rohrpalmen (Fächerpalmen) bilden wegen ihrer Wachstumsart Palmgebüsche. Sie gehören zur Familie der Palmen [126].

3. Welwitschia-Form.

Welwitschia mirabilis ist der einzige Repräsentant einer Vegetationsform (*Welwitschia*-Form), die von allen anderen Pflanzen vollkommen verschieden ist; auch im System steht die Pflanze so isoliert da, daß sie als einziger Vertreter einer eigenen Familie, der *Gnetinae* [9], betrachtet wird. Sie hat eine lange Pfahlwurzel; der Stamm ist sehr kurz, dick, verkehrt kegelstutzförmig, also unten viel dünner als oben, wo er von einer runden, in der Mitte vertieften Fläche, die bis 4 m im Umfang mißt, abgeschlossen wird. Im Alter ist er oft unregelmäßig zerklüftet (Abb. 48).

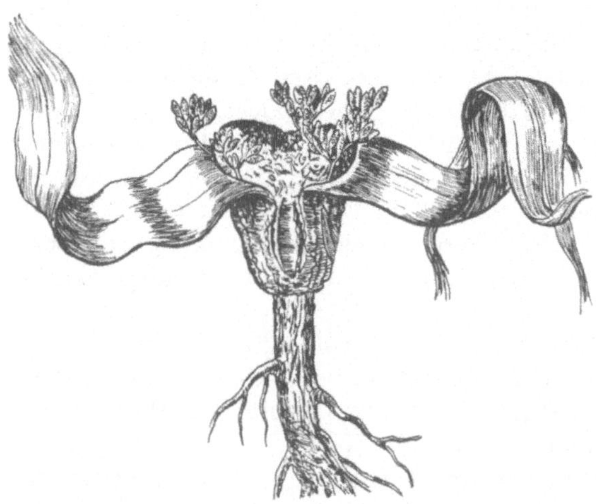

Abb. 48. *Welwitschia mirabilis* [9] in Blüte. Stark verkleinert. (Nach HOOKER.)

Die Pflanze entwickelt zeitlebens nur zwei Blätter, die (gegenständig) am Rande der erwähnten Fläche entspringen, bis 3 m lang und riemenförmig sind, dem Boden aufliegen und am Grunde viele Jahre weiterwachsen, während sie an der Spitze vertrocknen und in bandförmige

Streifen zerreißen. Am Rande der Fläche des Stammes entspringen auch die Blüten, deren zapfenförmige Gestalt auf Verwandtschaft mit den Nadelhölzern und mit den Zykadeen hinweist. *Welwitschia mirabilis* ist in der südwestafrikanischen Küstenwüste (Namib) endemisch.

b) Lianen.

Viele Pflanzen haben einen Stamm oder Stengel, der im Vergleich zu seiner Länge sehr dünn, daher zu schwach ist, um allein aufrecht zu stehen, vielmehr hierzu einer Stütze bedarf, die meist ein Stamm (Stengel) einer anderen benachbarten Pflanze, seltener ein Felsen (bei kultivierten Pflanzen eine Stange, eine Mauer, ein Spalier, ein Zaun oder dgl.) ist. Solche Pflanzen nennt man Lianen oder Kletterpflanzen (im gewöhnlichen Leben etwas ungenau Schlingpflanzen). Sie wachsen meist im dichten Gewirr anderer Pflanzen, namentlich in Wäldern; ihrer Fähigkeit zu klettern, welche meist auf dem Besitz besonderer Klettereinrichtungen beruht, ermöglicht es ihnen, so weit hinaufzukommen, daß ihren Blättern die zur Assimilation notwendige Lichtmenge zur Verfügung steht.

Man kann die Lianen nach zwei Gesichtspunkten einteilen: nach der Beschaffenheit und Lebensdauer des Stammes und nach den Klettereinrichtungen.

Abb. 49. Rankende Holzliane mit wellenförmigem Stamm („Affenstiege") [51 b]. Unterer Amazonas. (Original.)

Nach dem erstgenannten Gesichtspunkt unterscheidet man 1. *Holzlianen* und 2. *Krautlianen*. Bei ersteren ist der Stamm holzig, daher zur Erreichung oft sehr bedeutender Dimensionen und eines höheren Alters befähigt. Er ist gewöhnlich rund, nicht selten aber durch Längsfurchen zerklüftet; manchmal besteht er wie ein Seil aus mehreren dünnen, zylindrischen Strängen. Bei den „Affenstiegen" oder „Schildkrötenstiegen" (Abb. 49) (Arten der tropisch-amerikanischen Schmetterlingsblütler-Gattung *Bauhinia* [51]) ist der Stamm abgeflacht (bis 26 cm breit bei einer Dicke von 5 cm) und das Mittelfeld zeigt abwechselnd Auswölbungen und Vertiefungen (Abb. 50). Nach der Lebensdauer der Blätter kann man immergrüne und periodisch kahle Holzlianen unterscheiden. Die Verzweigung des Stammes ist sehr verschieden, kann aber sehr reich sein. Bei den Krautlianen verholzt der Stengel nicht, er ist „krautig“, erreicht daher nur geringe Länge und Dicke und lebt meist nur eine Vegetationsperiode. Das unterirdische Organ kann dabei jahrelang ausdauern oder nach einmaliger Entwicklung oberirdischer Stengel ebenfalls absterben.

Nach den Klettereinrichtungen teilt man die Lianen in vier Gruppen ein.

1. Spreizklimmer. Viele davon, namentlich krautige, arbeiten sich dadurch in die Höhe, daß sie durch Lücken im Bestand niedriger Pflanzen

Abb. 50. Zerklüfteter und gewundener Stamm einer riesigen Liane. Unterer Amazonas. (Original.)

wachsen und mit waagrecht abstehenden Zweigen oder Blättern, die auf benachbarten Pflanzen ruhen, die einmal erreichte Höhe sichern; sie haben also im einfachsten Fall überhaupt keine besonders ausgestalteten Klettereinrichtungen, als höchstens Borsten oder Stachelchen am Stengel. Zu den Spreizklimmern gehören auch die Geißelklimmer, zu denen die Kletterpalmen [126] zu rechnen sind.

2. Wurzelkletterer. Der Stamm treibt an der der Stütze zugekehrten Seite kurze, oft in großer Zahl gruppenweise angeordnete Wurzeln, die sich mittels eines eintrocknenden Sekretes an der Stütze festhaften (Abb. 51).

3. Windende Lianen. Der Stamm wächst in Form einer steilen Spirale, und zwar auch dann, wenn er keine Stütze erlangt hat, also

z. B. auf dem Boden liegt; das Winden ist also eine Form des Wachstums auf Grund der inneren Organisation, ohne äußere Veranlassung. Aufrechte oder schwach geneigte Stützen werden bevorzugt. Nach der Richtung der Spirale unterscheidet man rechts- und linkswindende Lianen, ersteres ist häufiger; meist ist die Richtung des Windens für eine bestimmte Art Liane charakteristisch, selten kommen beide Richtungen bei einer und derselben Pflanze vor.

4. Rankende Lianen und Hakenkletterer. Bei diesen Gruppen sind bestimmte Organe oder Teile von solchen (Zweige, Blütenstände oder Teile davon, ganze Blätter, namentlich zusammengesetzte Enden von Blättern) als Klettereinrichtungen ausgebildet. Die eigentlichen Ranken (Wikkelranken) sind Organe, die, solange sie keine Stütze erreicht haben, gerade oder leicht gekrümmt in die Luft wachsen und nun langsame, kreisende Bewegungen machen. Erst wenn sie mit einem geeigneten Gegenstand, der im allgemeinen irgendein Pflanzenteil ist, in Be-

Abb. 51. Zwei wurzelkletternde Lianen an einem flechtenbedeckten Stamm. Pará. (Original.)

rührung kommen, umwachsen sie denselben in einer engen Spirale, und zugleich nimmt auch der in der Luft verbliebene mittlere Teil der Ranke die Form einer engen Spirale an und bildet so eine sehr elastische Verbindung zwischen Stütze und Liane. Damit eine Ranke die Form einer Spirale bekommt, ist also ein Berührungsreiz, eine äußere Veranlassung nötig. Ranken können auch verzweigt sein und jede der in diesem Falle kürzeren Verzweigungen trägt dann oft eine Haftscheibe, die sich mittels eines Sekretes an der Unterlage festhält (Haftranken).

Die Kletterhaken sind kurz, kräftig, bilden auch kurze Spiralen um die Stütze, verholzen und zeigen Dickenwachstum.

Nun sollen einige wichtige Beispiele von Lianen genannt werden.

1. Holzlianen.

Spreizklimmer. Die Kletter- oder Rotangpalmen sind Fiederpalmen [126], deren Stamm[1] bei sehr geringer Dicke 200 bis 300 m lang werden kann (es werden auch Längen von 370 bis 550 m angegeben) und damit denjenigen jeder anderen Landpflanze an Länge übertrifft (S. 110). Die Blätter bilden keine geschlossene Krone, sondern stehen in großen Abständen voneinander. Ihre schlanken, gertenförmigen Spitzenteile sind die Kletterorgane („Geißeln"). Die Blattfiedern derselben sind in harte, abstehende Gebilde umgewandelt (so bei der Gattung *Desmoncus*) oder sie sind mit zahlreichen Stachelkränzen besetzt (bei *Calamus*); bei dieser Gattung kommt es auch vor, daß einige Blätter normal ausgebildet, andere der ganzen Länge nach in Geißeln verwandelt sind. Die Kletterpalmen bewohnen die tropischen Regenwälder, und zwar *Desmoncus* in Amerika, *Calamus* in zahlreichen Arten in Südasien. Überall bilden sie schwer passierbare Dickichte und das Eindringen in dieselben ist wegen der überaus „anhänglichen" Geißeln mit ihren scharfen Stachelbildungen auch nicht ungefährlich.

Auch Bambusen (S. 157) treten z. B. in Gebirgswäldern von Südbrasilien als Lianen auf, und zwar als Spreizklimmer mit sternförmig abstehenden, steifen Ästen.

Wurzelkletterer. Als Beispiel sei der in Mittel- und Südeuropa in Laubwäldern verbreitete Efeu genannt. Seine immergrünen Blätter sind von zweierlei Gestalt: die an die Unterlage angedrückten sind fünflappig, die der abstehenden, blütentragenden Äste eiförmig; letztere treten erst bei älteren Exemplaren auf. Zweigestaltigkeit der Blätter ist bei wurzelkletternden Lianen nicht selten. Eine tropische wurzelkletternde Liane mit großen, grünlichweißen Blüten ist die Echte Vanille [125], heimisch im östlichen Mexiko, deren Früchte das bekannte Gewürz liefern.

Windende Holzlianen. In Mitteleuropa heimisch sind mehrere Arten der Gattung *Lonicera* [102], deren kletternde Arten Geißblatt genannt werden und nach links winden.

Rankende Holzlianen. Von Arten mit Wickelranken, die in Mitteleurpoa heimisch sind oder häufig im Freien kultiviert werden, seien einige erwähnt. Einheimisch der Waldweinstock [78], der sich vom kultivierten, Edlen Weinstock,[2] mit dem er sehr nahe verwandt ist, hauptsächlich durch kleine, saftarme, sehr saure Beeren unterscheidet.

---

[1] „Spanisches Rohr".

[2] Der Edle Weinstock repräsentiert sich als Liane, also in seiner ursprünglichen Gestalt mit langem Stamm nur, wenn er am Spalier oder in einer Laube gezogen wird. Meist werden jedoch die Triebe in einer bestimmten Weise gestutzt, so daß die in Weingärten kultivierte Pflanze einen kurzen, relativ dicken, knorrigen Stamm zeigt.

(Heimisch im wärmeren Mitteleuropa, in Südeuropa und Vorderasien.) Beide haben fünflappige Blätter. — Aus dem Laubwaldgebiet des östlichen Nordamerika stammt der „Wilde Wein"; Blätter handförmig-fünfzählig. Aus dem kühleren Ostasien stammt die „Veitschie", die verzweigte Haftranken und zweierlei Blätter hat. — Die zuletzt erwähnten vier Lianen gehören zur Familie der Rebengewächse [78], ihre Ranken entsprechen Blütenständen oder Teilen von solchen.

Die Gattung *Clematis* [31] umfaßt größtenteils Holzlianen, die mit Blattstielranken klettern; bei uns einheimisch ist die Waldrebe.

Die Hauptmasse der Holzlianen hat ihre Heimat in den Regenwäldern der Tropen. Dort wachsen viele Arten aus den verschiedensten Familien. Sie bilden, die Bäume und oft einander als Stütze benützend, Dickichte, die das Haupthindernis für das Passieren dieser Wälder außerhalb der Wege sind; sie hängen wie Riesenvorhänge von den Bäumen herunter; einer Stütze beraubt, stürzen sie oft zu Boden und bilden dort gewaltige Schlingen. Da die Organe, nach denen eine genauere Bestimmung möglich wäre, Blätter und Blüten, meist nur hoch oben in den Baumkronen zur Entwicklung kommen, wo im Gegensatz zu dem gedämpften Licht des Waldgrundes Lichtfülle herrscht, wo im „Wald über dem Walde" ein reiches Pflanzen- und Tierleben sich entfaltet, so bleibt dem Geographen meist wohl nichts übrig als die wenigen Merkmale, die an den Stämmen der Lianen zu sehen sind, zu beobachten. (Übrigens gilt dies ja auch von den Bäumen.)

2. Krautlianen.

Die Spreizklimmer sind in Mitteleuropa durch einige sehr schwachstengelige Pflanzen vertreten, die namentlich in dem dichten Unterwuchs von Auen vorkommen, z. B. Arten der mit dem Waldmeister nahe verwandten Gattung Labkraut aus der Familie der Krappgewächse [101].

Wurzelkletterer. In den tropischen Regenwäldern gibt es Arongewächse [127] mit einem mehrjährigen, krautigen Stamm („Weichstamm"), der an den Knoten je eine Wurzel bildet, die unter einem an die Stütze angedrückten, ovalen Blatt verborgen ist. So klettern diese Stämme an Bäumen vertikal aufwärts, bilden dann Äste, die in die Luft hinauswachsen und größere und ganz anders gestaltete (fiederteilige) Blätter tragen. Dies ist z. B. bei der Gattung *Pothos* (tropisches Amerika) der Fall.

Windende Krautlianen. Hierher gehören: der Hopfen [16],[1] mehrere Arten der Gattung Bohne [51];[2] die Winden [85]. Von den genannten Pflanzen sind Bohnen und Winden rechtswindend, Hopfen linkswindend.

Isoliert durch Gestalt und Lebensweise stehen die Arten der Gattung „Seide" [85], die zu einer mit den *Convolvulaceae* sehr nahe verwandten

---

[1] Diese Art ist ausdauernd, der als Zierpflanze kultivierte Japanische Hopfen einjährig.

[2] In Österreich Fisole genannt; Heimat im tropischen Amerika.

Familie *(Cuscutaceae)* gehören und mit einer tropischen Pflanzengattung aus der Familie der Lorbeergewächse [30] die Vegetationsform der „*Cuscuta*-Form" bilden. Es sind wurzel-, chlorophyll- und blattlose Schmarotzer, deren dünner Stengel sich um andere Pflanzen (z. B. Lein, Klee) windet und von Warzen aus Saugorgane in diese entsendet. Die Wirtspflanzen werden getötet, und so entstehen auf den betreffenden Feldern oft große kahle oder von den Stengeln der Seide gelb gefärbte Flecken.

Rankende Krautlianen finden sich in der heimischen Pflanzenwelt namentlich unter den Schmetterlingsblütlern [51]. Beispiele: Wicken, Erbsen, Linse; hier sind Teile der (stets paarig gefiederten) Blätter als Ranken ausgebildet. Bei nachstehend angeführten Kürbisgewächsen [105] sind die Ranken der Hauptsache nach umgebildete Zweige: Gurke,[1] Zuckermelone,[1] Wassermelone,[2] Kürbisarten,[3] Flaschenkürbis.[1]

Bis auf die Gewächse der *Cuscuta*-Form sind die Lianen keine Schmarotzer, denn sie entnehmen ihren Stützpflanzen weder Wasser und Salze noch Stoffe, die aus diesen entstanden sind. Wenn sie ihren Stützpflanzen daher schaden, so kann dies durch windende Holzlianen höchstens so geschehen, daß deren eng anliegende Stammspirale das Dickenwachstum der Stütze behindert; mindestens liegt wegen der Überwallung durch erstere der Lianenstamm in einer tieferen Furche, so häufig bei den Geißblattarten. Auch können Lianen, namentlich wenn sie an kleinere und langsamer wachsende Bäume geraten, eine Krone ausbilden, welche diejenige des Baumes überwuchert und ihr das Licht raubt. Einige Lianen der Tropenwälder sind den Eingeborenen dadurch bekannt, daß, wenn man ein Stück des Stammes abschneidet, klares, kühles, keimfreies Wasser in Menge herausfließt. Eine indomalaiische Art führt daher den Namen Pflanzenquelle [77].

Nachtrag zu a und b.

Melastomazeen-Form.

Hierher gehören hauptsächlich Sträucher und krautige Gewächse (nur wenige Bäume oder Lianen) mit gegenständigen, fast immer ganzrandigen, lanzettlichen bis breitelliptischen Blättern, welche von 3 bis 11 (sehr häufig 5) Bogennerven der Länge nach durchzogen werden (Abb. 52). Zwischen diesen verlaufen sehr auffallende parallele Querbrücken. Unterseits sind die Blätter oft purpurn oder violett. Die Vegetationsform deckt sich beinahe mit der Familie der *Melastomataceae* [58] und ist ein wichtiger Bestandteil des Unterwuchses der tropischen Regenwälder namentlich Amerikas, wo die meisten von den nahezu 3000 Arten — als solche leicht erkenntlich — vorkommen.

---

[1] Heimat Südasien.
[2] Heimat Südafrika.
[3] Heimat wärmeres Amerika.

c) Baumwürger.

Im Publikum wird die Erscheinung des „Baumwürgers", der in Reisebeschreibungen aus tropischen Gebieten sehr häufig geschildert wird, mit den echten Epiphyten gerne in eine Reihe gestellt. Der Baumwürger ist durch seine Haftwurzeln, welche den Stamm des Stützbaumes immer stärker umklammern, imstande, dessen Dickenwachstum und die Stoffleitung in seinem Innern zu unterbinden, ja seine Rinde zu zer-

Abb. 52. Blätter von zwei Arten von Melastomazeen [58] aus Brasilien. Etwas verkleinert.
(Original. Phot. W. Vereby.)

quetschen und ihn so zu „erwürgen" (Abb. 53), d. h. zum Absterben zu bringen (weniger gefährdet sind Stämme ohne sekundäres Dickenwachstum, also besonders die der Palmen). Daß es sich aber hier nicht um echten Epiphytismus handelt, geht wohl daraus klar hervor, daß die Samen solcher Baumwürger zwar in feuchten, humusreichen Spalten der Rinde ihres Trägers keimen, daß die junge Pflanze eine Zeitlang von der dort vorhandenen Nahrung lebt, dann aber neben den als Haftorgane tätigen Wurzeln auch solche entwickelt, die dem Boden zu wachsen, schiffstauartig herabhängen und von dort aus die Pflanze ernähren. Das Gerüst („Gitterröhre") von Haft- und Nährwurzeln bleibt

oft noch bestehen, wenn die Wirtspflanze schon abgestorben und herausgefault ist. Zahlreiche Arten der Gattung *Ficus* [15] stellen solche
Baumwürger, die auch Würg- oder Mörderfeigen genannt werden. Sie
reihen sich ihrem Aussehen nach den Holzgewächsen unter den Nährwurzelepiphyten (S. 188) ein, werden aber physiologisch als Hemi- (Halb-)
Epiphyten zu bezeichnen sein.

Abb. 53. Baumwürgende Feige [15], deren Luftwurzeln eine Gitterröhre um einen Baum bilden.
Java. (Phot. O. WARBURG.)

d) Halbsträucher.

Vorgreifend sei bemerkt, daß im Gegensatz zu den Holzgewächsen bei
vielen Blütenpflanzen, besonders solchen von geringerer Größe, die
oberirdischen Achsen nicht verholzen und daher nicht befähigt
sind, mehrere Vegetationsperioden hindurch zu leben, sondern bald absterben. Die unterirdischen Organe dagegen können jahrelang
am Leben bleiben und in jeder Vegetationsperiode neue,
beblätterte und blühende Stengel treiben; solche Pflanzen werden
Stauden genannt. In anderen Fällen stirbt nach einmaligem Blühen
und Fruchten die ganze Pflanze, auch ihr unterirdischer Teil, ab;

solche Pflanzen heißen Kräuter; sie haben mit den Stauden das gemeinsam, daß bei ihnen eine Verholzung der oberirdischen Achsen nicht eintritt. Beide Gruppen, Stauden und Kräuter, werden im Gegensatz zu den Holzgewächsen zusammen als krautige Pflanzen bezeichnet.

Es gibt nun eine Anzahl ausdauernder Pflanzen, die auf den ersten Blick wie kleine Sträucher oder auch wie krautige Pflanzen aussehen, bei genauerer Untersuchung aber sich als ein Übergang von den Sträuchern zu den Stauden erweisen, indem bei ihnen die oberirdischen Achsen nicht ihrer ganzen Länge nach, sondern nur am Grunde eine längere oder kürzere Strecke weit verholzen und in jeder Vegetationsperiode neue beblätterte Zweige entwickeln, während der Spitzenteil jeder Achse abstirbt. Solche Pflanzen werden daher Halbsträucher genannt. Es muß ausdrücklich betont werden, daß damit über die Größe des betreffenden Gewächses nichts ausgesagt wird. Denn wenn auch Halbsträucher (wenigstens in der Flora von „Österreich“[1]) wohl kaum jemals die Größe von 1 m erreichen, so gibt es doch viele echte Sträucher (Zwerg- und Spaliersträucher), die erheblich kleiner sind als die hochwüchsigen unter den Halbsträuchern; anderseits gibt es in dem genannten Gebiet nicht wenige krautige Pflanzen (Stauden und Kräuter), die weit größer sind als die höchsten Halbsträucher. Um einen Halbstrauch als solchen zu erkennen, wird man den basalen Teil der betreffenden Pflanze untersuchen; bei einem Halbstrauch findet man im Höhepunkt der Entwicklung, etwa zur Blütezeit, eine Anzahl kurzer, holziger, dunkel gefärbter Verzweigungen, an denen lange, krautige, grüne Zweige mit Blättern und Blüten entspringen; erstere sind die verholzten Achsenteile aus früheren Jahren, letztere die Triebe des laufenden Jahres.

Nach dem Wuchs kann man aufrechte (wie ein Zwergstrauch aussehende) und niederliegende oder aufsteigende (einem Spalierstrauch gleichende) Halbsträucher unterscheiden. Beispiel für aufrechte: Goldlack [38]; Echter Salbei, Lavendel, Ysop (die letzten drei Lippenblütler [94]); Zypressenkraut [108]. Beispiel für niederliegende: Silberwurz [50]; die bei uns heimischen Arten von Thymian [94]. Als bemerkenswerte Formen der Halbsträucher sind noch zu erwähnen: dornige, z. B. Hauhechel [51]; grau oder weiß behaarte; ätherische Öle enthaltende und daher duftende; die beiden letzterwähnten Eigenschaften finden sich oft zugleich vor, namentlich bei den oben genannten Lippenblütlern (z. B. Salbei und Lavendel).

---

[1] Im Umfang des alten Österreich, aber mit Ausschluß von Galizien, Bukowina und Dalmatien. Es ist dies das Gebiet der „Exkursionsflora“ von KARL FRITSCH (drei Auflagen: 1897, 1909, 1922).

Die Halbsträucher sind hauptsächlich Bewohner warmgemäßigter Gebiete mit ausgesprochenen Trockenperioden, z. B. der Mittelmeerländer, wo sie in Steppen oder an Stelle ehemaliger Wälder oder Gebüsche die Vegetation oft weithin beherrschen; dies gilt namentlich von den Thymian-, Lavendel- und Salbeiarten, deren Bestände in Spanien „Tomillares“ genannt werden. In unseren Alpen gibt es einige spalierstrauchartige Arten, z. B. die schon genannte Silberwurz [50]. Auf Wiesen, Triften usw. wachsen manche gern an trockenen, sonnigen Stellen, z. B. die niederliegenden Thymianarten, die Sonnenröschen [40].

<h3 align="center">e) Polsterpflanzen.</h3>

Es gibt eine nicht sehr große Anzahl Blütenpflanzen, die man wegen des Wuchses ihres oberirdischen Teiles als Polsterpflanzen bezeichnet; er ist nämlich flach-gewölbt bis fast kugelförmig. Das unterirdische

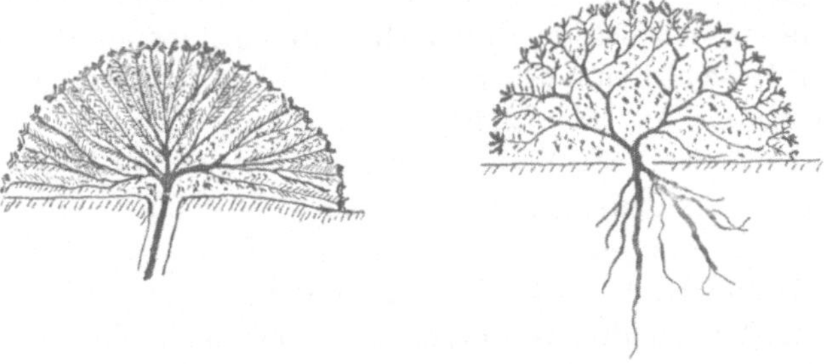

Abb. 54. Schematische Schnitte durch Polsterpflanzen. (Nach HAURI-SCHRÖTER.)

Organ ist eine oft lange Pfahlwurzel oder ein Faserwurzelbündel oder eine kriechende Wurzel, die mehrere kleinere Pfahlwurzeln aussendet. Vom oberen Ende der Wurzeln gehen eng gedrängt und immer reicher mehr verzweigt nach allen Seiten krautige oder verholzende Achsen („Stämmchen“) mit dicht gestellten, sitzenden, kleinen, oft schuppenförmigen, meist immergrünen und mit dicker, harter, oft stark behaarter Oberhaut versehenen Blättern aus. Diese sterben unter der Spitze der Stämmchen bald ab und bilden hier eng aneinandergedrängte Büschel, die eine verschieden dicht schließende Decke herstellen. Diese setzt selbst starken mechanischen Kräften bedeutenden Widerstand entgegen, um so mehr, als auch das Innere der Polster durch dichte Erfüllung mit einer „Füllmasse“ von lebenden und bereits abgestorbenen Pflanzenteilen nebst unorganischen Staubteilen die Festigkeit des Ganzen erhöht. — Das Aussehen und der innere Bau von Polsterpflanzen ist an den beiden schematischen Figuren gut sichtbar (Abb. 54).

Die Anzahl der Polsterpflanzenarten beträgt auf der ganzen Erde nur etwa 350, wovon 200 den typischen entsprechen. Von letzteren gehören nur wenige zu den Einkeimblättrigen; unter den Zweikeimblättrigen sind besonders die Familien [26, 38, 48, 62, 80, 82, 108] vertreten. — Die habituelle Ähnlichkeit der Polsterpflanzen ist begreiflicherweise sehr groß, die Farbe jedoch auch im nichtblühenden Zustand je nach der Behaarung der Blätter sehr verschieden (grün, grau, weiß usw.). Ferner ist die Größe sehr verschieden. Die kleinen, oft reizend blühenden Nelken und Mieren[1] [26], Steinbreche [48] und Mannsschilde [82] der Felsen und Matten unserer Alpen erreichen nur Zentimeterausmaße; 5 bis 7 m breit dagegen und 2 m hoch sind die auf ein Alter von 100 Jahren geschätzten riesigen, weißgrauen Polster der Doldenpflanze *Azorella* [80] mit ihren extrem reduzierten Blättern, die in den ganzen Anden bis 5000 m, in Neuseeland und dem subantarktischen Gebiet (Kerguelen) ihre mächtigen Gestalten oft wie wellige Decken ausbreitet.[2]

Die ökologische Ausrüstung der typischen Polsterpflanzen stellt offenbar eine besonders weitgehende Anpassung an Standorte dar, die der Wasserversorgung sehr ungünstig sind, denn die Hälfte der Arten ist im andinen und subantarktischen Gebiet, ein Drittel in den Hochgebirgen Eurasiens an Felsstandorten zu Hause. Entweder ist dort wenig Wasser vorhanden oder sind die Standorte naßkalt oder sehr windig (Windwüsten des hohen Südens). — Besonders die dichte Zusammendrängung und der Abschluß der vielen kleinen Hohlräume des Innern der Polster gegeneinander schützen vor Wasserverlust.

Im vorstehenden war hauptsächlich von den typischen Polsterpflanzen, den „Radialvollkugelpolstern", die Rede. Es gibt außerdem noch eine Reihe von polsterartig wachsenden Pflanzen, die den typischen Polsterpflanzen im Habitus mehr oder weniger ähneln, deren innerer Bau aber von dem beschriebenen abweicht. Entweder wachsen die Stämmchen nicht so regelmäßig radiär oder es fehlt die Füllmasse; im letzteren Fall ist das Polster hohl und die kompakte Außenschicht umgibt einen Hohlraum, durch den die oft gekrümmten und unregelmäßig verzweigten Stämmchen durchwachsen („Schopfpolster").

Bei manchen polsterartig wachsenden, aber sonst nicht typischen Polsterpflanzen sind die Enden der Stämmchen nicht sehr dicht aneinandergedrängt, es ist ferner keine Füllmasse vorhanden, so daß keine kompakte Außenschicht entsteht und daß Luft und Licht ins Innere dringen können („Luftpolster"); diese Form nehmen sowohl Zwergsträucher („Kugelsträucher")[3] als auch krautige Pflanzen gelegentlich an.

---

[1] Höhenrekord einer Blütenpflanze für die ganze Erde: *Arenaria musciformis* [26], Mount Everest-Gebiet, 6218 m.

[2] Bis 2 m groß werden die dicht weißwolligen „Pflanzenschafe" [108] der Südinsel von Neuseeland.

[3] An sehr windigen Orten können Klein- und Spaliersträucher aller Art, die an windgeschützten Stellen durchaus nichts Polsterähnliches an sich haben, den Wuchs von Luftpolstern annehmen; auch Tierfraß kann derlei bewirken.

Zu ersteren gehören die „Dornpolster“. Als Dornen sind entweder Zweige oder die Blätter ausgebildet; im ersteren Falle können die Dornen verzweigt sein. Dornpolster mit Zweigdornen bilden u. a. einige südeuropäische Wolfsmilcharten [27]; sie setzen zusammen mit einigermaßen ähnlich gewachsenen Sträuchlein, die meist zur Familie der Lippenblütler [94] gehören, die Formation der „Phrygana“ zusammen, die an Stelle ehemaliger immergrüner Wälder und Gebüsche weite Strecken der Hügel in Griechenland bedeckt. Dornpolster mit

Abb. 55. „Igelpolster“ [81]. Das große ganz vorn von etwa 60 cm Durchmesser. Insel Samos. (Phot. K. H. RECHINGER.)

Blattdornen kommen in großer Zahl in der Gattung Tragant [51] vor, ferner in besonders großen Exemplaren in der Gattung Igelpolster [81]. Beide sind besonders für gewisse Höhenlagen („Dornpolsterstufe“) der sommertrockenen Gebirge und Hochsteppen des Orients charakteristisch (Abb. 55).

Endlich mag noch daran erinnert werden, daß auch unter den moosförmigen Pflanzen (Gruppe XIII, S. 103) Polsterwuchs häufig ist, ohne daß aber eine feste Außenschicht entsteht. Bei ihnen geht ein solches Polster oft nicht auf ein, sondern auf mehrere bis zahlreiche Individuen, auch von verschiedenen Arten, zurück.

f) Sukkulente.

Allgemeines.

Die pflanzlichen Bewohner von Standorten, an denen, wenn auch nur zeitweilig, die Aufrechterhaltung des richtigen Verhältnisses zwischen Aufnahme und Abgabe des Wassers, die „Wasserbilanz", gefährdet ist, haben, wie wir sahen (S. 67), verschiedene Mittel, um dieser Gefahr zu begegnen. Eines davon besteht darin, daß sie in ihrem Körper mehr oder minder umfangreiche, großzellige Gewebe ausbilden, die, sobald Niederschläge dies ermöglichen, sich mit Wasser füllen, das als Vorrat für Trockenperioden dient („Wassergewebe"). Die Verdunstung dieser Wasserreserve wird durch die Beschaffenheit der Oberhaut der betreffenden Organe sowie durch deren gedrungene Gestalt (geringe relative Oberfläche) herabgesetzt. Derartige Pflanzen zeichnen sich infolge des großen Umfangs der Wassergewebe durch sehr auffällige und charakteristische Tracht aus und werden als Sukkulente (Saftpflanzen) bezeichnet. Je nachdem die Wassergewebe sich in den Blättern oder Stämmen befinden, unterscheidet man die beiden Vegetationsformen der Blattsukkulenten und der Stammsukkulenten.[1] Es gibt übrigens einige Pflanzen, die in Blättern und Stämmen Wassergewebe besitzen.

1. *Die Blattsukkulenten*

sind teils Holzpflanzen (kleine Bäume, Sträucher, Halbsträucher), teils Stauden oder Kräuter. Ihre Oberfläche ist meist unbehaart, oft infolge Besitzes von Wachsüberzügen mattgrün, graugrün, blaugrün, grau, bisweilen bräunlich gefärbt. Die Blätter sind stets dick, „fleischig", aber im übrigen von sehr verschiedener Form. Oft sind sie am Grunde der blühenden Stengel, die dann blattlos, blattarm oder kleinblättrig sind, gehäuft und bilden „Rosetten". Nicht selten sind sie mit Dornen oder Stacheln versehen.

Nach der Stellung und Form der Blätter kann man folgende Vegetationsformen unterscheiden:

1. Die *Schwertblatt-Form*. Die Blätter bilden Rosetten, sind kräftig, steif, oft sehr groß (bis 2 m lang), haben die Gestalt eines Dolches oder Schwertes und gehen in einen starken Enddorn aus; meist ist auch ihr Rand mit Dornen besetzt. Pflanzen dieser Vegetationsform besiedeln (wie schon S. 39 erwähnt worden ist) in großer Mannigfaltigkeit die Halbwüsten Südafrikas und Amerikas. In der Alten Welt sind sie vertreten durch die großen Arten der Gattung Aloë [113]; manche davon sind wenig verzweigte, kleine Bäume (bis 6 m hoch) vom Habitus eines Schopfbaumes, bei anderen sitzen die Rosetten direkt dem Boden

---

[1] Große Stammsukkulente (z. B. der Riesen-Igelkaktus [25]) enthalten bis zu 1500 l Wasser und können eine Trockenzeit von zwei Jahren aushalten.

auf. Die Blütenstände entspringen in den Blattachseln, so daß jeder Ast öfter blühen kann; in der Farbe der Blüten, die sehr honigreich sind,

Abb. 56. Erdbromeliazee [118] mit zirka 2 m hohen Fruchtständen. Nordost-Brasilien. (Original.)

herrscht Gelb und Hochrot vor. Die meisten Arten sind in Südafrika zu Hause.[1] In Amerika ist diese Vegetationsform hauptsächlich durch die Gattung Agave vertreten [115], von der manche Arten, so die fälschlich „hundertjährige Aloë" genannte *Agave americana*,[2] im nichtblühenden Zustande gewissen echten Aloëarten außerordentlich ähneln. Die Blattrosetten der Agaven sitzen meist dem Boden unmittelbar auf, der Blütenstand ist endständig, sehr groß (bis 10 m hoch) und blütenreich. Jede Rosette blüht nur einmal.

In den Trockengebieten Amerikas gibt es auch Pflanzen, die einer Agave in vieler Hinsicht ähneln, nur viel weniger sukkulente, also viel

Abb. 57. Erdbromeliazee [118] mit dicken, zum Teil oberirdischen Wurzelstöcken. Nordost-Brasilien. (Original.)

dünnere, oft recht harte und steife Blätter haben, die oft im Bogen zurückgekrümmt und am Rande bedornt sind. Sie gehören größtenteils zu der monokotylen Familie der Ananasgewächse [118] und bilden die Vegetationsform der Erdbromeliazeen (die meisten Bromeliazeen sind Epiphyten). Sie sind, wie die ganze Familie, auf das wärmere Amerika beschränkt; die in Mexiko heimische Ananas gehört auch zu dieser

---

[1] Hier wächst auch eine Menge Blattsukkulente aus der Verwandtschaft von Aloë, von niedrigem Wuchs, mit rosettig oder zweizeilig gestellten, oft sehr dunklen Blättern von sehr verschiedener Form, die oft mit weißen warzenförmigen Punkten besät sind. Ihre Blüten sind weiß (*Haworthia, Gasteria*).

[2] In den Mittelmeerländern sehr häufig verwildert.

Vegetationsform, die man nach dieser bekannten Pflanze auch „Ananas-Form" nennen kann (Abb. 56 und 57).

Auch in der dikotylen und sonst habituell ganz abweichenden Familie der Doldenpflanzen [80] finden sich Pflanzen, deren Blätter denen der Erdbromeliazeen so ähneln, daß sie ohne Blüten schwer davon zu unterscheiden sind. Sie gehören zu der in Europa durch „Disteln" (S. 203) vertretenen Gattung Mannstreu und wachsen wie die Bromeliazeen in den Trockengebieten Amerikas.

2. Die *Hauswurz-Form*. Zu ihr sind vor allem die zahlreichen Arten der Gattung Hauswurz [47] *(Sempervivum)* zu rechnen. Die einheimischen und viele andere Arten, die alle felsige und steinige Stellen der Hügel und Berge Europas und Vorderasiens bewohnen, sind Stauden, die zahlreiche, flache bis halbkugelige Rosetten von länglichen, spitzen Blättern haben; nach einigen Jahren entwickelt sich aus dem Scheitel der Rosette ein beblätterter Stengel, der purpurne oder gelbe Blüten trägt, worauf die Rosette abstirbt. Die Semperviva der Kanaren sind zum Teil Holzgewächse, etwa vom Aussehen eines kleinen Schopfbaumes oder Federbuschbäumchens (S. 153), an den oberen Enden der Zweige mit flachen Blattrosetten. Zur Hauswurz-Form gehören auch einige Arten der Gattung Steinbrech [48], deren Blätter am Rande oft weiße Kalkschüppchen tragen.

3. Die *Flachblatt-Form*. Flache, d. h. überall gleichmäßig, und zwar einige Millimeter dicke Blätter haben z. B. viele Arten der Gattung „Fetthenne", die ein ähnliches Gebiet und ähnliche Standorte bewohnen wie unsere Hauswurzarten. Hierher gehören einige Salzpflanzen (Halophyten).

4. *Walzenblatt-Form*. Auch die Walzenblatt-Form ist unter den Blattsukkulenten vertreten. Einige Halophyten gehören ebenfalls hierher.

5. *Schuppenblatt-Form*. Zur Schuppenblatt-Form rechnen wir kleine Bäume, kleine Sträucher und krautige Pflanzen. Beispiele: Der 6 bis 8 m hohe, dickstämmige, rutenzweigige Saxaulbaum in den Salzwüsten Innerasiens; die zur Gattung Glasschmalz gehörigen oder damit verwandten Pflanzen wie der „Queller", der in den Watten Nordwestdeutschlands als Pionier unter den Strandpflanzen bei der Landgewinnung eine wichtige Rolle spielt. Er ist in allen Erdteilen (bis auf Australien) verbreitet, an Salzstellen im Binnenlande hier und da. — Zur Befestigung von Dünen werden in den tropischen Gebieten die einer ganz anderen Familie angehörenden Ziegenfußwinden [85] verwendet, deren Aussehen durch die abgerundet-zweilappigen Blätter und die großen, roten Windenblüten charakterisiert ist. Ihre Stengel kriechen meterweit am Sandstrand dahin.

Die genannten Pflanzen gehören zur Familie der Gänsefußgewächse [23] und sind Salzpflanzen (Halophyten). Auch unter den Fettpflanzen

[47], z. B. der Gattung Fetthenne, gibt es Vertreter der Schuppenblatt-
Form, so der Scharfe Mauerpfeffer.

Die an Blattsukkulenten reichsten Länder der Erde sind die
Trockengebiete Südafrikas (Karoo, Kalahari). Hier ist die zu den
Aizoazeen [24] gehörige Gattung Kristallkraut *(Mesembrianthemum)*
mit 800 bis 1000 Arten vertreten (Abb. 58). Es sind Zwergsträucher oder
krautige. Pflanzen mit flachen, walzenförmigen, kegelförmigen, prismati-
schen, pyramidenförmigen Blättern, die bei ihrer (meist) gegenständigen
Stellung manchmal so miteinander verwachsen sind, daß sie eine stammsukkulente Pflanze vortäuschen. Diese sukkulenten Pflanzenkörper
haben bisweilen eine solche Form und Farbe, daß das menschliche Auge sie
von den auf dem Wüstenboden liegenden Steinchen kaum zu unterscheiden ver-
mag (diese Erscheinung kommt auch bei einigen Dickblattgewächsen [47]
vor).[1]

Abb. 58. Arten der Gattung Kristallkraut (*Mesembrianthemum* [24]) aus dem Kapland. Etwa ²/₃ der natürlichen
Größe. (Nach R. v. WETTSTEIN.)

Bei einigen *Mesembri-
anthemum*-Arten sind die
Blätter dicht mit wasser-
gefüllten Oberhautzellen
bedeckt, die in der Sonne
wie kleine glitzernde Per-
len aussehen; derlei „Kri-
stallkräuter" gibt es auch
in den Mittelmeerländern.

Die Blüten der *Mesembrianthemum*-Arten sehen in der Form und Größe
etwa aus wie die Köpfchen von Gänseblümchen, Margeriten oder Astern;
sie sind verhältnismäßig groß und haben prächtige Farben, so daß nach
einem Regen die südafrikanische Wüste ein in Weiß, Gelb, Rot, Lila pran-
gendes Blumenfeld bildet.

Wie schon erwähnt (S. 63), gibt es unter den Salzpflanzen (Halophyten) auch solche, die nicht nur auf natriumsalzreichem, sondern auch
auf gewöhnlichem Boden wachsen („fakultative" Halophyten).
Unter ihnen sind einige, die auf ersterem dicke, saftreiche, auf letzterem

---

[1] Man hat hier früher von „Pflanzenmimikry" gesprochen und damit eine
die betreffenden Gebilde vor dem Zugriff pflanzenfressender Tiere, etwa Nage-
oder Huftiere, schützende Ähnlichkeit gemeint, dabei aber oft vergessen, daß
derlei Tiere die Bekömmlichkeit eines Objektes doch in erster Linie mit dem
Geruchsinn beurteilen.

dünne Blätter entwickeln. Diese Erscheinung ist an den Felsküsten Dalmatiens mitunter recht auffallend, und zwar stufenweise, je nach der Entfernung des Fund-
ortes vom Meere.

2. Die Stamm-sukkulenten.

Von ihnen war schon oben ausführlicher die Rede. Ihr Habitus wird vor allem durch den sehr wasserreichen, daher verhältnismäßig dicken, einfachen oder mäßig verzweigten, oft verholzenden Stamm bedingt.

Abb. 59. Niedriger Säulenkaktus (*Pilocereus Gounellii* [25]) im Trockenwald Nordost-Brasiliens. (Original.)

Die Blätter und Nebenblätter sind sehr klein, oft ebenfalls sukkulent, walzenförmig oder in Dornen verwandelt; auch kurze Seitenachsen können als Dornen ausgebildet sein. Hierher gehören vor allem die Echten Kakteen [25], dann eine Anzahl Arten der Gattung Wolfsmilch [27]; bei ersteren stehen die Dornen (oft auf Leisten oder Warzen) zu mehreren in Büscheln,[1] bei letzteren einzeln, zu zweit oder zu dritt (zwei kurze zu Seiten eines längeren); die Kakteen enthalten fast immer klaren Saft, die Wolfsmilch - Arten stets Milchsaft.

Abb. 60. Lebender Zaun aus Stacheldraht und einem Säulenkaktus. Nordost-Brasilien. (Original.)

Der Habitus ist nach der Gestalt der Stämme sehr verschieden; man kann folgende Formen unterscheiden, die meist sowohl bei den echten Kakteen als auch bei den stammsukkulenten Wolfsmilcharten vorkommen:

---

[1] Die Dornen der Kakteen sind oft sehr lang, kräftig und spitz, manchmal an der Spitze gekrümmt. Häufig ist einer viel länger und stärker als die übrigen.

1. Säulen- und Kandelaber-Form. Die Säulen-Form, wenn verzweigt „Kandelaber-Form" (unter den Kakteen durch die Gattung Säulenkaktus vertreten); Stamm lang oder kurz säulenförmig, im Querschnitt kreisrund, mit mehr oder weniger tiefen Längsfurchen, zwischen denen Längsrippen verlaufen, auf denen die Dornen[1] stehen. Stämme bis 25 m hoch, in den älteren Teilen ohne Rippen (Abb. 59 und 60).

2. Keulenstamm-Form. Das Achsensystem besteht aus keulen- oder birnförmigen Gliedern; überwiegend k l e i n e Pflanzen, meist Wolfsmilcharten.

Abb. 61. Feigenkaktus [25] mit Früchten. Süd-Brasilien. (Phot. R. v. WETTSTEIN.)

3. Flachstamm-Form. Die Stammglieder sind im Umriß flach, länglich bis eiförmig;[2] hierher gehören die „Feigenkakteen", aber nur einige entfernt ähnliche Wolfsmilcharten. Die Feigenkakteen werden bis 10 m hoch (Abb. 61).

4. Kugel-Form. Der Stamm und die Verzweigungen sind kugelförmig; ersterer kann bis 2 m Durchmesser erreichen. Er besitzt meist meridionale, bedornte Rippen, so bei der Gattung Kugelkaktus; beim Warzenkaktus ist die ganze Oberfläche mit mehr oder weniger verlängerten Warzen bedeckt.

Die erwähnten Stammsukkulenten wachsen vorzugsweise in den Trockengebieten der Tropen und Subtropen, in lichten Trockenwäldern

---

[1] Bei den als „Greisenhaupt" bezeichneten Säulenkakteen tragen die Stämme dichtstehende, lange, gelockte, weiße Haare.

[2] Sie werden daher von Laien oft als „Blätter" bezeichnet, obwohl sie Blüten tragen, was ein Blatt nie tut.

und Halbwüsten, und zwar die echten Kakteen nur in Amerika, wo sie jedoch in Kanada bis 53°, in Patagonien bis 52° vordringen und in trockenen Gebirgen hoch hinaufsteigen.[1] Die stammsukkulenten Wolfsmilcharten, besonders die kandelaberförmigen, wachsen fast nur in den Steppen und Savannen von Afrika, niedrige, dichte Gebüsche bildende Arten auf den Kanaren, wenige in Indien, aber eine große Zahl meist kleinerer Arten in Südafrika.

5. Blattkaktus-Form. Es gibt in beiden Gruppen und in den Gebieten der Alten und Neuen Welt auch epiphytische Stammsukkulente, deren weitaus zarter gebauter Körper oft der Dornbildungen entbehrt. Ihre Stengel bestehen entweder aus flachen, dünnen Gliedern, die beim Blattkaktus und bei einem Teil der Geißelkaktus- *(Rhipsalis-)* Arten[2] wie ein schmales Eichenblatt gelappt sind (Blattkaktus-Form).

6. Walzen-Form. Bei anderen *Rhipsalis*-Arten haben sie dünnwalzliche Form (Walzen-Form), bei wieder anderen sind sie gekantet, gerippt oder gefurcht. Mächtige Büschel solcher Stengel hängen in den Regenwäldern des tropischen Amerika von den Ästen der Bäume herab. Die an analogen Standorten wachsenden Euphorbien der Alten Welt sehen den genannten *Rhipsalis*-Arten zum Verwechseln ähnlich.

7. Kletterkakteen-Form. Endlich gibt es auch einige *Cereus*-Arten mit dünnen, zylindrischen, gerippten und bedornten Stämmen, die an Felsen mit Haftwurzeln klettern. Wegen der riesigen weißen, nur einige Stunden einer Nacht geöffneten Blüten werden sie als „Königin der Nacht" bezeichnet.

Übrigens haben alle Kakteen schön (weiß, gelblich, gelb, rot) gefärbte Blüten, während diejenigen der sukkulenten Wolfsmilcharten meist klein und unscheinbar sind.

g) Krautige Pflanzen.
Rückblick auf die Abteilungen a bis f der Landpflanzen.

Die bisher besprochenen Gruppen von Vegetationsformen der Landpflanzen (einschließlich Sumpfpflanzen) umfassen entweder aus-

---

[1] In den Anden bis 4700 m. Hier gibt es auch polsterförmig gewachsene Kakteen. Feigenkakteen werden wegen der eßbaren Früchte in vielen trockenwarmen Gegenden (z. B. in den Mittelmeerländern) kultiviert und werden dort auch sehr häufig verwildert angetroffen, so daß sie gegenwärtig zu den nie fehlenden Charakterpflanzen der Mittelmeerlandschaft gehören, die viel mehr ins Auge fallen als so manche dort ureinheimische Pflanze. In Australien haben sich *Opuntia*-Arten so eingebürgert, daß sie zu einer wahren Landplage geworden sind.

[2] Diese Gattung ist pflanzengeographisch bemerkenswert, weil einige wenige Arten, wahrscheinlich durch Vögel verbreitet (die Früchte sind wie bei allen Kakteen fleischig), ohne Zutun des Menschen außerhalb Amerikas vorkommen (tropisches Afrika, Madagaskar, Ceylon).

schließlich a) Holzgewächse [Gruppen: 1. Bäume, 2. Sträucher, 3. Welwitschia; c) Baumwürger] oder außerdem noch krautige Pflanzen (Gruppen: b) Lianen, e) Polsterpflanzen, f) Sukkulente) oder vermitteln den Übergang von den Holzgewächsen zu den krautigen Pflanzen (Gruppe: d) Halbsträucher).

Die noch zu behandelnde Gruppe g umfaßt nur krautige Pflanzen. Ihre wichtigsten Merkmale sind: Die oberirdischen Achsen verholzen, solange sie leben, nicht; sie entbehren auch des nachträglichen (sekundären) Dickenwachstums, entwickeln keine Korkhaut und sind daher zeitlebens grün, manchmal (sowie auch die Blätter) rot bis violett überlaufen oder von dichter Behaarung grau oder weiß. Sie leben (ausgenommen bisweilen in den immerfeuchten Tropen) nur eine Vegetationsperiode lang; daher sind es auch gewöhnlich nicht allzugroße, häufig sehr kleine Gewächse, obwohl einige schnell wachsende krautige Pflanzen, z. B. Doldengewächse (bei einer Höhe von 3 bis 4 m), beträchtlich höher werden können als so manche Sträucher oder gar Halbsträucher.

Zierpflanzen in den Tropen und bei uns.

Daß die Tropen im Vergleich zu den gemäßigten Gebieten, vor allem an ausdauernden Pflanzen („Stauden") arm sind, hat zur Folge, daß erstere wenig eigentliche „Blumen" für die dortigen Gärten liefern. Schön blühende tropische Pflanzen der tropischen Gärten sind meist Sträucher oder kleinere Bäume. Unter ihnen seien Eibischarten, so der wahrscheinlich aus Südasien stammende Roseneibisch [62] mit großen, roten, hängenden, nicht duftenden Blüten und langer Staubfäden-Griffel-Säule, erwähnt; ferner ein in Brasilien „Jasmin da India" [98] genannter kleiner Baum, dessen dicke, von Milchsaft strotzende Zweige wenige große Blätter und größtenteils weiße, sehr stark duftende Blüten tragen; seine Heimat ist das tropische Amerika, aber er ist in Südasien eine Charakterpflanze der Tempelgärten und Friedhöfe. Sucht man aber in einem tropischen Garten nach Blumen im Rasen oder in Beeten, dann findet man z. B. in Bombay[1] meist Korbblütler [108], wie Sonnenblume, Dahlie, Samtblume („Türkische Nelke", *Tagetes*), *Zinnia* u. a., die alle aus dem wärmeren Nordamerika stammen. Auf dem Friedhof in Pará beobachtete ich selbst einige der eben genannten Korbblütler nebst Schlingrosen; auf einem Blumenmarkt in Rio de Janeiro: Rosen, Nelken, Lilien, Gladiolen, Margeriten, Kornblumen, Veilchen und Stiefmütterchen. Bei dieser Auswahl hat natürlich auch der europäische Geschmack mitgespielt, aber mehr wäre doch vom Einfluß der Tropen zu sehen, wenn sie mehr von geeigneten Blumen für Beet und Vase beizutragen imstande wären.

Stauden und Kräuter.

Ihre unterirdischen Organe können jahrelang (mindestens drei Jahre) am Leben bleiben oder nach einmaligem Blühen gleich den

---

[1] Nach HABERLANDT, G. Eine botanische Tropenreise (Indo-Malayische Vegetationsbilder und Reiseskizzen). 2. Aufl. (S. 15). Leipzig: W. Engelmann. 1910.

oberirdischen absterben; Pflanzen der ersten Art nennt man Stauden, solche der zweiten Kräuter; bei letzteren vollzieht sich die ganze Entwicklung der Pflanze in ein bis zwei Vegetationsperioden.

Die Stauden werden auch als mehrjährige, ausdauernde, perenne oder perennierende Pflanzen, manchmal auch als ausdauernde Kräuter bezeichnet.[1]

Das unterirdische Organ dient nicht nur der Befestigung der Pflanze im Boden und der Aufnahme eines Teiles der Nahrung, sondern auch der Speicherung von Stoffen, welche die jungen Triebe im Anfang, solange ihre Blätter noch nicht selbst genügend assimilieren, zum Aufbau verwenden und die man Reservestoffe nennt. Durch entsprechende Pflege kann Umfang und Stoffgehalt solcher Organe (Rüben[2], Kartoffeln usw.) erheblich gesteigert werden, so daß sie eine ausgiebige Nahrung von Tieren und Menschen bilden.

Wenn das unterirdische Organ eine Wurzel ist, so ist es eine verhältnismäßig lange Pfahlwurzel, an die oben entweder ein verdickter oder ein verzweigter Stammteil anschließt, der in jeder Vegetationsperiode neue beblätterte und blühende Triebe entwickelt. Eine solche Wurzel kann viel

---

[1] Zu diesen Bezeichnungen ist folgendes zu bemerken: „Staude" bedeutet in der Fachsprache der Botaniker und der Gärtner etwas anderes als in der Volkssprache; in Österreich wenigstens ist eine „Staude" ein Strauch (z. B. Haselstaude [11], Hollerstaude — letztere: Schwarzer Hollunder [102]). Der Ausdruck „ausdauernde Kräuter" ist nicht zu empfehlen, weil damit die Bezeichnungen „krautige Pflanzen" und „Kräuter" gleichgesetzt werden. Zu den Stauden gehören auch kleine, zarte Pflanzen, wie Veilchen [43] und Schneeglöckchen [115].

[2] Rüben nennt man in der Landwirtschaft und Gärtnerei Pfahlwurzeln, die namentlich im oberen Teil verdickt, manchmal knollenförmig angeschwollen sind; dieser oberste Teil gehört oft nicht mehr zur Wurzel, sondern zum untersten Teil des Stengels. Die Rüben haben meist zartes Gewebe, enthalten sehr viel Wasser, sind daher „fleischig", wenig verholzt, Eigenschaften, die sie durch die Pflege in der Kultur erhalten haben, ferner enthalten sie meist Zucker und werden wegen all dieser Eigenschaften als Gemüse und Viehfutter gebaut. Die Pflanzen, von denen die betreffenden Kulturpflanzen abstammen, sind fast durchaus Kräuter mit dünnen, zähen, oft zum Teil holzigen, wasserarmen Pfahlwurzeln. Varietäten der Runkelrübe [23] sind die Zuckerrübe, die Futter- oder Burgunderrübe und die Rote Rübe; die Stammpflanze der Karotten oder Gelben Rüben ist die Möhre [80], eine häufige Sommerpflanze unserer Wiesen; die unter vielen Namen gebauten Kohlrüben (weiße Rübe, Wruke, Steckrübe, Wasserrübe, Teltower Rübe usw.) stammen von zwei mäßig hohen Kohlarten [38], dem Rübenkohl und dem Rapskohl, die beide hochgelb blühen. Fälschlich wird manchmal mit dem Namen Kohlrübe auch der Kohlrabi bezeichnet, der jedoch eine oberirdische, mit großen Blättern besetzte Stengelknolle darstellt und nebst Blattkohl (Krauskohl), Wirsing (in Österreich „Kelch"), Kopfkohl (Weiß- oder Rotkraut), Rosen- oder Sprossenkohl, Blumenkohl oder Karfiol von dem hochwüchsigen, blaßgelb blühenden Gemüsekohl abstammt. Auch die Rettiche sind Rüben. Bei der Kultur der Rüben sowie der Kartoffeln und anderer „Knollenfrüchte" ist das Behacken (Häufeln) des Bodens wesentlich, weshalb man sie als „Hackfrüchte" bezeichnet.

größer sein als der oberirdische Teil der Pflanze, so bei den auf Grundwasser-versorgung angewiesenen Wüstenpflanzen und bei sehr vielen Hochgebirgs- und arktischen Pflanzen. Statt einer kann auch ein Büschel von Wurzeln vorhanden sein, die dann alle oder zum Teil rübenförmig oder knollig verdickt sein können (Wurzelknollen). Beispiel: Dahlie oder Georgine [108].

Sehr häufig ist das unterirdische Organ ein langgestreckter Wurzelstock (Rhizom), der auch verzweigt sein kann oder unterirdische Ausläufer entwickelt. Er kann stellenweise knollig verdickt oder ganz in einen Knollen verwandelt sein. Die Ausläufer können ebenfalls Knollen tragen (Kartoffel [87]); solche Knollen nennt man Stammknollen; Wurzelstöcke, Ausläufer und Stammknollen tragen oft kleine dicke, fleischige Blätter (Schuppen), in deren Achseln Knöspchen („Augen") sitzen; ferner entspringen an ihnen dünne Wurzeln.

Bei vielen Stauden ist das unterirdische Organ eine Zwiebel; auch hier entwickeln sich in den Achseln der Schuppen Knospen oder Nebenzwiebeln („Brutzwiebeln").

Bei den Pflanzen, deren unterirdisches Organ ein Stammgebilde ist, werden die Triebe für die nächste Vegetationsperiode also unter der Erde angelegt; man nennt sie daher geophile Pflanzen oder Geophyten.

Um all diese Dinge zu erkennen, müssen die betreffenden Pflanzen sorg-fältig ausgegraben werden, was wohl nicht Sache des Geographen sein kann, den als Landschaftsforscher nur der oberirdische Teil der Pflanzen interessiert. Von diesem ist aber bei den Stauden meist nur in der Vegetationsperiode, ja bisweilen nur während eines oft sehr kleinen Teiles derselben (Beispiel: Schnee-glöckchen) etwas zu sehen. Wenn die oberirdischen Teile verwelkt oder ver-trocknet und bald auch ganz verschwunden sind, sagt der Botaniker und der Gärtner: „Die Pflanze hat eingezogen." Bei manchen Stauden bleiben die oberirdischen Stengel (blattlos, aber oft mit reifen Früchten) über die Zeit der Vegetationsruhe in dürrem, steifem Zustand sichtbar („Wintersteher"; Beispiel: Schafgarbe [108]).

Es gibt übrigens auch Stauden, bei denen alle oder ein Teil der ober-irdischen Sprosse (Achsen und Blätter, erstere natürlich nicht verholzt) sich stets, auch während der Vegetationsruhe, lebend über der Erd-oberfläche befinden. (Das ist nicht nur in tropischen, sondern auch in winter-kalten Gebieten der Fall, wenn sie nur nicht längeren Trockenperioden unter-worfen sind.) Solche Stauden nennt man daher immergrüne oder per-manente Stauden. Ein Beispiel sind die Wiesengräser, die — außer bei strengem Frost ohne Schneebedeckung — den Winter über grüne Blätter haben.

Für den Geographen ist es sehr wichtig, daß man ohne Grabungen und ohne den Werdegang der betreffenden krautigen Pflanze zu beobachten, in fast allen Fällen auf sehr einfache Art entscheiden kann, ob man eine Staude oder ein Kraut vor sich hat. Man versucht die Pflanze, indem man sie mög-lichst weit unten fest anfaßt, langsam und vorsichtig aus der Erde zu ziehen (nicht reißen!). Geht der unterirdische Teil (etwa mit Ausnahme einiger dünner Wurzeln) ganz heraus, dann ist es ein Kraut, reißt ein größerer Teil ab und bleibt in der Erde stecken, dann hat man eine Staude vor sich. Dieses Verhalten ist ganz verständlich, wenn man bedenkt, wie umfangreich die unterirdischen Organe von Stauden oft sind und wie tief sie, mit Knospen neuer Triebe und mit Reservestoffen versehen, infolge der Not-wendigkeit, kalte und trockene Zeiten im Boden zu überdauern, hinabreichen. Da bei den Kräutern das unterirdische Organ stets eine Pfahlwurzel oder ein Wurzelbüschel von geringen Dimensionen ist, so ist hier ein unversehrtes Ausziehen der Pflanze leicht möglich, außer wenn der Boden durch längere Trockenheit sehr hart geworden ist. Nur bei zweijährigen Kräutern, die oft eine längere Pfahlwurzel haben, bleibt bisweilen ein Stück von dieser im Boden stecken.

Auch daran sind Stauden oft von Kräutern zu unterscheiden, daß bei ersteren neben lebenden, Blätter und Blüten tragenden Stengeln dürre Stengel und welke Blätter (diese finden sich auch an verzweigten Kräutern im zweiten Lebensjahr), beide dunkel gefärbt, zu sehen sind; von letzteren erhalten sich oft nur die schwerer verwitternden Gefäßbündel der basalen Blatteile als „Faserschopf" am oberen Ende des unterirdischen Organs.

Stauden treiben aus dem unterirdischen Organ oft außer den blühenden Stengeln solche, die nur Blätter tragen und als beblätterte Stämmchen oder Blattbüschel bezeichnet werden.

Stauden blühen wie Holzgewächse gewöhnlich erst in einem späteren Jahre ihres Lebens, seltener schon im ersten Jahr. Letzteren Umstand macht man sich bisweilen bei der Kultur von Stauden zunutze (wenn es sich nur darum handelt, Blüten oder Früchte zu erzielen), indem man sie nach dem Blühen oder Fruchten eingehen läßt; man erspart dadurch in unserem Klima die bei Pflanzen wärmerer Gegenden nötigen besonderen Maßnahmen für das Überwintern. So wird die (windende) Feuerbohne [51], ja sogar die tropisch-südamerikanische Seerose *Victoria regia* [33] bei uns als einjährige Sommerpflanze im Freiland, letztere in einem Warmwasserbecken kultiviert und alljährlich neu aus dem Samen gezogen. Auch manche Holzgewächse erlauben diese Art der Kultur, so die (nordafrikanische) Gartenreseda [39] und der (afrikanisch-indische) Wunderbaum [27]; der Stengel bleibt bei dieser Art der Kultur natürlich krautig.

Krautige Pflanzen kommen in allen Vegetationsgebieten und an allen Standorten vor, die überhaupt Blütenpflanzen beherbergen. Daß sie an Artenzahl in wärmeren Ländern und besonders in den Waldgebieten der Tropen gegenüber den Holzgewächsen zurücktreten, wurde bereits S. 110 erwähnt. Recht charakteristisch für Länder mit verschiedenem Klima ist das Verhältnis der Anzahlen von Stauden und Kräutern, in welchem namentlich die Länge der Vegetationsperiode und die Verteilung der Niederschläge zum Ausdruck kommt:

Gebiet	Klima	Artenzahl	Stauden (ohne Sumpfpflanzen)	Kräuter
Jungferninseln (Kleine Antillen)	tropisch mit Trockenzeit	904	13%	14%
Dänemark	kaltgemäßigt ohne Trockenzeit	1084	61%	18%
„Tal des Todes" (SO-Kalifornien)	heißes Wüstenklima	294	20%	42%
Spitzbergen	Polarklima	110	73%	2%

Auf die Sippen sind die krautigen Pflanzen ungleich verteilt. Manchen Gruppen fehlen sie ganz (s. nacktsamige Pflanzen), andere dagegen beherrschen sie vollkommen oder sind in ihnen in der Überzahl.

Ein Beispiel für eine Familie, die nur krautige Pflanzen enthält, bietet die größte Familie der Blütenpflanzen, die Orchideen [125], mit etwa 15000 Arten. Die Überzahl gegenüber den Holzgewächsen haben die krautigen Pflanzen z. B. in den Familien: Nelkengewächse [26], Hahnenfußgewächse [31], Kreuzblütler [38], Dolden- [80], Primel- [82], Enzian- [96], Boretschgewächse [86], Braunwurz- [88] und Baldriangewächse [103], Korbblütler [108], Echte Gräser [122], Simsen [117], Rietgräser [121], Lilien- [113], Narzissen- [115] und Schwertliliengewächse [116]; gut vertreten sind sie auch unter den Gänsefuß- [23] und Steinbrechgewächsen [48], Schmetterlingsblütlern [51], Veilchengewächsen [43], Lippenblütlern [94], Nachtschattengewächsen [87]; diese Aufzählung bezieht sich vor allem auf die Flora von Europa.

1. Stauden.

Beim Versuch, der Mannigfaltigkeit der krautigen Pflanzen, besonders der Stauden, des mitteleuropäischen Gebietes, also der Heimat, gerecht zu werden, sind wir in besonderem Maße gezwungen, uns auf das Hervorstechendste zu beschränken. Trotzdem wird, wer sich etwa floristisch etwas gründlicher daheim umgetan hat, im weiten Gebiet der klimatisch ähnlichen Teile aller drei nördlichen Erdteile kein vollständiger Fremdling bleiben.

Die Größe dieser Stauden schwankt, von Extremen abgesehen, etwa zwischen 10 cm und 2 m. Die Tracht wird, von Vollblüte und Vollfrucht abgesehen, vielleicht am meisten durch jenen Unterschied charakterisiert, den das schau- und pflücklustige Publikum, eine Naturwiese, die recht eigentliche Staudenheimat, betrachtend, durch die Worte „Gras" und „Blumen" bezeichnet. Graspflanzen heben sich durch sehr schmale Blätter und unscheinbare Blüten von den mit verschieden gestaltigen Blättern und oft schönen Blüten begabten „Blumen" ab. Und den ähnlichen Bedürfnissen des Geographen entsprechend, schließen wir uns dem an und verschieben alles, was (abgesehen von den Blüten) wie Gras aussieht, auf eine eigene Abteilung „Grasartige" (S. 215).

Dann bleibt die Hauptmasse der Stauden als Rest übrig, aus dem sich wiederum eine Anzahl solcher heraushebt, die man nach einer früheren Erörterung (S. 106) zu den Blattpflanzen rechnen könnte, indem bei ihnen wenige, relativ große, gegen den Grund des wenig oder nicht verzweigten (im extremen Fall fehlenden) Stengels gehäufte Blätter zum Zustandekommen der Tracht beitragen, analog wie eine derartige Häufung gegen den Wipfel bei den Bäumen zur Tracht der Schopfbäume führt.

Wir versuchen, diese Gruppe, in der tropische Pflanzen eine große Rolle spielen, als „Blattstauden" zusammenzufassen, und rechnen die folgenden Vegetationsformen hierher.

Blattstauden.

1. Buntblatt-Form. Die Blätter haben weiße, weißlichgrüne oder dunkle Punkte, Flecken, Striche oder Zeichnungen der verschiedensten

Gestalt; die weißen beruhen auf dem Fehlen des Chlorophylls, die dunklen auf Anhäufung von Anthokyan. Die Unterseite bunter Blätter ist häufig purpurn oder violett gefärbt, besonders bei Bewohnern des Grundes schattiger Wälder: Erdbrot [82].[1] Auch Arongewächse [127] haben nicht selten bunte Blätter; diese kommen also sowohl bei Dikotyledonen als auch Monokotyledonen vor.[2]

2. Die Schiefblatt-Form. Unter den Schattenpflanzen der tropischen Regenwälder, die zum Teil auch Felsen bewohnen, kommen zahlreiche Arten der Gattung *Begonia* [45] mit stark unsymmetrischen, am Grunde herzförmigen und oft bunten Blättern vor. Sie sind namentlich in den Tropen Asiens und vor allem Amerikas verbreitet.[3]

3. Die Pestwurz-Form umfaßt Stauden mit mächtigen, weithin kriechenden und stark verzweigten Wurzelstöcken, denen in großer Zahl Rosetten von langgestielten, herzförmig-rundlichen bis dreieckig-herzförmigen Blättern entsprießen, die bei manchen Arten sehr groß

---

[1] Wird oft mit dem irreführenden Namen „Alpenveilchen" bezeichnet, obwohl es kein Veilchen ist, sondern zu den Schlüsselblumengewächsen gehört.

[2] Hier war nur von ursprünglicher, bei wildwachsenden Pflanzen auftretender Buntblättrigkeit die Rede. Sehr häufig kommt diese Erscheinung bei Kulturformen vor, namentlich weiß- und gelbbunte (panaschierte) Blätter finden sich nicht nur bei holzigen, sondern auch bei krautigen Pflanzen (vgl. S. 132).

[3] Begonien der mannigfachsten Art, zahlreiche Kulturrassen und Bastarde, die durch die schiefen Blätter sich leicht von allen anderen Pflanzen unterscheiden lassen, werden in den Fenstern der österreichischen, namentlich der Gebirgsdörfer und Höfe, auch im ärmsten Bauernhaus, so regelmäßig gezogen, daß sie mit anderen gleich anzuführenden, ebenfalls prächtig, reich und ausdauernd blühenden Topfpflanzen nicht nur ein schöner Schmuck sind, sondern auch zum Zustandekommen des Haus- und Ortsbildes in anmutiger Weise beitragen; manche, so die großblütige *Begonia rex* aus dem tropischen Asien, werden als Blattpflanzen gezogen; die Blüten sind hochrot, weiß oder gelb und oft gefüllt. Neben ihnen stehen die aus dem Kapland stammenden Pelargonien, zum Teil auch „Geranien" genannt [68], mit ihren dicken Stengeln, langgestielten, herzförmig-rundlichen, seicht gelappten, oft panaschierten oder braun gezonten Blättern, die bei *Pelargonium zonale* samtig behaart und matt, bei *P. peltatum* dicklich und glänzend sind; ihre roten bis weißen Blüten stehen in großen, doldenartigen Ständen. — Die Formen der Gattung *Petunia* [87] erfreuen durch große, geschweift-trichterförmige, ganz violette oder weißgestreifte Blüten das Auge. Zierlich hängen die meist hochroten, weißen und violetten vierteiligen Glöckchen der *Fuchsia*-Arten [59] an langen Stielen von Sträuchlein oder Zwergbäumchen herab; Petunien und Fuchsien haben uns die kühleren Teile Südamerikas, letztere die Kordilleren von Mexiko bis Südchile gespendet. Den Schluß machen farbenschöne Hängenelken [26] (aus Italien stammend) und die grotesken Formen der Kakteen und mancherlei Blattsukkulente; unter ersteren mag der wegen seiner zahlreichen, großen hochroten Blüten gezogene Blattkaktus [25] (S. 177) erwähnt werden.

werden. Hierher gehören die Arten der Gattung Pestwurz [108], die wegen des massenhaften Vorkommens und zum Teil der Größe ihrer Blätter an feuchten Stellen in den mitteleuropäischen Bergländern häufig tonangebend sind, und zwar: die Gemeine Pestwurz, deren Blattstiele bis 1 m hoch, deren Blattspreite bis 60 cm im Durchmesser erreicht, im Kies der Bachbetten des niedrigeren Berglandes; die Weiße P. an feuchten Stellen im Grunde der Bergwälder; die Schneeweiße P. im Schotter der Voralpenbäche. Zur Blütezeit, wenn die Blätter noch nicht entwickelt sind, sieht man in großer Zahl die oft ziemlich hohen (bis 1,5 m) mit blaßgrünen oder rötlichen Schuppen besetzten Schäfte, die viele kleine, weiße oder rötliche Blüten- und später die von den Haarkelchen weißen Fruchtköpfchen tragen. Physiognomisch und ökologisch ähnlich sind einige Arten der Gattung *Gunnera* [61] (die mit den Korbblütlern gar nicht näher verwandt ist), deren bisweilen gelappte Riesenblätter bis 2 m im Durchmesser und eine Höhe von 2 m erreichen. Sie wachsen in Südafrika, Tasmanien und Neuseeland, vor allem aber im südlichen Südamerika. Auch die grundständigen Blätter der Rhabarberarten [22] sehen ähnlich aus; der von einer mächtigen Rispe kleiner, weißlicher Blüten gekrönte Stengel ist jedoch hoch ($1^1/_2$ m) und

Abb. 62. Epiphytisches Arongewächs [127] an einem Bretterwurzelbaum. Unterer Amazonas. (Original.)

trägt große Blätter. Man kann sie wohl als Vertreter einer eigenen Vegetationsform („Rhabarber-Form“) betrachten. Es sind Gebirgspflanzen Asiens (Palästina und Kaukasusländer bis China, Südsibirien bis Himalaja). Einige hochwüchsige Ampferarten [22] mit grünlichen Blüten schließen sich hier an, namentlich heimische, in Sümpfen wachsende Arten.

4. Die *Pfeilblatt-Form* umfaßt meist hohe Stauden mit nur grundständigen, langgestielten, mehr oder weniger pfeilförmigen, oft bunten Blättern mit netziger Nervatur. Hierher gehören sehr zahlreiche Arten der Familie der Arongewächse [127] (Abb. 62), die im blühenden Zustand leicht daran zu erkennen sind, daß die sehr kleinen Blüten dichtgedrängt einer dicken Achse aufsitzen und einen „Kolben“ bilden, der von einer tütenförmigen (vor dem Aufblühen geschlossenen) Blütenscheide umgeben ist; er hat, wie die Scheide, oft sehr lebhafte Farben;

die der Scheide können von der des Kolbens verschieden sein. Die Arongewächse (auch die nicht zur Pfeilblatt-Form gehörigen) bewohnen vorwiegend die Tropen, und zwar den Grund der Regenwälder; viele sind auch typische Epiphyten. In Mitteleuropa einheimisch ist der Aronstab, eine Laubwaldpflanze. Auch einige heimische Sumpfpflanzen können hier angereiht werden, so das Pfeilkraut [109], dessen Blätter wenigstens zum Teil dem Namen der Vegetationsform entsprechen.

5. *Wegerich-Form.* Großblättrige Rosettenpflanzen. Blätter elliptisch (Breitwegerich-Form) bis lanzettlich (Spitzwegerich-Form), ganz-

Abb. 63. „Steckenkraut" [80] auf Mytilini. $1^1/_2$ bis $2^1/_2$ m hoch, Blüten gelb. (Phot. K. H. Rechinger.)

randig oder fast so, bogennervig. Blüten zahlreich an hohen Schäften. Hierher monokotyle Sumpfpflanzen, z. B. der Froschlöffel [109] mit langgestielten Blättern mit Querbrücken zwischen den Nerven und ausgebreiteter Rispe; ferner viele Arten der Gattung Wegerich [95], bei der die Nerven durch ein Adernetz verbunden sind und die sehr kleinen Blüten eine lange, lineale bis kurze, elliptische Ähre bilden. Unter den Wegerichen gibt es viele mit linearen bis (im Querschnitt) halbstielrunden Blättern, die manchmal an einem vielköpfigen Wurzelstock (S. 180) in Schöpfen oder polsterartig angeordnet sind. Solche Wegeriche („Graswegerich-Form") wachsen z. B. auf steinigen Triften in den Alpen und in den Mittelmeerländern, andere sind Halophyten am Meeresstrand oder im Binnenland. Wenn sie nicht blühen, sehen sie Gräsern recht ähnlich.

6. Die *Doldenpflanzen-Form.* Die meisten zur Familie der Doldenpflanzen [80] gehörigen Gewächse haben eine sehr eigenartige Tracht,

so daß sie als Vertreter einer besonderen Vegetationsform betrachtet werden können. Es sind meist stattliche, selten unter $^1/_2$ m hohe Pflanzen mit wenigen, aber langen Ästen und (wenigstens den unteren) großen, stark geteilten Blättern, deren Abschnitte meist klein, nicht selten sehr schmal sind. Die sehr kleinen, meist weißen, seltener gelben Blüten stehen in zusammengesetzten Dolden, und diese oft sehr großen und blütenreichen, schirmförmigen Blütenstände sind das auffallendste Merkmal aller Angehörigen der Vegetationsform und der meisten der Familie der Doldenpflanzen (vgl. S. 197, Schmalblatt-Eryngium-Form, und S. 203,

Abb. 64. Eine einheimische Schierlings-Art [80] als Vertreter der Doldenpflanzen-Form. Mehrmals verkleinert. (Nach R. v. Wettstein.)

Disteln). Die Doldenpflanzen sind hauptsächlich Bewohner der nördlichextratropischen Gebiete, deren trockenwarme Teile sie besonders bevorzugen. In kühleren, dabei feuchten Gegenden (Mitteleuropa, höhere Lagen des Kaukasus, Ostasien), doch auch in den Mittelmeerländern und im Orient gibt es mehrere meterhohe Arten (Abb. 63); auf Kamtschatka z. B. erreicht eine Art der Gattung Engelwurz bis 4 m Höhe bei einem Stengeldurchmesser von 7 bis 13 cm und einer Länge der unteren Blätter von mehr als 2 m.[1] Von bekannten Pflanzen gehören hierher die verschiedenen Schierlingsarten (Abb. 64). Zur Doldenpflanzen-Form kann man auch die hochwüchsigen Baldrianarten [103] rechnen, ferner einige Korbblütler [108], die zahlreiche kleine, zu schirmförmigen Blütenständen vereinigte, meist weiße, seltener gelbe Köpfchen besitzen (z. B. Schafgarben).

7. Zur *Farn-Form* gehören fast alle eigentlichen Farne [4], die nicht Baumfarne, Lianen oder Wasserpflanzen sind. Aus dem stets unterirdischen Stamm entspringen in Abständen, häufiger dichtgedrängt, die meist ziemlich langgestielten Blätter („Wedel"), deren Gesamtform vorwiegend. länglich bis dreieckig ist; ihre Länge kann über 1 m betragen. Sie sind selten ungeteilt, bisweilen einfach fiederlappig oder fiederspaltig oder handförmig geteilt, weitaus am häufigsten aber zwei- bis vierfach fiederschnittig. In der Jugend sind die Blätter und ihre Teile („Fiedern" und „Fiederchen") eingerollt. Stiel, Mittelnerv und Blattflächen, namentlich die Unterseite, sind häufig verschieden dicht mit blaß- bis dunkelbraunen, häutigen Schuppen („Spreuschuppen") bekleidet. Die Sporen werden in kleinen Behältern erzeugt, und diese sind auf der Unterseite der Blätter in mannigfacher und für die einzelnen Familien, Gattungen

---

[1] Nach Mitteilung von Dr. Helmut Gams.

und Arten charakteristischer Weise zu Gruppen von verschiedener Gestalt (rund, länglich, hakenförmig, Streifen oder Linien längs des Blattrandes) vereinigt.

Nicht alle Blätter tragen Sporen: meist gleichen die „fruchtbaren" den „unfruchtbaren", manchmal aber sind erstere durch die dichtgedrängten Sporenbehältergruppen auch in der Tracht stark verändert oder es ist ein Teil des Blattes fruchtbar, der übrige nicht. Die zur Farn-Form gehörigen Farne sind über den größten Teil der Landoberfläche verbreitet; sie fehlen jedoch der Arktis und sind oberhalb der Gebirgsbaumgrenze nur spärlich vertreten. Dasselbe gilt für Gebiete mit ausgesprochener Trockenperiode (Wüsten usw.). Wo diese mäßig entwickelt ist, z. B. in den Mittelmeerländern, finden sich Farne oft nur an besonders schattigen und daher feuchten Stellen, sonst fehlen sie weit und breit.[1] Das Hauptwohngebiet der Farne aber sind, wie ihre großen, meist zarten Blätter erwarten lassen, die immerfeuchten und sommerfeuchten Waldgebiete und ganz besonders die tropischen und subtropischen Gebirgswälder, in deren Nebelzone u. a. die überaus zarten Hautfarne zu Hause sind.

Viele tropische und subtropische Farne leben regelmäßig als Epiphyten, ohne ausgesprochene Ausrüstungen für diese Lebensweise zu haben;[2] manche Farne bewohnen Fels- und Mauerritzen und sind dann oft für ein bestimmtes Gestein charakteristisch (kalkliebende und kalkmeidende Arten). Die Sporen der Farne können ihrer geringen Größe wegen auf weltweite Entfernungen verfrachtet werden. Daher spielen sie in der Flora landferner Inseln in zweifacher Weise eine sehr eigenartige Rolle: der Hundertsatz an Farnarten (gegenüber den Blütenpflanzen) ist regelmäßig ein erheblicher und größer, als dies auf den nächsten Festländern der Fall ist; ferner sind die Arten größtenteils mit denen der umgebenden Festlandsgebiete identisch, während die Blütenpflanzenarten, ja öfter auch die -gattungen auf der Insel endemisch sind. Auch physiognomisch ist die Rolle der Farne auf landfernen Inseln oft sehr groß, indem sie in der Vegetation vorherrschen. — Der Adlerfarn ist Kosmopolit und bildet namentlich auf ehemaligem Waldboden oft ausgedehnte Bestände, in denen Roß und Reiter verschwinden können.

Die nächsten Vegetationsformen (*8* bis *11*) umfassen obligatorische Epiphyten, die fast durchaus zu den Farnen und Monokotyledonen

---

[1] In den stark entwaldeten, daher der Sonne sehr ausgesetzten Karstländern an der Ostküste der Adria ist die durch lineal-längliche, ganzrandige Blätter ausgezeichnete Hirschzunge auf tiefe Felsspalten, Karstschlünde und die Ritzen in den gemauerten Wänden der Zisternen beschränkt und für solche Örtlichkeiten geradezu bezeichnend; in der spanischen Sierra Nevada fand ich sie einmal bei zirka 1000 m Höhe in einer kleinen, engen und durch Sträucher stark beschatteten Bachschlucht, während wenige Schritte davon ein mächtiger Feigenkaktus in der Sonne stand. Es gibt im Mittelmeergebiet allerdings auch xerophytische Farne.

[2] Als Gelegenheitsepiphyten finden wir in Mittel- und Südeuropa häufig den durch einfach-fiederteilige Blätter ausgezeichneten Tüpfelfarn.

gehören, ausgesprochene Einrichtungen für die epiphytische Lebensweise besitzen, in der Gestalt aber wenig gemeinsam haben. Sie werden im folgenden in einer solchen Reihenfolge angeführt, daß die am vollkommensten an den Epiphytismus angepaßten zuletzt kommen.

8. Die *Nährwurzel-Epiphyten* sind von der Nahrungszufuhr aus dem Erdboden noch vollkommen abhängig, daher nennt man sie auch Hemi-Epiphyten, d. h. Halbepiphyten. Wenn sie auf dem Wohnbaum gekeimt, sich mit den Haftwurzeln befestigt und einige Blätter entwickelt haben, so treiben sie kräftige Nährwurzeln, die in den Boden eindringen und durch Verkürzung des unterirdischen den freien Teil derselben anziehen, so daß die bis fingerdicken Nährwurzeln wie straff gespannte Seile aussehen; hierdurch unterscheiden sie sich von den oft vielfach gewundenen Lianenstämmen (Abb. 65). Hierher gehören einige pfeilblättrige Arongewächse [127] des tropischen Amerika. Ihre fleischigen Früchte werden von Vögeln verzehrt und die Samen von diesen auf die Wohnbäume gebracht. Eine in mancher Hinsicht ähnliche Lebensweise führen manche Feigenbaumarten [15], dikotyle Holzgewächse, die bei den Vegetationsformen „Mehrstämmige Bäume" und „Baumwürger" besprochen worden sind.

Abb. 65. Großer Nährwurzel-Epiphyt (Arongewächs [127]) mit straff gespannten „Seilwurzeln". Unterer Amazonas auf höher gelegenem Land. (Original.)

9. *Luftknollen-Epiphyten*. Bei diesen sind entweder einzelne oder eine Reihe aneinanderschließender Stengelglieder zu rundlichen oder länglichen, grünen Knollen („Luftknollen", „Pseudobulben") umgewandelt. Die Wurzeln dienen zum Teil zur Befestigung und zur Nahrungsaufnahme aus den Erdanhäufungen, die sich aus Staub, Niederschlagswasser und Humus bilden und deren Zusammenhalt durch die dichten Wurzelgeflechte begünstigt wird; außerdem gibt es noch grüne, also zur Kohlensäureassimilation befähigte Luftwurzeln, die (abgesehen von der Spitze) von einer dicken, im trockenen Zustand weißen „Wurzelhülle" bedeckt sind; diese saugt darauffallendes Regenwasser direkt auf,

was für die Wasserversorgung der Pflanzen von Bedeutung ist. Die Luftknollen dienen der Wasserspeicherung.

Obwohl vorzugsweise Bewohner immerfeuchter Gebiete, sind die Luftknollen-Epiphyten an ihren luftigen Standorten doch zeitweilig den Gefahren
wechselnder Luftfeuchtigkeit und damit unsicherer Wasserbilanz ausgesetzt,
so daß die Bedeutung besonderer Einrichtungen für Aufnahme und Speicherung des Wassers verständlich erscheint. Fast alle Luftknollen-Epiphyten
gehören zu den Orchideen
[125] und bewohnen in riesiger,
noch nicht völlig erforschter
Mannigfaltigkeit namentlich die
Gebirge der Tropen, besonders
von Asien und Amerika bis in
bedeutende Höhen; viele davon
haben große, bizarr geformte
und prächtig gefärbte, viele
aber auch kleine unscheinbare
Blüten. Manche erreichen eine
sehr bedeutende Größe, z. B.
das javanische *Grammatophyllum,* andere messen nur einige
Zentimeter. Die Samen sind
außerordentlich klein ($^1/_{200}$ mg
schwer) und werden durch Luftströmungen verbreitet. (Bisweilen wachsen die gewöhnlich
epiphytischen Orchideen in un-
veränderter Form auch an Felsen oder im Erdboden.)

*10. Mantel- oder Nischen-
blätter-Epiphyten.* Hierher ge
hören die Arten der Farngat-
tung *Platycerium* (Geweihfarn). Es sind große Pflanzen
mit zweierlei Blättern: die
einen sind geweihartig geteilt,

Abb. 66. Trichter-Epiphyt aus der Familie der Ananasgewächse [118]. Unterer Amazonas. (Original.)

dienen vornehmlich der Assimilation, und die Enden der Abschnitte tragen
unterseits in Form eines braunen Belages die Sporenbehälter; die anderen
„Mantel- oder Nischenblätter" sind kleiner, weniger geteilt oder ganz ungeteilt, etwas gewölbt und dem Wohnbaum angeschmiegt. Zwischen ihnen
und der Rinde des letzteren sammelt sich Erde, zu der die älteren Mantel-
blätter beim Verwesen auch einen Beitrag liefern. In diese „selbst-
geschaffenen Blumentöpfe" entsendet der Geweihfarn Wurzeln. Die
Platycerium-Arten bewohnen die tropischen Regenwälder der Alten Welt
und der Anden.

11. Trichter-Epiphyten. Die schmalen Blätter sind im unteren Teil
fest aneinandergeschmiegt und bilden so einen Trichter. Hierher gehört

zunächst ein großer (bis 1 m hoher) Farn, der Nestfarn [4], der in den tropischen Regenwäldern der Alten Welt vorkommt.

Zu einer höchst eigenartigen und vollkommenen Ernährungseinrichtung sind diese Trichter bei den epiphytischen Bromeliazeen [118] ausgebildet. Hier schließen die Blätter, die manchmal bunt, bisweilen am Rande dornig gezähnt sind, im unteren, rinnenförmigen Teil so fest aneinander, daß ein schmaler, zylindrischer Behälter entsteht, der oft von kleineren, hohlkehlenförmigen umgeben ist; alle diese Hohlräume sind wasserdicht, so daß sich in ihnen kleine tiefe Tümpel („Zisternen") bilden, die auch während kürzerer Trockenzeiten nicht schwinden (Abb. 66, 67). In sie fallen Staub und organische Substanzen, so daß sie kein reines Wasser enthalten, sondern eine Flüssigkeit, in der verschiedene Stoffe gelöst sind; andere, die unlöslich sind, sinken zu Boden und bilden im Grunde der Tümpelchen einen dunklen Bodensatz.[1]

Abb. 67. Große Bromeliazee [118] an Urgesteins-Fels f l ä c h e n bei Rio de Janeiro. (Original.)

Die erwähnte Lösung ist für die epiphytischen Bromeliazeen die einzige Quelle für Wasser und mineralische Nährstoffe, ersetzt also vollständig den Boden, von dem diese Pflanzen demnach völlig unabhängig sind. Derlei Pflanzen gibt es namentlich unter den Flechten und Moosen, bei denen jedoch die Aufnahme der Nährlösungen durch die ganze Oberfläche erfolgt; hier sind besonders die Torfmoose (der Hochmoore) und die nackte Felsflächen besiedelnden Flechten und Moose zu nennen. Pflanzen dieser Ernährungsweise leben also nicht nur zum Teil, sondern ganz „von der Luft" und von dem, was daraus auf sie herabfällt (Niederschläge, Staub), und werden daher „Luftpflanzen" (Aërophyten) genannt. Sie brauchen nicht nur den Erdboden nicht, sondern ebensowenig etwaige Erdansammlungen in Astgabeln, Spalten der Rinde usw., wie es bei den übrigen Epiphyten unter den höheren Pflanzen der Fall ist. Ihre Wurzeln sind ganz kurz und dringen in die Unterlage nicht ein, sondern haften nur darauf und dienen nur der Befestigung. Die Aufnahme der Nährlösungen erfolgt nur durch besonders dieser Funktion angepaßte Blattzellen, die sich im unteren Teil der oben erwähnten Trichter und Nebenbehälter an deren Innenseite befinden.

Die beschriebene Ausnutzung und Lebensweise befähigt epiphytische Bromeliazeen, auch nackte Felsflächen zu besiedeln, und sie sind wohl die einzigen unter den Blüten- (und Farn-) Pflanzen, die dazu imstande sind. Da nun die ganze Familie auf das wärmere Amerika beschränkt ist,

---

[1] Lösung und Bodensatz scheinen recht nahrhaft zu sein, denn nach meinen Beobachtungen lebt in den Wasseransammlungen ein wahrer Mikrokosmos, in dem auch Tiere bis zur Größe einer Mückenlarve nicht fehlen.

so gibt es wohl[1] nur dort höhere Pflanzen, die nackte Felsflächen bewohnen, indem sie daran haften, ohne ihnen Nährstoffe zu entnehmen.

Am weitesten unter den epiphytischen Bromeliazeen überhaupt ist die Anpassung an diese Lebensweise und die Unabhängigkeit vom Erdboden und von der Unterlage bei der artenreichen (zirka 250 Arten) Gattung *Tillandsia* getrieben. Es sind dies (manchmal ganz kleine, nur einige Zentimeter erreichende) Pflanzen, bei denen die Grundteile der Blätter keine deutlichen Zisternen bilden; oft sind sie ganz schmal, stark gekrümmt, und die Pflanze stellt einen Schopf oder Knäuel von schmalen Blättern dar. Alle Teile sind dicht mit Schüppchen bedeckt, die in trockenem, lufterfülltem Zustand die ganze Pflanze nicht grün, sondern grau erscheinen lassen; die Schüppchen nehmen darauffallendes Regenwasser sehr rasch auf und dann scheint das Grün wieder durch; sie spielen also die Rolle der oben erwähnten Saugorgane am Grunde der Zisterne. Die Arten dieser Gattung können als Vertreter einer eigenen Vegetationsform (*Tillandsia*-Form) betrachtet werden (Abb. 68). Sie bewohnen (auch in sehr trockenen Ländern Amerikas) selbst ganz dünne Zweige, auf denen sie sich oft wie trockene Früchte ausnehmen; ferner besiedeln sie, wie kleine Strauchflechten aussehend, in großer Zahl Fels-

Abb. 68. Ast eines teilweise entblätterten Baumes mit kleinen kugeligen Tillandsien [118]. Trockengebiet von Nordost-Brasilien. (Original.)

flächen, ja sogar Leitungsdrähte usw. (Eine Art, *T. usneoides*, gleicht habituell einer Baumbartflechte und gehört daher zur Vegetationsform der Bart- und Schleierpflanzen [S. 102]. Sie ist wurzellos und hängt nur an den Zweigen, die sie bewohnt.)

Die meisten Bromeliazeen haben große, schönfarbige Blüten in ähren- oder rispenförmigen Blütenständen oft mit auffallend gefärbten Hochblättern. Die Samen tragen lange Haare und sind zur Verbreitung durch den Wind geeignet.

Die beiden nächsten Vegetationsformen (*12* und *13*) umfassen stattliche Stauden der feuchten tropischen und subtropischen Gebiete mit

---

[1] Außer einer tropisch-asiatischen Orchidee.

gestielten, länglichen bis zungenförmigen, ganzrandigen, dicht fieder-
nervigen Blättern und oft großen, bizarr geformten, schön gefärbten
Blüten. Die hierhergehörigen Pflanzen gehören zur Familiengruppe
(Reihe) der *Scitamineae*.

12. Bei der *Blumenrohr-Form* ist der oft mehrere Meter hohe, kräftige,
einige Jahre ausdauernde (aber selbstverständlich n i c h t holzige) S t e n g e l
(„Weichstamm") in A b s t ä n d e n mit den Blättern besetzt. Hierher gehört eine Anzahl von Be-
wohnern des Grundes der Regenwälder. Das in Westindien heimische und weitverbreitete Blumenrohr [124] verträgt auch das
mitteleuropäische Sommerklima
und hat rote Blüten und oft
dunkelpurpurne Blätter.

13. Zur *Bananen-Form* gehören sehr stattliche, bis 13 m
hohe Stauden ohne vegetative
oberirdische Stämme. Der Wurzelstock treibt mächtige zungen-
förmige Blätter, deren Spreite
zwischen den Seitennerven durch
den Wind meist in Querstreifen
zerrissen wird; ihre sehr kräftigen, rinnenförmigen Scheiden-
teile stehen lotrecht, schließen
dicht aneinander, sind ineinander
geschachtelt und bilden so einen
hohlen „Scheinstamm". Der die
Blüten tragende Schaft wächst
durch den Hohlraum des Schein-

Abb. 69. Abessinische Banane [123] in Blüte.
(Nach Photographie.)

stammes und trägt sehr zahlreiche große Blüten; das Gewicht der Früchte
bewirkt, daß sein Ende sich nach unten biegt. Da der Blütenstand endständig ist, stirbt er samt den zugehörigen Blättern nach einmaligem
Blühen ab. Die Bananen-Form deckt sich fast ganz mit der Familie der
Bananengewächse [123]. Nur die eine von den beiden *Ravenala*-Arten
(S. 149) ist ein Baum. Die wichtigste Gattung ist *Musa* (Banane), von
deren Formen die aus Ostindien stammende eigentliche Banane[1] in den
ganzen Tropen, die chinesische Banane[1] in den Subtropen (z. B. Kanaren)
kultiviert wird; *M. textilis* (Philippinen) liefert den Manilahanf (Fasern

---

[1] Die als Obst kultivierten Formen von *Musa* haben samenlose Früchte.

der Blattstiele), die abessinische Banane ist eine Gebirgspflanze, die das mitteleuropäische Sommerklima verträgt (Abb. 69).

14. Aninga-Form. Im Habitus einigermaßen *12* und *13* ähnlich, aber sonst ein echtes Arongewächs ist die „Aninga" der Brasilianer [127], eine 3 bis 4 m hohe Staude mit dickem Stengel und pfeilförmigen, netznervigen Blättern. Man kann es als Vertreter einer eigenen Vegetationsform betrachten, der „Aninga-Form".[1] Es ist eine Sumpfpflanze, die im seichten Uferwasser der Flüsse und Flußarme im tropischen Amerika ausgedehnte, streifenförmige Bestände bildet (Abb. 70).

Abb. 70. Im Hintergrund Aninga [127], vorn Wasserhyazinthe [114] am Rand des Überschwemmungsgebietes eines Armes des unteren Amazonas. (Original.)

Die folgenden Vegetationsformen (*15 a* bis *15 n*) haben meist grundständige, lineale bis längliche, ganzrandige, parallel- oder bogennervige Blätter und einen blattlosen oder mit verhältnismäßig kleinen Blättern besetzten Schaft, der sehr kurz sein kann. Sonst sind sie in der Tracht ziemlich verschieden, haben aber gewisse unterirdische Merkmale sowie solche der Lebensweise gemeinsam. Das unterirdische Organ dieser fast durchaus außer *15 m* zu den Monokotylen gehörigen Pflanzen ist nämlich stets ein Wurzelstock oder eine Zwiebel oder besteht aus einer oder mehreren Knollen (Stamm- oder Wurzelknollen). Der Besitz solcher als Reservestoff- oder Wasserbehälter geeigneter Organe befähigt diese Pflanzen namentlich zum Leben in Gebieten mit Trockenperiode (Steppen, Savannen, Trockenwald- und Hartlaubgebieten). Daher sind fast alle im folgenden angeführten Gruppen in den Mittelmeerländern und im Orient artenreich vertreten. Dort entwickeln sie ihre Blätter und Blüten in der

---

[1] Dieser brasilianische Name der Pflanze entstammt wie viele andere dort gebräuchliche Bezeichnungen für Pflanzen und Tiere der auch heute noch weitverbreiteten Sprache der ausgestorbenen Tupí-Indianer.

niederschlagsreichen Jahreszeit (Frühling oder Herbst), während sie sich im Winter, noch mehr im Sommer, oft ganz in die Erde zurückziehen oder nur den vertrockneten, die reifen Früchte tragenden Stengel zeigen. Das Verhalten im Laufe des Jahres ist im einzelnen sehr verschieden. Das Schneeglöckchen [115] und die frühlingsblühenden Safranarten [116] blühen bei uns im allerersten Frühjahr, entwickeln gleichzeitig oder etwas später die Blätter und sehr bald die Frucht, und dann verschwinden (noch im Frühling) alle oberirdischen Teile bis zum Vorfrühling des folgenden Jahres. Nicht selten sind Blüten und Blätter nicht gleichzeitig zu sehen, sondern zu ganz verschiedenen Jahreszeiten: unsere Herbstzeitlose [113] blüht im Herbst, ruht im Winter, entwickelt im Frühjahr Blätter und Frucht, ruht im Sommer. Die mediterrane Meerzwiebel [113] macht es ähnlich. Manche Arten, z. B. einige einheimische Orchideen, kommen in einzelnen Jahren oberirdisch überhaupt nicht zum Vorschein. Die hierhergehörigen Pflanzen leben also zum Teil länger nur unterirdisch, als es sonst bei Stauden der Fall ist, und werden auch daher Geophile oder Geophyten genannt (vgl. S. 180). Sie gehören meist in die Familiengruppe (Reihe) der *Liliiflorae*, deren Blüten fast immer sechs Blütenhüllblätter haben.

15 a. Affodill-Form. Stattliche Stauden (bis 3 m hoch) mit oft sehr reichblütigen Blütenständen und meist weißen Blüten [113]. In den Hochsteppen des Orients (Steppenlilie) und in den Mittelmeerländern (Affodill) oft in großen Beständen.

15 b. Hyazinthen-Form. Von der Tracht der Gartenhyazinthe, aber oft geringerer Größe, Blüten in Trauben, meist lila oder hell- bis dunkelblau. Die kleinwüchsigen Traubenhyazinthen auch in Mitteleuropa gut vertreten. Die Gartenhyazinthe [113) in verschiedenen Farben in Holland feldmäßig kultiviert.

15 c. Narzissen-Form. Blüten einzeln oder in doldenähnlichen Ständen, ansehnlich, weiß oder gelb, mit einer schüssel- oder glockenförmigen „Nebenkrone" in der Mitte der Blüte, oft wohlriechend. Einige Arten bilden weithin sichtbare, prachtvolle Massenvegetation: die weiße oder Dichternarzisse [115] im Vorfrühling auf Wiesen in manchen Voralpengegenden,[1] gelbblühende Narzisse in England.

15 d. Die Milch-, Gelb- und Blausterne sind kleine Stauden mit sternförmigen, meist in Doldentrauben stehenden Blüten. Die meisten Arten der Gattungen *Ornithogalum*, *Gagea* und *Scilla* [113] gehören hierher. Auf Wiesen und in Auen Mitteleuropas fallen sie im Frühjahr durch zahlreiches Vorkommen oft sehr auf. Einige Blausternarten treten oft im Rasen alter Parke auf (S. 195, 204).

----

[1] Für den Bauern ein „schädliches Wiesenunkraut", aber für den Fremdenverkehr ganz „nützlich".

15 e. Lauch-Form. Mittelgroße oder hochwüchsige (bis 1 m) Stauden mit gar nicht oder nur unten beblättertem Stengel; Blätter fast immer schmal, oft rinnig oder halbrund, teilweise oder ganz hohl, röhrenförmig. Blüten in reichblütigen Dolden, die nicht selten auch oder ausschließlich kleine „Brutzwiebeln" tragen.[1] Vor dem Aufblühen ist der Blütenstand in eine Blütenscheide eingeschlossen, die schnabelartig verlängert sein kann und dann aufrechtstehend der Pflanze vor dem Aufblühen ein sehr eigenartiges Aussehen verleiht. Hierher gehört die Gattung Lauch [113], deren Arten den bekannten Zwiebelgeruch haben und welche u. a. mehrere wichtige Kulturpflanzen (Knoblauch, Schnittlauch, Zwiebeln) und den breitblättrigen, weißblütigen Bärenlauch umfaßt, der in unseren Wäldern Massenvegetation bildet.

15 f. Tulpen-Form. Blätter schmal bis breit lanzettlich, Blüten einzeln, ziemlich groß, meist gelb oder rot. Die „Wilde" Tulpe [113] kommt im Rasen alter, etwas vernachlässigter Parke in Mitteleuropa häufig verwildert vor (ihre Heimat ist das südliche Europa); die gelben Blüten erscheinen selten; gewöhnlich sieht man nur die einzeln stehenden, schmalen, graugrünen Blätter in Menge. Viele Formen von Tulpen (die von vorderasiatischen Arten abstammen) werden so wie die Hyazinthen in Holland feldmäßig kultiviert.

15 g. Schneeglöckchen-Form. Meist kleine Stauden, deren weiße, grün gezeichnete Blüten meist einzeln stehen und vollerblüht die Mündung nach abwärts richten („nicken"). In Mitteleuropa sind das Schneeglöckchen und die Frühlingsknotenblume [115] charakteristische und in großen Massen wachsende Vorfrühlingsblumen, ersteres in Auen und niedriggelegenen Bergmischwäldern, letztere auf feuchten Wiesen höher gelegener Gegenden.

15 h. Zeitlosen-Form. Blüten einzeln, ziemlich groß, schmal, mit sehr langer, teilweise unterirdischer Röhre. In Mitteleuropa fallen einige Arten durch massenhaftes Vorkommen sehr auf, besonders da sie auf Wiesen zu Jahreszeiten erscheinen, wenn das „Gras" noch kurz ist (Vorfrühling) oder wenn der letzte Wiesenschnitt schon vorbei ist (Herbst). Ersteres ist der Fall bei (den S. 194 genannten) Safranarten [116], deren Blüten in den Voralpen die Wiesen, gleich nachdem sie aper geworden sind, mit Tausenden von weißen und violetten Flämmchen zieren;[2]

---

[1] Brutzwiebeln sind kleine, rundliche, fleischige Gebilde, die (wie Früchte oder Samen) abfallen und aus denen sich neue Pflanzen entwickeln. Sie können auch an Stelle der Früchte treten, wobei diese sich dann überhaupt nicht ausbilden.

[2] Der Echte Safran, der aus Vorderasien stammt, blüht im Herbst, und zwar violett; er wurde früher auch im wärmeren Mitteleuropa (z. B. im nordöstlichen Niederösterreich) kultiviert. Die orangegelben Narben liefern das Gewürz. (Ihre Farbe hat GRILLPARZER wohl dazu verleitet, in der bekannten

letzteres bei der rosa-lila blühenden Herbstzeitlose [113],[1] deren breite, üppige Blätter in Form von Trichtern, die in der Tiefe die großen Kapseln tragen, im nächsten Frühjahr sehr auffallen (s. S. 194).

15 i. Schwertlilien-Form. Meist stattliche Stauden mit oft verzweigtem, beblättertem Stengel, schmalen, „reitenden" Blättern, d. h. die Blätter sind gefaltet, umfassen mit dem Grunde den Stengel und wenden die beiden Flächen seitwärts, nicht nach oben und unten. Blüten in mäßiger Anzahl, regelmäßig, häufig groß, vorherrschend blau, violett und gelb, drei Staubgefäße. Hierher gehören vor allem die Arten der

Abb. 71. *Eriocaulon* [120] in einer Savanne in Süd-Brasilien. (Nach R. v. WETTSTEIN.)

Gattung Schwertlilie [116], von der es außer in Mitteleuropa, den Mittelmeerländern und im Orient auch in Zentral- und Ostasien viele Arten gibt.

15 j. Schwertel-Form. Stauden von verschiedener Größe, mit „reitenden" Blättern und mittelgroßen, nicht regelmäßigen, sondern zweiseitig-symmetrischen Blüten, die oft in schmalen, einseitwendigen Ständen angeordnet sind. Farbe der Blüten vorherrschend rot oder purpurn. Drei Staubgefäße. Viele Arten im Kapland, einige auch in Mitteleuropa, den Mittelmeerländern und im Orient. Schwertelarten [116] werden in unseren Gärten vielfach kultiviert.

Landschaftsschilderung Niederösterreichs im Drama „König Ottokars Glück und Ende", dritter Aufzug zu sagen: „Von Lein und Safran gelb und blau gestickt...". Da der Lein [Flachs] schön blau blüht, bleibt für den violett blühenden Safran wohl nur „gelb" übrig!)

[1] Gehaßtes „Wiesenunkraut".

15 k. Erdorchideen-Form. Kleine bis mittelgroße Stauden mit unverzweigtem Stengel, wenigen grund- und stengelständigen, lanzettlichen bis länglichen, seltener breiten Blättern und meist ziemlich zahlreichen zweiseitig-symmetrischen, oft bizarr geformten Blüten von verschiedener, nicht selten grünlicher, auch bunter Farbe. Die Erdorchideen sind in den gemäßigten und trocken-warmen Ländern die einzigen Vertreter der großen Familie der Orchideen; sie fehlen auch in den immerfeuchten Gebieten nicht, werden aber dort von den zur Vegetationsform der Luftknollen-Epiphyten gehörigen Arten, was Artenanzahl, Mannigfaltigkeit, Größe und Schönheit der Blüten anlangt, weit übertroffen.

15 l. Eriocaulon-Form. Hierher gehören kleine bis mittelgroße Stauden mit blattlosem Stengel und schmalen, grundständigen Blättern. Was sie besonders auszeichnet, ist der Blütenstand, der einem Korbblütlerköpfchen zum Verwechseln ähnlich ist (Blüten zahlreich, sehr klein, der Blütenstand von Hochblättern umhüllt). Blütenfarbe

Abb. 72. Ein „Schmalblatt-Eryngium" [80] (im Habitus einer Agave sehr ähnlich) in einer Savanne in Süd-Brasilien. (Nach R. v. WETTSTEIN.)

weiß. Die Vegetationsform umfaßt die Hauptmasse der Familie der *Eriocaulaceae* [120], namentlich der Gattung *Eriocaulon*; diese sind hauptsächlich Bewohner sumpfiger Stellen in den Campos und den Gebirgen des östlichen und südlichen Brasilien (Abb. 71).

Durch die Tracht, namentlich die bedornten Blätter von *15 a* bis *15 l* abweichend, sind *15 m* diejenigen Erdbromeliazeen [118] der Ananas-Form, die nichtfleischige Blätter haben, sich aber sonst der Schwertblatt-Form der Blattsukkulenten (S. 172) anschließen. Ihnen steht habituell die Schmalblatt-Eryngium-Form (*15 n*) sehr nahe. Es sind zur

Familie der Doldenpflanzen [80] gehörige, also dikotyle Pflanzen, deren Blüten (so wie bei der Distel-Eryngium-Form, S. 203) nicht in zusammengesetzten Dolden, sondern in Köpfchen stehen. Sie bewohnen die Trockengebiete des wärmeren Südamerika (Abb. 72).

Stengelstauden.

Endlich schließen sich an die Blattstauden diejenigen Stauden, bei denen der Stengel und seine oft recht reichliche Verzweigung für das Zustandekommen der Gesamttracht am wichtigsten ist, während die Blätter gewöhnlich mehr oder minder zahlreich, aber nicht auffällig groß, auch in der Größe gewöhnlich nicht auffallend untereinander verschieden, meist nicht am Grunde des Stengels gehäuft sind, sondern in deutlichen Abständen ziemlich gleichmäßig einzeln oder in mehrere gleichartige Gruppen vereinigt, am Stengel verteilt sind.

Manchmal sind die Stengel aufsteigend, d. h. unten waagrecht, dann bogig aufwärts gekrümmt und zum Teil oberirdische Wurzeln entwickelnd, schließlich aufrecht. Derartige krautige Pflanzen stehen als „Stengelstauden" in einem ähnlichen Gegensatz zu der Abteilung der Blattstauden wie die Schopfbäume zu den Wipfelbäumen. Zu ihnen gehören, wenigstens in den gemäßigten Klimaten, die Hauptmasse der nichtgrasartigen, nicht holzigen Pflanzen, vorwiegend Dikotyledonen.

α) **Aufrechte.** Bemerkenswert sind: *1.* Die *Lilien-Form.* Blätter wechselständig, lanzettlich bis länglich, bogennervig (monokotyle Pflanzen); Blüten groß, weiß, gelb, rot oder bunt, manchmal gefleckt; hierher u. a. viele Arten echte Lilien [113].

2. Die *Zweizeilblatt-Form.* Mittelgroße Stauden mit ganzrandigen, breitlanzettlichen bis ovalen, bogennervigen Blättern, die zweizeilig an dem übergebogenen Stengel stehen, und zwar wechselständig bei den meisten Arten der Gattung Weißwurz [113], deren Blüten weiß sind, gegenständig bei dem in den Voralpen sehr häufigen blaublütigen Schwalbenwurzenzian [96].

3. Die *Riesenenzian-Form.* Hohe Stauden (oft über 1 m) mit gekreuzt gegenständigen (Enziane), seltener wechselständigen (Germer), elliptischen, ganzrandigen, bogennervigen Blättern und zahlreichen verschieden gefärbten Blüten. Hierher gehören von Pflanzen Mitteleuropas einige, die in mittleren Lagen der Gebirge (z. B. Voralpen) beheimatet sind: die großen Enzianarten [96], z. B. der gelbe Enzian, der trübviolette „ungarische" Enzian u. a., anderseits die Arten der Gattung Germer [113].[1]

----

[1] Die genannten und einige andere Enzianarten liefern den Enzianschnaps; sie sind daher in manchen Gegenden der Alpen von den Wurzelgräbern ausgerottet worden. Die großen Enziane und die Germer sind eines der wenigen Beispiele (s. S. 27) sehr großer habitueller Ähnlichkeit (namentlich im nichtblühenden Zustand) dikotyler Pflanzen (Enzian) mit monokotylen (Germer).

4. Die *Nessel-Form.* Stengel oft vierkantig, Blätter fast stets gekreuzt-gegenständig, länglich bis eiförmig, netznervig (dikotyle Pflanze); hierher viele Arten der Gattung *Urtica* [18], die mit Brennborsten ausgestattet und deren Blüten klein und grünlich sind (Brennnessel-Form); ferner die meisten mitteleuropäischen Lippenblütler [94], die keine Brennborsten, verschiedenfarbige, oft große Blüten und starken, oft aromatischen Duft besitzen (Taubnessel-Form).

5. Die *Wirtelblatt-Form.* Blätter lanzettlich, in Wirteln angeordnet. Hierher gehören einige häufige einheimische Waldpflanzen, so der den nährstoffreichen Boden der Buchenwälder bewohnende Waldmeister [101] und die Fichtenwälder bevorzugende Quirlblättrige Weißwurz [113]. Auch die zahlreichen, zum Teil spreizklimmenden Labkrautarten [101] gehören hierher, so das dem Waldmeister recht ähnliche und mit ihm vorkommende Waldlabkraut.

6. Zur *Schuppenwurz-Form* gehört eine Anzahl Blütenpflanzen, die zwar ganz verschiedenen Familien zuzurechnen sind, aber wegen ihrer parasitischen oder saprophytischen Lebensweise im Habitus weitgehend übereinstimmen. Vor allem sind sie nicht grün, sondern weißlich bis bleichrosa, blaßbräunlich, braun, purpurn, violett, und zwar deshalb, weil sie überhaupt kein oder wenig und dann durch andere Farbstoffe verdecktes Chlorophyll enthalten. Der Stengel ist höchstens 1 m hoch, verhältnismäßig dick, einfach oder wenig verzweigt und mit ähnlich gefärbten schuppenförmigen Blättern besetzt. Die Blüten sind oft sehr groß und auffallend. (Die deutschen Namen der heimischen Arten enden meist auf „Wurz".) Hierher gehören von einheimischen Pflanzen: Schuppenwurz [88] und zahlreiche Sommerwurz-Arten [90], ferner die Nestwurz und einige andere saprophytische Orchideen [125].

7. Die *Schachtelhalm-Form* umfaßt die Arten der Gattung Schachtelhalm, die zu den Farnpflanzen (im weiteren Sinn, vgl. S. 104), und zwar zu der Familie der *Equisetaceae* [3] gehört. Die Stengel können bis 12 m hoch werden (bei lianenartigem Wachstum und nur 2 cm Dicke), bei den einheimischen Arten aber sind sie erheblich niedriger und einfach oder mit quirlständigen, manchmal wieder ebenso verzweigten Ästen versehen. Alle Achsen sind grün, bleichgelblich oder bleichbräunlich gefärbt. An den Knoten stehen sehr kleine, manschettenförmige, in Zähne auslaufende Gebilde, die aus den schuppenartigen, quirlständigen, seitlich verwachsenen Blättern bestehen.[1] Die Sporen werden in kleinen Behältern erzeugt, die, zu länglichen, ährenförmigen Sporenbehälterständen vereinigt, die Spitze des Stengels, bisweilen auch einige Äste krönen. Bei manchen Arten gibt es zweierlei Stengel: niedrigere, un-

---

[1] Diese Stämme und Äste sehen, wenn sie grün sind, den Zweigen der *Casuarinaceae* [10] sehr ähnlich.

verzweigte, nicht grüne mit Sporenähre und höhere, verzweigte ohne solche; die erstgenannten entwickeln sich zuerst. Von Schachtelhalmen sind bloß 24 Arten bekannt. Die Gattung ist über die ganze Erde verbreitet.

β) **Halbrosettenstauden.** Untere Blätter erheblich größer, am Stengelgrunde zu einer Rosette gehäuft. Beispiel: Frühlingsenzian [96]; Echter Speik [103].[1]

γ) **Rosettenstauden.** Alle Blätter am Stengelgrunde eine Rosette bildend, Stengel sonst blattlos oder nur mit einigen Schuppen besetzt. Beispiel: Viele Schlüsselblumen-Arten [82], wie Frühlingsschlüsselblume, Aurikel.[2]

Bei Pflanzen der Vegetationsform β und γ ist der Stengel manchmal stark verkürzt (*„stengellose"* Pflanzen); Beispiele: stengellose Schlüsselblume [82], stengelloser Enzian [96], Wetterdistel [108]. Unter ihnen befinden sich auch viele kleine Pflanzen der Hochgebirgsstufe. Diese haben oft zahlreiche kurze Verzweigungen, deren jede in eine kleine Rosette endet; solche Rosetten können, mehr oder weniger dichtgedrängt, lockere Polster bilden (Rosettenpolster-Form). In der Achsel der Rosettenblätter entspringen nicht selten (oft sehr lange) oberirdische Ausläufer (Form der *„Ausläuferstauden"*), die am Ende nach oben Blattbüschel, nach unten Wurzeln entwickeln und so (ohne Samen) neue Pflanzen erzeugen. Beispiel: Erdbeere [50].

Zu den Rosettenstauden gehören, soweit es Landpflanzen sind, auch die bei uns einheimischen *„fleischverdauenden Pflanzen"* oder, wie man auch minder zutreffend sagt, fleischfressenden oder insektivoren Pflanzen, nämlich Arten von Sonnentau [42] und Fettkraut [89]; beide wachsen an feuchten Orten, besonders auf Hochmooren. — Nicht wegen einer habituellen Ähnlichkeit, sondern wegen der Eigentümlichkeit des Fleischverdauens seien hier einige außereuropäische Pflanzen angereiht, die, wenn auch morphologisch sonst stark verschieden, in einem Merkmal übereinstimmen, nämlich darin, daß ihre Blätter

---

[1] Der Echte Speik (Speik schlechtweg) ist ein Baldrian und teilt mit den übrigen Arten dieser Gattung den starken Duft, namentlich im trockenen Zustand. Er ist eine kleine (bis 10 cm hohe) Pflanze mit kleinen, gelblichen Blüten und einer sehr zierlichen Haarkrone auf den Früchten. Er wächst oft in großen Mengen auf Almböden, aber nicht in allen Teilen der Alpen. In den verschiedenen Teilen der Alpen, die zum deutschen Sprachgebiet gehören, werden sehr verschiedene, einander ganz unähnliche Pflanzen als „Speik" bezeichnet, so eine weißgrau behaarte Schafgarbe (*Achillea Clavennae*, weißer Speik); eine hochalpine, blauviolett blühende Schlüsselblume (*Primula glutinosa*, blauer Speik).

[2] Die Gartenaurikel stammt von einem Bastard von zwei alpinen Primelarten, der gelb blühenden *Primula auricula* und der purpurn blühenden *P. hirsuta.*

wenigstens zum Teil als Organe ausgebildet sind, die, wie Abb. 73 erkennen läßt, dem Fang und der Verwertung kleiner Tiere als Nahrung
dienen. Hierher gehören die in verschiedenen Teilen von Nord- und
Südamerika an feuchten Orten wachsenden Pflanzen aus der Familie
der Sarraceniazeen [36], deren schlauch- oder trichterförmige
Blätter (Abb. 73, Fig. 2) Rosetten bilden.

Als Anhang endlich seien hier die Kannenpflanzengewächse [35]
erwähnt. Es sind dem Wuchs nach zu den Lianen gehörige Pflanzen,
oft von ziemlicher Größe, deren Blätter wechselständig an den schwach
verholzten Stengeln stehen und, wie Fig. 1 zeigt, im mittleren Teil als
Ranken, im oberen ähnlich wie diejenigen der
Sarraceniazeen als Schlauch- oder Kannen-
blätter ausgebildet sind. Sie wachsen in den tropischen Wäldern der Länder um den Indischen
Ozean von Madagaskar bis Neukaledonien und
Queensland, besonders auf Borneo, wo es recht
große Arten gibt (Abb. 73).

δ) **Schirmstauden (dikotyle).** Alle oder die meisten Blätter sind im oberen Teil des Stengels
angehäuft, und zwar an den oben schirmförmig
zusammengedrängten Verzweigungen; Beispiel:
Tollkirsche [87], eine häufige und an ihrer schirmförmigen Tracht auch im dürren Zustande leicht
kenntliche Pflanze der mitteleuropäischen Holz-
schläge (s. S. 209).

ε) **Weitere aufrechte Stengelstauden.** Es gibt
außerordentlich viele Arten aufrechter Stengelstauden, deren Mannigfaltigkeit in der oben

Abb. 73. Schlauchblatt-
oder Kannen-Pflanzen:
1 Blatt einer *Nepenthes* [35],
2 einer *Sarracenia* [36]. Verkleinert. (Nach R. v. WETT-
STEIN.)

erwähnten Einteilung nicht voll zum Ausdruck kommt. Unter ihnen ist
eine große Anzahl überaus charakteristischer und leicht kenntlicher
Vegetationsformen, die man besonders hervorheben und beschreiben
muß, um ihrer Mannigfaltigkeit gerecht zu werden. Daher möge eine
Anzahl davon im folgenden angeführt werden.

1. Durch den *Besitz von Milchsaft* sind krautige Pflanzen (und Holzgewächse) aus den verschiedensten Familien charakterisiert (S. **23**). An
dieser Stelle seien die krautigen, aufrechten Arten der Gattung
Wolfsmilch [27] erwähnt, deren Tracht auch dadurch bestimmt wird,
daß der mit zahlreichen, wechselständigen, kleinen, meist schmalen
Blättern besetzte Stengel am Ende einen oder darunter noch mehrere
kleinere Blütenstände mit grünlichen oder gelblichen Blüten trägt. Das
Ganze sieht einer zusammengesetzten Dolde sehr ähnlich *(Wolfsmilch-
Form-Stauden)*. Hierher gehören die meisten Wolfsmilcharten der nördlich-gemäßigten Zone.

2. Durch die *Beschaffenheit der Oberfläche* sind charakterisiert: die grau- und weißhaarigen Stauden, bei denen ein dichter Pelz von lufthaltigen Haaren die grüne Färbung der Stengel und Blätter, manchmal auch der Hüllblätter der Blütenstände verdeckt. Derlei Pflanzen sind in Trockengebieten, z. B. den Mittelmeerländern, als Felspflanzen zahlreich vertreten, besonders typisch aber in der Hochgebirgsstufe von Europa, Asien und Südamerika. Hierher gehört die „*Wollballen-Form*" im Himalaja und den Gebirgen Südchinas, bei der oft die ganze Pflanze unter langen, weißen Haaren beinahe verschwindet. Es sind Arten der in Inner- und Ostasien reich vertretenen Gattung *Saussurea* [108]; Blüten purpurn mit violetten Staubbeuteln (Abb. in SCHIMPER-FABER, Pflanzengeographie, S. 1296).

Die *Edelweiß-Form* ist in Europa durch zwei Arten der Gattung *Leontopodium* [108][1] vertreten und Arten dieser Gattung bewohnen nicht nur Hochgebirge, sondern auch Steppen Inner- und Ostasiens (45 Arten). Ein kurzhaariger Pelz hüllt die Pflanze ein, die durch den „Stern" berühmt ist, der dadurch zustande kommt, daß eine Gruppe von Blütenköpfchen (nicht Einzelblüten) von einem Kranz weißhaariger Blätter umgeben ist. In den Anden endlich gibt es außer den bereits erwähnten (S. 153) stark behaarten Zwergbäumen der Riesensenecio-Form noch ähnlich beschaffene Stauden, die zum Teil ebenfalls der Gattung *Espeletia* [108] angehören.

Disteln nennt man krautige Pflanzen, bei denen der Stengel, oft auch Leisten, die längs des Stengels verlaufen (ein solcher Stengel wird als „geflügelt" bezeichnet), ferner der Rand und die stärkeren Nerven der Blätter mit Dornen verschiedener Länge und Stärke besetzt sind und die Spitze der Blätter in einen Dorn endigt. Die meisten Disteln gehören zur Familie der Korbblütler [108][2] und in diesem Fall endigen

---

[1] Der Name „Edelweiß" ist sehr populär und auch in andere Sprachen übergegangen. Er wird übrigens auch in Gebirgsländern, in denen es gar keine *Leontopodium*-Arten gibt, für besonders schöne, eigenartige und haltbare Pflanzen des betreffenden Landes gebraucht, wenigstens von den deutschen Touristen. So wird die in Korsika und Sardinien heimische Strohblume, eine Polsterpflanze mit graugrünen kleinen Blättern und schneeweißen Hüllschuppen, als korsisches Edelweiß bezeichnet; als Edelweiß vom Kilimandscharo mehrere Arten Strohblumen mit kleinen, weißfilzigen Blättern, Köpfchen von 1,5 bis 3 cm Durchmesser und mit weißglänzenden, oft rosa angehauchten Hüllschuppen. Es ist übrigens durchaus nicht gerechtfertigt, das Edelweiß der Alpen als eigentlichen Repräsentanten der Alpenflora anzusehen, denn außer in den Alpen wächst es auch noch in den Karpaten, den Dinarischen Alpen, im Balkan und in den Pyrenäen; endlich hat die Gattung ein noch viel größeres Verbreitungsgebiet in Asien. Es gehört demnach nicht dem alpinen, sondern dem altaischen Element der Alpenflora an.

[2] Die bereits mehrfach erwähnten Korbblütler sind nach den Orchideen die artenreichste Familie der Blütenpflanzen (etwa 15000 Arten). Bei aller

auch die Hüllblätter der Blütenköpfchen in einfache oder verzweigte
Dornen. Die Blüten sind meist purpurn, seltener hellgelb oder blau,
allermeist sämtlich trichterförmig und alle gleich groß, selten alle zungenförmig. Die „*Kugeldisteln*" haben sehr große kugelförmige Blütenstände
und weißliche bis blaue Blüten. Einige Disteln gehören zur Familie der
Doldenpflanzen [80], namentlich aus der Gattung Mannstreu und
damit zur *Distel-Eryngium-Form*. Sie haben aber keine schirmförmigen,
sondern köpfchenförmige Blütenstände. Die Disteln sind besonders in
den Mittelmeerländern und im Orient durch viele Arten vertreten.

3. Ausbildung des Achsengerüstes. Formen der aufrechten Stengelstauden, an denen in erster Linie die Ausbildung des Achsengerüstes
hervortritt, sind: die *Asparagus-Form*. Der Stengel ist sehr stark verzweigt, die letzten Auszweigungen sind faden-, borsten- oder nadelförmig,
manchmal wie schmale Blätter aussehende Zweige (Phyllokladien); sie
sind sehr zahlreich und stehen oft in Büscheln. Die echten Blätter sind
schuppenförmig, klein und kurzlebig.[1]

Die *Kreuzblütler-Form*. Hierher gehören Pflanzen (Stauden und
Kräuter, auch Halbsträucher), unter denen viele Halbrosetten- und
Rosettenpflanzen sind; der Stengel ist einfach oder trägt wenige, aber
lange Äste. Sehr bezeichnend ist der Blütenstand; die während des

---

Verschiedenheit in der Tracht sind sie fast stets leicht daran zu erkennen,
daß die kleinen Blüten dicht gedrängt zu meist vielblütigen „Köpfchen"
von sehr verschiedener Größe zusammengestellt sind, die von meist zahlreichen, oft schuppenförmigen „Hüllblättern" umgeben werden. Dieses
Baues und dieses Aussehens wegen wird das Köpfchen, obwohl es ein
Blütenstand ist, von Nicht-Botanikern oft für eine Einzelblüte gehalten,
besonders dann, wenn zahlreiche kleine Köpfchen wieder einen Blütenstand
bilden (Schafgarbe). Die Blumenkrone der Einzelblüte ist entweder röhren-
oder trichterförmig oder ihr Saum ist einseitig verlängert („zungenförmig").
Die Blumenkronen der Blüten desselben Köpfchens sind entweder gleichartig, und zwar alle röhren- oder trichterförmig, oder alle zungenförmig, wobei gewöhnlich die des Randes („Strahlblüten") größer sind
als die der Mitte („Scheibenblüten"); oder letztere sind trichterförmig,
erstere zungenförmig, dabei meist größer, so daß ein sternförmiges Gebilde entsteht, dessen Auffälligkeit oft noch dadurch erhöht wird, daß die
Strahlblüten eine andere Farbe haben als die Scheibenblüten (Gänseblümchen, Kamillen, Astern). Der Kelch der Einzelblüte besteht sehr oft
aus Haaren, die auf der kleinen, einsamigen Frucht stehen bleiben. Die
Korbblütler mit lauter zungenförmigen Blüten enthalten stets Milchsaft;
den übrigen fehlt ein solcher. Die Korbblütler sind über die ganze Erde
verbreitet; in den Regenwäldern und in der Arktis treten sie stark zurück.

[1] Die jungen, zarten Triebspitzen (Knospen) mancher wildwachsender
Asparagus-Arten werden (z. B. in den Mittelmeerländern) gegessen. Beim
Gartenspargel [113], der auch kultiviert wird, erzielt man die bekannte
bleichgelbe Farbe dadurch, daß man über die heranwachsenden Pflanzen
hohe, schmale Blumentöpfe stülpt; durch den Lichtmangel wird das Er-
grünen verhindert.

Blühens gedrungene Traube verlängert sich später, so daß die Frucht-traube oft mehrfach länger ist. Am charakteristischesten ist das Aus-sehen einer solchen Pflanze, wenn ein Stengel oder Ast im unteren Teil voneinander entfernt schon wohlentwickelte Früchte, am oberen Ende dichtgedrängt noch Blütenknospen trägt. Diese Vegetationsform deckt sich so ziemlich mit der Familie der Kreuzblütler [38], die zu den bezeichnendsten und artenreichsten Familien der nördlich-extra-tropischen Länder gehören.

4. Beschaffenheit der Blätter. Folgende Formen der aufrechten Stengelstauden verdanken eigenartige Züge ihrer Tracht der Be-schaffenheit der Blätter:

Die *Schlitzblatt-Form*. Die Blätter sind in verschiedenem Grade fieder- oder handförmig geteilt, die Blattabschnitte länglich, lanzettlich bis fadenförmig. Hierher gehören die meisten Hahnenfußgewächse [31], unter denen viele bekannte „Blumen" unserer Wälder und Wiesen sind; so Arten der Gattungen Windröschen und Küchenschellen, Hahnen-fuß, Feuerröschen; ferner Voralpenpflanzen, wie Schneerose und Eisenhut. Die Windröschen-Arten haben außer den langgestielten Grundblättern noch im oberen Teil des Stengels nahe unter der Blüte 3 bis 4 wirtelartig gestellte Blätter, so daß sie auch als Vertreter einer eigenen Vegetationsform, der „*Windröschen-Form*", betrachtet werden können, zu der auch der „Winterling" gehört, der am Ende des sehr kurzen Stengels über einer sternförmigen Hülle eine ansehnliche, gelbe Blüte trägt; in Slowenien und Kroatien beheimatet, verwildert er wie einige Blaustern-Arten und die Wilde Tulpe im Rasen alter Parke massen-haft und sehr leicht und blüht im allerersten Frühling, oft schon im Winter.

Auch die Hahnenfußgewächse haben ihre Heimat meist in der nördlich-gemäßigten Zone. Typische Schlitzblattpflanzen sind auch die Storchschnabel-Arten [68]. Ferner gibt es in verschiedenen Familien hochwüchsige Pflanzen, die man als

Hanf-Form zusammenfassen kann, weil sie der bekannten Kultur-pflanze namentlich in nichtblühendem Zustand habituell und durch die handförmig geteilten Blätter sehr ähnlich sind. Hierher gehören zwei an feuchten Stellen wachsende Korbblütler [108], von denen der eine einheimische, der Wasserdost, sehr zahlreiche, kleine, rosa Köpfchen hat, während der andere wenige gelbe, wie kleine Sonnenblumen aus-sehende Köpfchen besitzt, und obwohl aus Nordamerika eingeschleppt, an Ufern bisweilen die heimische Vegetation ganz verdrängt und zur Blütezeit (Spätsommer) leuchtend gelbe Säume bildet; es ist die schlitz-blättrige Rudbeckie.

5. Stauden mit fiederschnittigen oder zusammengesetzten Blättern. Sehr zahlreich sind in vielen Gegenden der Erde, namentlich außerhalb der Regenwaldgebiete, die Stauden und Kräuter mit fiederschnittigen oder zusammengesetzten Blättern, die großenteils zur Familie der Schmetterlingsblütler [51] gehören. Nach der Art der Zusammensetzung der Blätter kann man hervorheben: die *Wicken-Form* mit paarig oder unpaarig gefiederten Blättern (viele von den ersteren gehören eigentlich zu den rankenden Krautlianen); die *Lupinen-Form* mit gefingerten Blättern (Gattung *Lupinus* mit prächtigen, weißen, blauen, gelben Blüten; auch im Mittelmeergebiet und in den Anden). Die *Klee-Form* mit dreizähligen Blättern; Blüten nicht groß, zu dichtblütigen, meist köpfchenförmigen Blütenständen vereinigt.

An sie schließt sich die *Sauerklee-Form*, welche die Arten der Gattung Sauerklee [67] umfaßt. Die Blätter sehen Kleeblättern sehr ähnlich, sind aber bei mancher Art stets vierzählig[1] (*„Glücksklee“*), während die oft großen und schönen, einzeln stehenden Blüten mit „Schmetterlingsblüten“ nicht die geringste Ähnlichkeit haben. Sauerklee-Arten spielen namentlich im Kapland und in den Anden, in letzteren auch als Nahrungspflanzen (Knollen) eine Rolle.

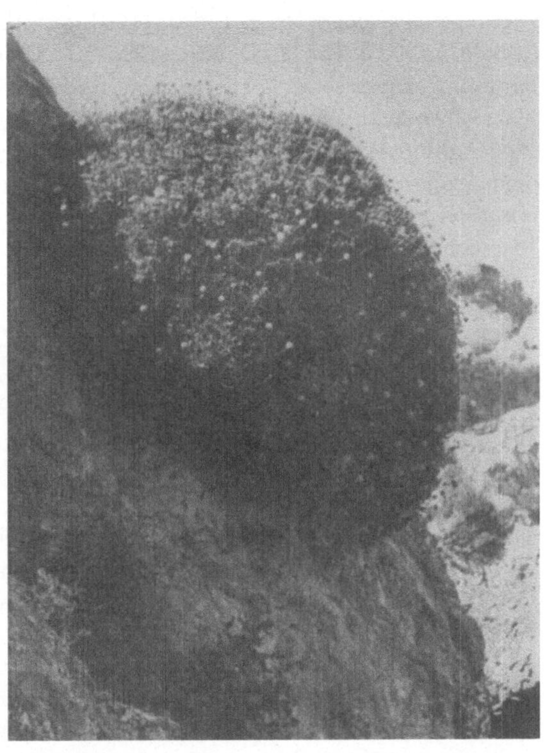

Abb. 74. Polster bildende Skabiose [104]. Polster von 1¹/₂ m Durchmesser. Auf der Insel Karpathos. (Phot. K. H. RECHINGER.)

6. *Beschaffenheit der Blüten und Blütenstände.* Auf Grund von Eigentümlichkeiten der Blüten und Blütenstände sei auf folgende Vegetationsform der aufrechten Stengelstauden hingewiesen:

Für die *Glockenblumen-Form* ist die schmal- oder breitglocken- bis schüsselförmige Gestalt der Blumenkronen bezeichnend; ihre Farbe ist

---

[1] Die Vierzähligkeit der Blätter der echten zu den Schmetterlingsblütlern gehörigen Kleearten (*Trifolium*) stellt eine gelegentlich vorkommende Abnormität dar.

blau, lila oder violett; die Blüten stehen oft in reichblütigen Ständen. Hierher gehört die Gattung Glockenblume [106] und einige andere Gattungen aus der gleichen Familie. Sie enthalten alle Milchsaft. In fast ganz Europa sind sie durch zahlreiche Arten vertreten.

Zur Vegetationsform der *Köpfchen-Stauden* gehören die Skabiosen [104] (Abb. 74) und die durch große, ellipsoidische, oft dornige Blütenstände ausgezeichneten Karden [104], vor allem aber die Hauptmasse der Korbblütler [108] (vgl. S. 202). Einige recht auffallende und häufige Formen seien hervorgehoben: Die schon in anderem Zusammenhang (S. 202) genannten *Disteln.* — Die *Flockenblumen-Form* (Gattung Flockenblume): alle Blüten eines Köpfchens trichterförmig, die randständigen größer; alle meist purpurn, seltener blau oder gelb. — Die *Arnika-Sonnenblumen-*, *Margeriten-*, *Aster-* und *Kamillen-Form.* Bei allen: In einem Köpfchen zweierlei Blüten, die Scheibenblüten trichterförmig, die Strahlblüten zungenförmig; *Arnika-Form.* Pflanze meist bis mittelgroß, Köpfchen mittelgroß; Scheibenblüten gelb oder braun, Strahlblüten gelb. — *Sonnenblumen-Form.* Pflanzen mittelhoch, ausnahmsweise bis 4 m, Köpfchen mittelgroß, Farben wie bei der Arnika-Form; Beispiele: Erdbirne, Topinambur. — *Margeriten-Form:* Meist hochwüchsig, Blätter meist fiederspaltig, duftend; Köpfchen sehr verschieden groß, bei gefüllten Gartenformen bis faustgroß, von verschiedener Farbe; Hüllschuppen stets mit trockenhäutigem, weißlichem bis dunkelbraunem Rand. Bei ungefüllten Formen sind die Scheibenblüten gelb. Hierher gehören u. a. die Wucher- oder Orakelblume, eine vielfach tonangebende Wiesenpflanze Mitteleuropas; das Insektenpulver liefernde, in Süddalmatien und Montenegro wildwachsende und auf terrassiertem Gelände dort massenhaft kultivierte *Chrysanthemum cinerariaefolium,* endlich das holzige, in Ostasien heimische *Ch. indicum,* die Stammpflanze der Nationalblume der Japaner, die auch bei uns in vielen Formen kultiviert wird. — *Aster-Form:* meist hochwüchsig, Blätter zahlreich, ungeteilt, länglich bis lineal, Köpfchen klein, meist zahlreich, Scheibenblüten gelb, Strahlblüten weiß bis violett. — *Kamillen-Form:* Köpfchen klein, Scheibenblüten gelb, Strahlenblüten weiß; Beispiele: Kamillen, Gänseblümchen. — Zur Arnika-Form gehört z. B. eine Anzahl Voralpen- und Alpenpflanzen. Die Sonnenblumen- und die Aster-Form sind durch sehr viele Arten, die auch zu den beliebtesten Spätsommer- und Herbstblumen unserer Gärten gehören,[1] in Nordamerika vertreten.

---

[1] Die Gartenvarietäten (besonders mannigfaltig bei der aus Mexiko stammenden Dahlie oder Georgine) haben oft „gefüllte" Köpfchen; die Füllung kommt dadurch zustande, daß auch die Blumenkronen der Scheibenblüten zungenförmig werden, sich vergrößern und meist dieselbe Farbe annehmen wie die Strahlblüten. Die (großköpfige) Gartenaster ist ein einjähriges Kraut und stammt aus China.

Als *Strohblumen* oder *Immortellen* bezeichnet man diejenigen Korbblütler, bei denen die Hüllschuppen des Köpfchens alle oder zum Teil nicht weich, sondern trockenhäutig sind und deshalb nicht verwelken (daher die — auch im Publikum gebräuchlichen — Namen). Während die trichter- oder röhrenförmigen Blüten meist klein und unscheinar sind, sind die Hüllschuppen glänzend und prächtig gefärbt (weiß, gelb, purpurn, violett); dabei sind sie oft sehr groß, zungenförmig und täuschen Strahlblüten vor. Die Strohblumen gehören zu verschiedenen Gattungen der Korbblütler, besonders artenreich ist die Gattung *Helichrysum*. Einige Arten sind auch in Europa heimisch, sehr viele im Kapland und im südwestlichen Australien. Auch die Wetterdistel und einige andere Disteln gehören hierher.

Daß die Korbblütler mit lauter zungenförmigen Blüten, die übrigens verschiedenen Habitus besitzen, stets Milchsaft enthalten, wurde bereits erwähnt. Diejenigen unter ihnen, welche die Wiesen der höheren Lagen der mitteleuropäischen Gebirge bewohnen, erfreuen sich als gute Futterpflanzen besonderer Beliebtheit und werden wegen ihrer Bedeutung für die Milchbildung der Kühe Milchkräuter genannt. Sie haben gelbe, seltener orangefarbige oder feuerrote Blüten und stellen häufig Rosettenpflanzen mit ziemlich niedrigem, unverzweigtem, ein-köpfigem Stengel und schrottsägeförmigen Blättern dar (,,*Löwenzahn-Form*").

ζ) **Aufsteigende (niederliegende) Stengelstauden.** Eine Form, die in die Gruppen der Aufsteigenden und Niederliegenden Stengel-stauden einzureihen wäre, ist die *Bärlapp-Form*. Dazu gehören Pflanzen aus der Klasse der Farnpflanzen, und zwar aus den Familien: Bär-lappe [1] und Moosfarne [2], die sich von den Teppichmoosen (S. 103) hauptsächlich durch die meist bedeutendere Größe unterscheiden. Wie diese haben sie sehr zahlreiche, kleine, dichtstehende Blätter. Die Sporen werden in kleinen, rundlichen Behältern erzeugt, die am Grunde der Oberseite von Blättern stehen. Diese weichen öfter von den übrigen ab, so daß deutliche Sporenbehälterstände in Form von Ähren entstehen. Die Bärlappe sind meist aufrechte, mittelgroße oder größere Pflanzen, die Moosfarne sind klein oder höchstens $^{1}/_{2}$ m lang, meist niederliegend; letztere sind namentlich in den Tropen durch viele Arten vertreten und bilden dort bisweilen einen wesentlichen Bestandteil der Bodenvegetation der Regenwälder.

Hochstauden.

Eine Anzahl Stauden, die zu verschiedenen Vegetationsformen gehören, zeichnet sich durch hohen Wuchs (also jedenfalls etwa 1 m und darüber) und durch ,,Üppigkeit" aus, die besonders darin zum Ausdruck kommt, daß sie große, oft stark geteilte, oder kleine, dann aber zahlreiche und dichtstehende Blätter haben, die dünn sind, also eine verhältnismäßig große, transpirierende Oberfläche besitzen. Den erwähnten Eigenschaften entsprechen Pflanzen, die man als „Hochstauden" zusammenfaßt. Orte, die einerseits einen nährstoffreichen, feuchten Boden aufweisen, an denen anderseits durch Beschattung die Transpiration herabgesetzt wird, also im Gebiet der Binnengewässer Auen, Ufer, Sand- und Schotterbänke, im Bergland schattige Wälder, in höheren Lagen der eurasiatischen Gebirge (z. B. Alpen, deutsche Mittelgebirge, Karpaten, Kaukasus) tiefgründige Stellen der Wiesen und Weiden und die gut gedüngte Umgebung der Sennhütten und andere Lagerplätze („Läger") des Weideviehs, in Dörfern die Abfallplätze, gehören hierher. In Nordostasien (Amurgebiet, Sachalin, Kamtschatka) gibt es besonders stattliche Hochstauden. Unter den bisher angeführten Vegetationsformen der Stauden finden sich Hochstauden besonders in den folgenden vertreten.[1]

Zu den Stengelstauden sind zu rechnen: Kreuzkraut-Arten [108] mit vielen lanzettlichen, gesägten Blättern und zahlreichen kleinen, armblütigen, gelben Blütenköpfchen in schirmförmigen Ständen; in Auen und Bergwäldern Mitteleuropas oft auf weite Strecken tonangebend. Goldrute-Arten [108], diesen habituell ähnlich, Köpfchen noch zahlreicher und kleiner; in Auen oft weithin herrschend, aus Nordamerika eingeschleppt. Roter Fingerhut [88] in Bergwäldern Westeuropas häufig. „Weidenröschen" [59], Blüten hellpurpurn; in Wäldern, Holzschlägen, auf Windwürfen, Strohdächern häufig; da die Samen einen Haarschopf besitzen, durch den Wind leicht verbreitbar.

Der Zweizeilblatt-Form stehen einige Arten der Familie der Knöterichgewächse [22] nahe, so besonders der Japanische Flügelknöterich, eine über 2 m hohe Staude mit wechselständigen, eiförmigen, am Grunde abgestutzten, langzugespitzten Blättern und kleinen, weißlichen Blüten; in Mitteleuropa häufig an Bachufern verwildert.

Riesenenzian-Form: S. 198.

Brennessel-Form: Große Brennessel [18] an stark gedüngten Stellen, z. B. in Auen unter Bäumen, die mit bewohnten oder kürzlich bewohnt gewesenen Horsten von Krähen, Reihern usw. besetzt sind, in Dörfern, längs der Almwege.

Taubnessel-Form: Klebriger Salbei [94] mit großen, pfeilförmigen Blättern und sehr großen, gelben Blüten; Auen, Bergwälder.

---

[1] Bei dieser Aufzählung wurde auf die Tropen keine Rücksicht genommen. Dort sind hochwüchsige Stauden häufig, so z. B. gibt es zirka 3 m hohe *Begonia-Arten* [45] mit handförmig geteilten Blättern. Die Pfeilblatt-, Blumenrohr-, Bananenform enthalten meist Hochstauden. — Die scheinbare Wiederholung mancher Vegetationsformen soll nicht eine neue Art von „Formen" dartun, sondern bloß auf die besondere Größe einzelner Vertreter hinweisen.

Halbrosettenstauden: Guter Heinrich [23] mit pfeilförmigen, Alpenampfer [22] mit rundlichen Grundblättern, beide mit kleinen, grünlichen Blüten; Ruderalpflanzen, letzterer besonders massenhaft um Sennhütten.

Schirmstauden (dikotyle): S. 201.

Disteln: Unter den einheimischen sind zwei Arten der Gattung Kratzdistel [108] erwähnenswert, weil häufig und auffallend, nämlich die bis 3 m hohe, sehr schlanke Sumpfkratzdistel mit zahlreichen, kleinen, purpurnen Köpfchen und die schwach dornige Kohldistel mit großen, blaßgelben Köpfchen; erstere wächst an feuchten Stellen, auch auf Holzschlägen, letztere auf feuchten Wiesen, namentlich in höheren Lagen.

Schlitzblatt-Form: Hochwüchsige Arten der Gattung Eisenhut [31] mit blauen Blüten, in den Alpen häufig um Sennhütten, auch aufgelassenen, deren einstigen Standort die Pflanze oft noch nach Jahren anzeigt.

Hanf-Form: S. 204.

Lupinen-Form: Hochwüchsige Arten in den tropischen Anden ($1^1/_2$ m hoch).

Karden-Form: S. 206.

Sonnenblumen-Form und Aster-Form: Sehr viele Arten in Nordamerika.

Pestwurz-Form: S. 183.

Rhabarber-Form: S. 184.

Doldenpflanzen-Form: S. 185. Auch unter den Schafgarben [108] gibt es sehr hochwüchsige Arten mit üppigen Blättern.

Farn-Form: S. 186 (Adlerfarn).

Affodill-Form: S. 194.

Hapaxanthe oder monokarpische Stauden.

Hapaxanthe oder monokarpische Stauden sind krautige Gewächse von mehr als zweijähriger Lebensdauer, die nur einmal blühen und daher auch nur einmal fruchten. (Bei den Kräutern, deren ganze Lebensdauer höchstens ein oder zwei Jahre beträgt, ist es eigentlich selbstverständlich, daß sie nur einmal blühen und fruchten.) Über die Entwicklung einer mehrjährigen Pflanze und über ihren Entwicklungsgang ist das Nötige bereits auf S. 179f. gesagt worden, ebenso über ein Merkmal, an dem auch eine Staude in der Natur ziemlich sicher als hapaxanth erkannt werden kann. Es sei noch hinzugefügt, daß sehr hoher Wuchs, namentlich ein sehr umfangreicher Blütenstand, der gewissermaßen das ganze Achsensystem der Pflanze umfaßt, immer ein Hinweis darauf ist, daß wahrscheinlich eine hapaxanthe Art vorliegt.

Das Lebensalter solcher Stauden beträgt in dem Jahre, in dem sie blühen, mindestens drei Jahre und kann bis zu etwa sieben Jahren ansteigen. Es scheint, daß darüber nicht sehr viel genaue Beobachtungen vorliegen. Daß diese ihre Schwierigkeiten haben, wenn die betreffenden Stauden in schwer erreichbaren Gegenden wachsen und in der Kultur nicht bekannt sind, liegt auf der Hand, besonders wenn man bedenkt, daß üblicherweise eine dreijährige Pflanze zu den Stauden, eine zweijährige zu den Kräutern gerechnet wird. Es kann dies offenbar bei verschiedenen Individuen derselben Art verschieden sein, so daß hier ein Übergang von den Stauden zu den Kräutern vorliegt (vgl. S. 212).

Eine Reihe von Hochstauden ist sicher hapaxanth, namentlich Doldenpflanzen [80] Nordostasiens aus den Gattungen Bärenklau und Engelwurz, so die S. 186 erwähnte *Angelica ursina*. Zwei *Angelica*-Arten, die auch in Mitteleuropa wachsen, sind ebenfalls hapaxanth, die Echte Engelwurz und die Quirlige E.[1] Der in den Steppen Zentralasiens weitverbreitete, in Mitteleuropa an einzelnen Stellen vorkommende Tatarische Meerkohl [38] ist nicht sehr hoch, hat aber einen sehr blütenreichen, kugeligen Blütenstand (Blüten weiß) und blüht nach 6 bis 7 Jahren vegetativen Lebens. Seine mächtige Pfahlwurzel ist schließlich 120 cm lang.

2. Kräuter.

Die Mannigfaltigkeit der Stauden ist durch die bisher behandelten Vegetationsformen noch nicht vollständig erschöpft; an die Blattstauden (S. 182) schließen sich nämlich noch diejenigen an, die infolge besonders schmaler Blätter eine sehr bezeichnende Tracht aufweisen und als Grasartige Stauden oder Grasstauden bezeichnet werden. Mit den Grasartigen Kräutern (Gras-Kräutern) zusammen bilden sie die sehr charakteristische und als solche leicht erkennbare Gruppe der „Grasartigen".

Natürlich gibt es auch viele Kräuter, die nicht grasartig sind und sich physiognomisch eng an die bereits behandelten nicht grasartigen Stauden anschließen, weshalb sie auch jetzt darankommen sollen, und erst nach ihnen die Grasartigen (Stauden und Kräuter).

Sehr vieles ist im Text, einiges auch in Anmerkungen bereits erwähnt worden, was für Stauden und Kräuter oder nur für letztere gilt, und es genügt, um Wiederholungen möglichst zu vermeiden, kurz darauf hinzuweisen.

Die Kräuter unterscheiden sich von den Stauden vor allem dadurch, daß alle, auch ihre unterirdischen Organe, nur durch eine oder höchstens zwei Vegetationsperioden am Leben bleiben, also (mit Ausnahme der Samen) alle Teile nach einmaligem Blühen und Fruchten absterben. Daher dient das unterirdische Organ nur der Befestigung im Boden und der Aufnahme von Nahrung, nicht aber (oder bei zweijährigen Kräutern in beschränktem Maße) der Aufspeicherung von Reservestoffen, und daher ist es meist schwach entwickelt und läßt sich (auf die S. 180 beschriebene Art) meist leicht und vollständig ausziehen. Der unterirdische Teil ist

---

[1] Die Maße eines Exemplares vom Semmering betragen: Höhe 226 cm, Dicke des Stengels knapp oberhalb der Wurzel 25 mm, Länge und Breite der größten Blätter: 107 × 105 cm, 98 × 123 cm.

übrigens stets eine Pfahlwurzel oder ein Wurzelbüschel, besteht jedenfalls ganz aus echten Wurzeln.

Die Kürze der Lebensdauer hat bei den Kräutern, wie erwähnt, auf den Habitus der Pflanzen sowie die Beschaffenheit der unterirdischen Teile großen Einfluß. Dennoch schwankt sie von der Keimung bis zur Samenreife zwischen wenigen Wochen und zwei vollen Vegetationsperioden (samt Ruhezeit), so daß man einige Gruppen unterscheiden kann.

Die „Ephemeren" sind meist kleine Kräuter, die sich sehr rasch entwickeln und daher in derselben Vegetationsperiode mehrmals Früchte und mehrere Generationen entwickeln sowie zu verschiedenen Jahreszeiten blühen. Hierher gehören mehrere kleine Ruderalpflanzen, z. B. das Einjährige Rispengras [122], eine sehr häufige und über die ganze Erde verbreitete „Pflasterritzen-Pflanze", ferner die Sternmiere [26].

Die meisten einjährigen Kräuter (Sommer-Einjährige oder Sommer-Annuelle) entwickeln in einer Vegetationsperiode einmal Samen, die dann überwintern und erst im nächsten Jahre keimen. Hierher gehört auch unser „Sommergetreide". Manchmal ist ein solches Kraut sehr kurzlebig, z. B. das Frühlings-Hungerblümchen [38], eine sehr kleine Rosettenpflanze, die im zeitigen Frühjahr scharenweise magere Gras-plätze, Schotterflächen u. dgl. Orte mit ihren weißen Blütchen schmückt.

Bei den Winter-Einjährigen oder Winter-Annuellen keimen die Samen im Herbst und bilden Wurzeln und Blätter (oft eine Blattrosette), aus der sich ein im folgenden Frühjahr oder Sommer blühender und fruchtender Stengel entwickelt. Es überwintern also nicht die Samen, sondern die neuen Blätter (Blattrosetten). Hierher gehören unsere „Wintergetreide".

Die Zweijährigen oder Biennen sind Kräuter, deren Samen im Frühjahr des ersten Jahres keimen und in diesem Jahr außer der Wurzel nur eine Blattrosette entwickeln, die überwintert und aus der sich ein im zweiten Frühjahr oder Sommer blühender und fruchtender Stengel entwickelt. Die Samen, die er erzeugt, überwintern, so daß also im Lebenslauf in der Generationenkette zweijähriger Pflanzen Blattrosetten und Samen abwechselnd die Ruhezeit überdauern.[1] Hierher gehören meist hochgewachsene Pflanzen, z. B. die bis 2 m hohen Arten der Gattung Königskerze [88] und Pflanzen aus der Familie der Rauhblättrigen [86]. Viele von ihnen sind an ihren dicht stehenden, oft borstigen Haaren leicht zu erkennen, so der Natternkopf. An Orten, wo ein zweijähriges Kraut gesellig wächst, findet man im Sommer einerseits Blattrosetten (erstes Lebensjahr der Pflanze), anderseits blühende oder fruchtende Stengel (zweites Lebensjahr). Die Wurzel der letzteren ist, wie schon erwähnt, oft recht lang und kräftig, läßt sich daher nicht unversehrt ausziehen und zeigt Reste der Blätter vom ersten Lebensjahr.

Dies alles erinnert an das Verhalten der hapaxanthen Stauden, die sich von den zweijährigen Kräutern dadurch unterscheiden, daß sie drei oder mehr Jahre leben. Hapaxanth (monokarpisch) sind ja auch sämtliche Kräuter (außer den ephemeren), da jedes Individuum nur einmal blüht und fruchtet; nur denkt man, da dies selbstverständlich ist, wenn man

---

[1] Echte zweijährige (bienne) Pflanzen werden nicht selten mit Winter-Annuellen verwechselt und beide Gruppen zusammen als „Zweijährige" bezeichnet, was begreiflich ist, da sie wie diese im ersten Jahr eine Blattrosette erzeugen, die überwintert. Der Unterschied zwischen diesen beiden mehr ökologischen als physiognomischen Gruppen ist nur ein gradueller; die echten Zweijährigen haben jedenfalls eine kräftigere Wurzel.

von Hapaxanthen spricht, weniger an sie, sondern in erster Linie an Stauden und Holzgewächse.

So besteht also in der Lebensdauer eine zusammenhängende Reihe, ein Übergang von den ephemeren über die sommer- und winterannuellen und die zweijährigen Kräuter zu den hapaxanthen Stauden. Daß hier keine scharfe Grenze vorhanden ist, zeigt sich auch darin, daß sich nicht gar so selten eine und dieselbe Pflanzenart in dieser Hinsicht verschieden verhält.

Die Verteilung der Kräuter auf die wichtigsten Klimagebiete und auf die Sippen ist im Zusammenhang mit diesen Verhältnissen schon bei den Stauden auf S. 181 erörtert worden. In der dort angeführten kleinen Tabelle fällt vor allem das Überwiegen der Kräuter (42%, also fast die Hälfte) in einem amerikanischen Wüstengebiet auf; genau so groß ist der Anteil der Kräuter an der 866 Arten Blütenpflanzen umfassenden Flora des an der toskanischen Küste gelegenen 635 m hohen Monte Argentario, der ein mediterranes Klima (Winterregen, Sommerdürre) hat. In der Wüste erwecken die spärlichen, unregelmäßigen Regen die „ephemere" Vegetation zu kurzem Leben; die ruhenden Samen der einjährigen, meist kleinen Pflanzen keimen und entwickeln sich rasch und der sonst öde Wüstenboden ist dann von bunten Blüten übersät. In dem durch immergrüne Gehölze charakterisierten „mediterranen" Gürtel der Mittelmeerländer entwickelt sich während des mäßig warmen und feuchten Frühlings allenthalben in den (meist künstlichen) Lücken der Gehölze, zwischen Steinen, auf den erdigen Terrassen der Baumkulturen und Gärten eine Vegetation aus zarten und niedrigen Kräutern, meist Schmetterlingsblütlern, Korbblütlern und echten Gräsern bestehend, die oft so dicht stehen, daß sie eine Wiese vortäuschen und gemäht werden. Aber schon im Juni, wenn die Sommerdürre beginnt, vertrocknen die im Frühjahr frischgrünen und bunt blühenden Pflänzchen, und die ganze „Kräuterflur" besteht alsbald nur aus dürren, braunen Resten von Stengeln, Blättern und Früchten, zwischen denen überall große Teile des oft braunen oder braunroten Bodens sichtbar sind. Erst die Herbstregen locken einen bescheidenen Nachflor hervor, in dem aber die einjährigen Pflanzen keine erhebliche Rolle mehr spielen. Kräuter sind also sehr bezeichnend für die Vegetation von warmen, extratropischen Gebieten mit Trockenzeit. Ist die Vegetationsperiode durch Kälte stark verkürzt, so treten sie sehr zurück, weil es anscheinend doch nicht möglich ist, in der kurzen, dabei nicht sehr warmen Vegetationsperiode den ganzen Lebenslauf zu beenden. Daher beträgt der Hundertsatz an Kräutern in Spitzbergen nur 2%, auf der Insel St. Lawrence (Alaska) nur 1% und in den hohen Lagen der Gebirge ist es ähnlich (so in der Hochgebirgsstufe der Ostalpen 4%). Im arktischen und Hochgebirgsklima sind ganz offenbar die Stauden im Vorteil, weil ihnen die Möglichkeit gegeben ist, sich für die nächste Vegetationsperiode „in aller Ruhe vorzubereiten", indem sie vegetative und Blütenknospen anlegen, die beim Aper- und Wärmerwerden sich sofort entwickeln können. Im kaltgemäßigten Klima (z. B. Mitteleuropa) kommen Kräuter hauptsächlich als „Unkräuter" vor; wie das zusammenhängt, ist auf S. 11 ff. auseinandergesetzt worden.

Was die Verteilung auf die Sippen betrifft, so kommen Kräuter in den meisten Familien vor, denen krautige Pflanzen überhaupt angehören. Am schwächsten (mit kaum 10%) sind sie unter den Monokotylen vertreten, deren Kräuter übrigens größtenteils Graskräuter sind. In den allermeisten der S. 182 angeführten Familien finden sich Kräuter in relativ größerer oder geringer Menge.

Die Einteilung der Kräuter in Vegetationsformen nach der Tracht kann auf Grund derselben Merkmale vorgenommen werden, wie dies bei den Stauden geschehen ist (S. 182f.). Da die Mannigfaltigkeit der Stauden viel größer ist als die der Kräuter, so kommen wir für letztere mit denselben Vegetationsformen vollständig aus und begnügen uns, nur diejenigen Vegetationsformen anzuführen, in denen Kräuter vertreten sind.

1. Stengelkräuter.

a) Aufrechte.

Nessel-Form.

Brenn- und Taubnessel-Form (viele Lippenblütler [94]).

Wirtelblatt-Form.

Waldmeister und Labkrautarten [101].

Rosettenkräuter.

Hierher sehr viele Arten, namentlich von Kreuz- und Korbblütlern; ferner der Feld- oder Vogelsalat [103], eine zarte Frühlingspflanze mit sehr kleinen, bläulichen Blüten.

Wolfsmilch-Form.

Grau- und weißhaarige Pflanzen.

Edelweiß-Form.

Disteln; meist zweijährig.

Kugeldisteln.

Kreuzblütler-Form.

Zahlreiche Kräuter, z. B.: Ackersenf, Weißer und Schwarzer Senf, Rüben- und Rapskohl, Rettich, Hederich, Hirtentäschel, Frühlings-Hungerblümchen [38].

Schlitzblatt-Form.

Hierher, und zwar zu den Hahnenfußgewächsen [31] als Saatunkräuter vorkommend der dunkelblau blühende Feldrittersporn und einige hochrot blühende Feuerröschen. Auch unter den Storchschnäbeln [68] gibt es Kräuter.

Hanf-Form.

Der oft über 2 m hohe Hanf [16] ist ein Kraut.

Wicken-Form. Sehr viele Kräuter [51].

Lupinen-Form.

Die gelbe Lupine [51], die feldmäßig kultiviert wird, ist ein Kraut.

Klee-Form. Sehr viele Kräuter.

Sauerklee-Form.

Glockenblumen-Form.

Köpfchenkräuter.

Ihre Anzahl ist viel geringer als die der Köpfchenstauden. Zur Glockenblumen-Form gehört die Kornblume [108], aus Sizilien stammend, ein Saatunkraut.

Sonnenblumen-Form.

Hierher die Echte Sonnenblume [108], ein Riesenkraut, 4 m hoch, Köpfchen bis zuletzt 40 cm Durchmesser, stammt aus Mexiko.

Kamillen-Form.

Hierher gehören die Echten Kamillen und die Hundskamillen [108].

Strohblumen.

b) Niederliegende (kriechende).

Hierher gehören z. B. zarte Kräuter aus der Familie der Braunwurzgewächse, bei uns besonders zarte, blau blühende Ehrenpreis-Arten [88], die ebenso wie manche „Mieren“ als Brachfeld- und Ruderalpflanzen wachsen. Die Mieren bilden eine Unterfamilie der Nelkengewächse [26]; es sind zarte, meist aufsteigende oder niederliegende Pflanzen mit gekreuzt-gegenständigen Blättern, die nicht selten sehr schmal sind, so daß die Pflanze ein moosähnliches Aussehen hat. So gewachsene Pflanzen überziehen oft dicht, rasenartig den Boden („Teppichkräuter“). Die Blüten der Mieren sind sternförmig, meist weiß und oft klein.

2. Blattkräuter.

Die meisten Blattkräuter haben grasartige Tracht; von ihnen wird später die Rede sein. Von den nicht grasartigen seien erwähnt:

Doldenpflanzen-Form.

Hierher zahlreiche Kräuter, so von Gemüse- und Gewürzpflanzen: Koriander, Sellerie, Petersilie, Kümmel, Dill, Gelbe Rübe [80].

Die Hochkräuter entsprechen den Hochstauden (S. 207).

Hanf-Form.

Sonnenblumen-Form.

Doldenpflanzen-Form.

Unter den hochwüchsigen Doldenpflanzen Mitteleuropas sind mehrere zweijährige Kräuter, so die Gemeine Bärenklau [80], eine sehr häufige Pflanze, die das Bild vieler Wiesen in niederen Gebirgslagen im Spätsommer nach dem ersten Schnitt durch ihre breitzipfligen Blätter und ihre großen Dolden geradezu beherrscht.

3. Grasartige (Stauden und Kräuter).

Die Grasartigen (Grasstauden und Graskräuter) sind Blattpflanzen mit schmalen Blättern von fadenförmiger bis breitlanzettlicher Gestalt; gewöhnlich sind die Blätter lineal oder schmallanzettlich, manchmal sind sie nur am Grunde des Stengels entwickelt und kurz, so daß sie Schuppen darstellen.

Der Stamm ist oft als Wurzelstock oder Ausläufer entwickelt und im Boden oder oberirdisch, aber nahe der Oberfläche des Bodens verzweigt und niederliegend; die blühenden Stengel („Halme") dagegen sind einfach und erst im Blütenstand selbst finden sich oft zahlreiche Verzweigungen.

Die Blätter sind entweder flach, oft gefaltet, und zwar manchmal mehrfach, so daß der Querschnitt wie ein flaches ⎰⎱ aussieht. Oder sie sind mehr oder minder tief rinnenförmig oder der Länge nach gerollt oder dicklich, dreikantig oder stielrund; fast immer sind sie ganzrandig, nicht selten am Rande durch Zähnchen rauh. Die Nerven verlaufen parallel, nur wenn die Blätter breiter sind, bogenförmig. Ein Blattstiel fehlt stets, dagegen ist die Blattscheide stark entwickelt und umgibt auf weite Strecken den Stengel als Rinne oder seltener als Röhre; manchmal besteht das ganze Blatt nur aus dem Scheidenteil.

Dikotyle Grasartige.

Nur wenige Dikotyledonen haben so schmale Blätter, daß ihr Habitus grasartig ist. Hierher gehören viele *Wegerich*-Arten [95], die wegen ihrer sonstigen Beschaffenheit an die nicht grasähnlichen Wegerich-Arten angeschlossen und daher bei den nicht grasartigen Blattstauden erwähnt worden sind. Eine bemerkenswerte Form von dikotylen Pflanzen, die, wenn sie nicht blühen, Gräsern recht ähnlich sein können, ist die *Nelken-Form*; der vielköpfige Wurzelstock trägt dichte Schöpfe oder Polster linealer oder lanzettlicher Blätter, die sehr deutlich gekreuztgegenständig sind (Unterschied von den Echten Gräsern), also vierzeilig stehen. Die Nerven sind parallel oder etwas bogenförmig, nicht zahlreich und wegen der dicklichen Blattsubstanz mit Ausnahme des Mittelnerven oft schwer zu sehen; die Blüten, die an meist hohen, bei Hochgebirgspflanzen niedrigen, mit kleinen Blättern versehenen Stengeln einzeln oder zu mehreren stehen, sind schön gefärbt, übrigens allgemein bekannt; Arten der wichtigsten Gattung Nelke [26] wachsen an trokkenen Stellen der Wiesen, im Felsgelände usw. bei uns und in Südeuropa.

Monokotyle Grasartige.

Die weitaus meisten Grasartigen gehören zu den Monokotyle-
donen, und zwar kommen hier folgende Familien in Betracht: *Echte
Gräser* [122] (Gräser schlechtweg), *Rietgräser* [121], *Simsengewächse* [117],
Rohrkolbengewächse [130].

Bei den *Echten Gräsern* ist der (fast immer hohle) Halm stielrund,
seltener mehr oder minder zusammengedrückt (zweischneidig) und fast
immer der ganzen Länge nach durch die nicht hohlen Knoten gegliedert.[1]
Die Blätter stehen zweizeilig. Die Blüten sind unscheinbar, von
meist grünen (seltener gelblichen oder violetten oder bunten) Hochblättern (Spelzen) umgeben, zwischen denen zur Blütezeit die langen
Staubgefäße und die meist federigen Narben heraushängen; die Spelzen
endigen meist in Spitzen oder in manchmal sehr lange Grannen. Die
Blüten sind einzeln oder in Gruppen zu Blütenständen zusammengestellt; sie stehen öfter ungestielt am Ende des Halmes (der „Spindel“)
in einer Ähre oder mehreren fingerartig angeordneten Ähren
oder sie bilden einen reich verzweigten Blütenstand, eine Rispe, die meist
ausgebreitet (und dann überhängend oder aufrecht) sein kann;
manchmal ist diese Rispe teilweise oder ganz mehr oder weniger zusammen-
gezogen, so daß die Blütengruppen mehrere Knäuel oder einen lang
oder kurz walzenförmigen (spindeligen, länglichen oder elliptischen) Blütenstand bilden, der wie eine Ähre aussieht und erst beim
Biegen erkennen läßt, daß die Blütenstandsverzweigungen sehr zahlreich sind
und daß daher eine stark zusammengezogene Rispe, eine „Scheinähre“,
vorliegt. Man kann demgemäß bei blühenden Gräsern unabhängig
von der Form ihres Wachstums folgende *Vegetationsformen*
unterscheiden: Ähren-, Fingerähren-, Scheinähren-, Knäuel-
und Rispengräser.

Die beblätterten Triebe und die blühenden Halme stehen selten einzeln,
sondern sogar bei einjährigen Gräsern meist zu mehreren und an sie
schließt sich ein aus einem Knoten entspringendes, kurzes Wurzelbüschel,
das bei diesen Gräsern das ganze unterirdische Organ darstellt. Bei anderen
einjährigen Gräsern wachsen die oberirdischen Verzweigungen ein
kurzes Stück waagrecht und dann lotrecht, sind also aufsteigend. Und
wieder andere haben einen langen, niedergestreckten (kriechenden)
Stengel, der an den Knoten nach oben Blätter, beblätterte und blühende
Halme, nach unten Wurzeln und Wurzelbüschel entwickelt. So kann man bei
einjährigen Gräsern nach der Wuchsform *Büschelgräser, aufsteigende
Gräser* und *kriechende Gräser* beobachten. Einjährige Büschelgräser
wurden als wesentliche Bestandteile der mediterranen Kräuterfluren bereits
erwähnt; zu den aufsteigenden einjährigen Gräsern gehören das mehrfach genannte einjährige Rispengras und andere Ruderalpflanzen. Die annuellen
kriechenden Gräser können, wenn die Verzweigung und Bewurzelung reich

---

[1] Das Pfeifengras ist bis auf den Grund knotenlos.

genug ist, den Boden ziemlich lückenlos mit einem Teppich oder Rasen bedecken, der, wofern es das Klima gestattet, auch das ganze Jahr frisch und grün bleibt.

Ähnliche Wuchsformen weisen auch die ausdauernden Gräser auf. Wenn die oberirdischen Verzweigungen, die (wie bei den einjährigen) aus den Knoten entspringen, innerhalb der Blattscheiden bleiben, so wachsen sie natürlich steil aufwärts und bilden ein schmales Büschel, das, in der Blüte stehend, oft eine beträchtliche Höhe erreichen kann. Die Blätter sind hier oft lang, schmal, ja borstenförmig; oft haben sie besondere Einrichtungen, um in Trockenzeiten durch Zusammenfalten längs des Mittelnerven oder durch Zusammenrollen die transpirierende Oberfläche zu verkleinern; sie sind oft steif, ja mitunter sogar stechend.

Solche *ausdauernde Büschelgräser* können den Boden nie lückenlos bedecken, sie können keinen Rasen bilden, stets ist, wenigstens in der Daraufsicht, der nackte Boden sichtbar. Einige einheimische Arten sind typische Bewohner trockener Wälder, Wiesen und Triften, namentlich wenn der Boden schotterig oder steinig ist, im Gebirge südlich exponierter Hänge in niederen und mittleren Lagen. Als Beispiel sei das Borstgras [122] genannt, das besonders auf trockenen, kalkarmen Böden (auch in trockenen Wäldern) auftritt, ein niedriges Gras mit steifen, borstenförmigen Blättern und sehr schmalen Rispen. Vom Weidevieh verschmäht, liegen seine „versehentlich" ausgerupften bleichen Büschel oft massenhaft auf dem dürftigen Weideland, das es bewohnt, herum. Auf kalkreichem Boden wächst an ähnlichen Stellen oft weithin tonangebend das Bunte Elfengras [122], das durch kurze, längliche Scheinähren sehr auffällt. Auch die kleinen Gräser der Alpenmatten gehören zur Wuchsform der Büschelgräser.

Die größte Rolle aber spielen die ausdauernden Büschelgräser in den Grassteppen der beiden gemäßigten Zonen. Daher nennt man sie auch *Steppengräser*. Im ungarischen Tiefland und in Südrußland sind namentlich zwei Arten der Gattung Pfriemengras [122] oft tonangebend: das im Vollfrühling blühende Federgras (in Österreich Frauenhaar, in Ungarn Waisenmädchenhaar genannt), das mit seinen langen, weiß behaarten Grannen eine der schönsten Pflanzen der im Mai an prächtig blühenden Pflanzen so reichen Grassteppe der genannten Länder ist; ferner das Haargras, das ebenfalls sehr lange, aber nicht behaarte Grannen hat und im Spätsommer blüht. Beide dringen an trockenwarmen Stellen weit nach Mitteleuropa (bis gegen den Rhein) vor. In den westlichen Mittelmeerländern wächst eine dritte Art, die in Spanien Esparto, in Nordwestafrika Halfa genannt wird.[1] In den Prärien Nordamerikas spielt das Büffelgras, ein niedriges, zartes Ährengras, eine große Rolle.

---

[1] Die „Halme" der in Österreich so beliebten „Virginiazigarren" sind Stücke der langen Blätter dieses Grases, die im trockenen Zustand zusammengefaltet sind und daher einen kreisförmigen Querschnitt haben.

Durch weithin kriechende, über 6 m lange Wurzelstöcke (Ausläufer) ist das Sandrohr befähigt, den Sand der Dünen zu binden, deren neu angehäufte Schichten auch vertikal durchwachsen werden. Auch andere Sandgräser, z. B. die Strandgerste, mit breiteren, aber meist eingerollten Blättern wachsen ebenso; beide sind an den nordatlantischen Küsten weit verbreitet und werden z. B. in Deutschland zur Festigung der Dünen auch viel kultiviert (vgl. S. 173, Ziegenfußwinden).

In verschiedenen außereuropäischen Gebieten gibt es große, ja riesenhafte Gräser vom Wachstum der Steppengräser, die durch massenhaftes Auftreten in hohem Maße zum Zustandekommen des Landschaftsbildes beitragen. Die größten wachsen in den Savannen des tropischen Afrika, besonders Westafrikas, wo das Elefantengras bis „Giraffenhöhe" (5 bis 6 m) erreichen kann.

Über die Tropen und andere wärmere Gebiete weit verbreitet ist das Alang-Alang der Malaien, das besonders für deren Gebiete charakteristisch ist und eine silberweiß behaarte, zylindrische Scheinähre besitzt.

Das tropische und gemäßigte Südamerika bewohnt das (wegen seiner Schönheit auch als Zierpflanze geschätzte) Pampasgras mit 1 bis 3 m langen, schmalen, überhängenden, unten dicht gehäuften Blättern und bis $^3/_4$ m langen, silberweißen Rispen.

Das Tussock-Gras wächst auf Feuerland, Falkland, Südgeorgien und den Kerguelen; es bildet 1 bis 2 m hohe und breite Rasenhügel und hat fächerförmig spreizende Blätter.[1]

Steppen, Savannen und ähnliche Grasfluren mit längerer Trockenzeit werden von ihren Bewohnern häufig als Viehweide genutzt; zu Beginn der Trockenzeit werden seit uralten Zeiten die trockenen Reste der Gräser und anderer Stauden angezündet. Diese Behandlung regt bei Eintritt von Regen das Nachwachsen neuer Triebe an; die Wegschaffung der dürren Reste erleichtert den jungen Sprossen die Entfaltung und die Asche düngt den Boden.

Bei vielen Gräsern durchbrechen die oberirdischen Verzweigungen die Blattscheiden, wachsen ein Stück seitwärts und richten sich dann auf. Und indem sich dieser Vorgang („Bestockung") nach allen Seiten und an den Verzweigungen verschiedenen Grades fortwährend wiederholt, entsteht eine „Grasnarbe", ein „Rasen", der, oft aus den einander durchdringenden Rasen verschiedener Gräser gebildet, den Boden mit einer Decke so dicht überzieht, daß die Stauden, die zwischen den Gräsern Platz finden, gegenüber diesen zurücktreten und auch die Teppichmoose, die nicht selten auf dem Boden wuchern, mit den Lücken im Rasen vorliebnehmen müssen.[2] Gräser von

---

[1] Unter dem Namen „Spinifex", Stachelkopfgras, werden in der Literatur mehrere Grasgattungen Inneraustraliens, meist *Triodia*-Arten, zusammengefaßt.

[2] Rasen. Der Rasen unserer Wiesen wird, wie erwähnt, von Gräsern gebildet, die sich seitwärts verzweigen und so den Boden mit einem dicht

dieser Art des Wachstums nennt man „*Rasengräser*". Sie unterscheiden sich auch sonst von den Büschelgräsern: ihre Blätter sind von mäßiger Länge, aber nicht ausgesprochen schmal, ja bei manchen Arten bis 1 cm breit, dabei weich, dünn und zart, und zeigen keinerlei Einrichtungen, um die Transpiration herabzusetzen. Derlei Gräser bewohnen, oft Massenvegetation bildend, den Grund schattiger Wälder, namentlich hochwüchsige Arten mit ausgebreiteten Rispen. Tonangebend aber sind sie in den Wiesen und heißen daher auch *Wiesengräser*. Mögen diese noch so reich an schön blühenden Stauden[1] („Wiesenblumen") sein, die Gräser bilden doch immer die Hauptmasse der Vegetation und allzu reiche Beimengung anderer Stauden, namentlich wenn sie vom Vieh verschmäht werden, ist gar nicht beliebt. Die Wiesen Mittel- und Westeuropas sind, wie schon S. 12 erwähnt wurde, wenn auch größtenteils aus einheimischen Pflanzenarten zusammengesetzt,[2] doch als Pflanzengesellschaft meist durch Einwirkung von Seite des Menschen entstanden und werden nur durch regelmäßige und seit langen Zeiten fortdauernde, periodische Nutzung als Wiesen erhalten, indem die, je nach der Höhenlage und den Bodenverhältnissen, ein- bis dreimalige Mahd (ein-, zwei-, dreimähdige oder -schürige Wiesen), der auch noch Beweidung folgen kann,[3] einerseits die Verzweigung der Gräser fördert, anderseits das Auf-

schließenden Teppich überziehen. Hierzu ist nicht nur die Wachstumsart der Gräser notwendig, sondern es darf auch die gesamte Vegetationszeit keine länger dauernde, regelmäßige Trockenzeit aufweisen. Daher sind derlei schöne, dichte Rasen auch in den immerfeuchten Gebieten der Tropen möglich, wo sie auf entwaldetem Gelände sich dann einstellen, wenn weidende Tiere oder die Hand des Gärtners auf die Pflanzen auslesend einwirken, die sich an derlei Stellen (Weideplätze, Anlagen, Gartenbeete) von selbst einfinden. G. HABERLANDT hat in dem mehrfach erwähnten Buch „Eine botanische Tropenreise" (2. Aufl., S. 57ff.) geschildert, wie in Westjava durch öfteres Mähen „schließlich ein niedriges, breitblättriges, weiches Gras übrig bleibt, welches fast alle anderen Pflanzen verdrängt hat". — Ähnliches habe ich auf derlei Plätzen am unteren Amazonas beobachtet, wo mehrere Arten von „Fingerährengräsern" mit weithin kriechenden, nicht blühenden und aufrechten, blühenden Halmen tonangebend waren. Die Blätter waren meist lanzettlich und verhältnismäßig breit (Länge 30 bis 80 mm, Breite 4 bis 10 mm). Auch in Gartenanlagen von Rio de Janeiro spielten kriechende, breitblättrige Fingerährengräser eine solche Rolle. (Die „Ähren" sind bei ihnen lineal und nicht viel breiter als 1 mm.) In Gebieten mit trocken-warmem Sommer, z. B. im Mittelmeergebiet, ist es schwer möglich, aus ausdauernden Gräsern einen Rasen zu erzielen, und man muß zum Teil ganz andere Pflanzen, oft keine Gräser, auch Teppichstauden, so kultivieren, daß sie wie ein Rasen aussehen.

[1] Kräuter treten in den Wiesen stark zurück. Was davon vorkommt, sind meist niedrige, zarte Halbparasiten, wie Augentrost [88].

[2] Wiesen können auch dem Anbau einer Samenmischung (meist von Gräsern und Schmetterlingsblütlern [51], wie Wicken, Luzerne, Esparsette und Klee) ihre Entstehung verdanken („Kunstwiesen"); nicht selten wird ein und dasselbe Grundstück in regelmäßigem Wechsel als Kunstwiese und Getreidefeld verwendet („Egartenwirtschaft").

[3] In den österreichischen Alpen nennt man höher gelegene Wiesen, die gemäht werden, Mähder, zum Unterschied von den beweideten Almen; hochgelegene, oft schwer zugängliche Felsbänder liefern das „Wildheu" („Wildheuplanggen").

kommen von Holzgewächsen (außer zwerghaften Sträuchern und Halbsträuchern) verhindert. Hieher gehören die trockenen und mittelfeuchten
Wiesen der Täler und Abhänge in niederen und mittleren Lagen; sie liegen
meist auf Boden, der in Urzeiten von Gehölzen eingenommen war und dessen
Pflanzenbestand außer durch Mahd und Weide auch durch Ent- und regel-
mäßiges Bewässern[1] sowie durch Düngung verändert worden ist und noch
wird. Zu den Naturwiesen gehören solche, die oberhalb der Waldgrenze,
anderseits die Wiesen, die an Flußufern im Bereich des Eisganges liegen; bei
ersteren schließt die bedeutende Seehöhe, bei letzteren die scherende Wirkung
der Eisschollen das dauernde Aufkommen von Holzgewächsen aus.

Das Aussehen einer Wiese ist infolge der Mahd zu verschiedenen
Zeiten sehr ungleich, sowohl was die Höhe der Gräser und sonstigen Pflanzen,
als auch was die Farbe betrifft.

Die nachfolgende kurze Schilderung paßt natürlich nicht auf jede, sondern
etwa auf eine Tal- oder niedrig gelegene, mäßig feuchte Bergwiese.

Im „ersten Tiefstand" herrscht die grüne Farbe der überwinterten
Grasblätter, des „Grases"[2] vor. Auch dieses Winterstadium der Wiesen ist
namentlich in milden Wintern nicht blütenleer; kleine Stauden, wie das
Gänseblümchen [108], sind bei günstigen Verhältnissen auch mitten im
Winter blühend zu sehen und andere niedrigwüchsige „Blumen", wie manche
Veilchenarten [43], die stengellose Schlüsselblume [82] und der Frühlings-
enzian [96], erfreuen schon im ersten Frühjahr das Auge.

Im Übergang zum Höhepunkt des ersten Hochstandes be-
herrscht kurze Zeit das leuchtende Gelb der Blüten- und sehr bald darauf das
Weiß der Fruchtköpfchen der Kuhblume[3] (meist „Löwenzahn" genannt)
große Flecken auf den Wiesen; an anderen Stellen prangen in Zartrosa bis
Schwarzpurpurn die Knabenkrautarten [125] und hochstengelige Schlüsselblumen [82] übersäen die Fläche. Bald stehen die Wiesen am höchsten (oft
mehr als meterhoch), die meisten Gräser blühen und ein bunter Blumenflor
schmückt das durch die Grasblüten weißlich und bräunlich getönte Grün des
Grasmeeres. Die meisten Gräser sind Rispengräser [122], so der sehr hochwüchsige Glatthafer (französisches Raygras),[4] ferner die eigentlichen Rispen-

---

[1] Der Bewässerung dienen schmale Gräben, die bei Hangwiesen oft durch
kleine, im oberen Teil der Wiese liegende Quelltümpel gespeist werden.

[2] Die einzelnen Wiesengräser und die Grasartigen überhaupt sind, wenn sie
blühen, nach Familie, Gattung und Art bei genauer Untersuchung nicht gar
so schwer zu bestimmen und bei einiger Übung meist auch sofort leicht zu
erkennen. Fehlen jedoch die Blüten, weil die blütentragenden Sprosse noch
nicht genügend herangewachsen sind oder die Wiese kurz vorher gemäht
worden ist, dann steht auch der Botaniker oft ratlos vor Beständen von
schmalen Blättern, die bisweilen sichtlich einheitlich sind, meist aber verschiedenen Arten grasartiger Pflanzen angehören, ohne daß er im Freien mehr
darüber sagen könnte als der Laie, nämlich daß es „Gras" ist. Erst eingehende,
oft mikroskopische Untersuchung wird (bei ausländischen „Gräsern" auch nicht
immer) zum Ziele führen. Der Geograph kann sich zu seinem Glück mit der
Feststellung „Gras", „Grasland" begnügen und wird noch etwas über
Höhe, Breite der Blätter, Farbe usw. des Laubes (Abstufungen von Grün)
beifügen.

[3] *Taraxacum officinale*. Die echten Löwenzahnarten gehören zur
Gattung *Leontodon* [108].

[4] Oft nicht ursprünglich, sondern angebaut.

gras-, Schwingel- und Trespearten, das Zittergras, Knäuelgras; bei einigen ist der Blütenstand eine schmalwalzliche Scheinähre, so beim Wiesenfuchsschwanz, beim Liesch- oder Timothégras. Die Stauden erreichen wenigstens zum Teil die Höhe der Gräser; einige der häufigsten sind: Sauerampfer [22], aufgeblasenes Leimkraut [26], mehrere Arten Hahnenfuß [31], purpurne, weiße, gelbe Kleearten, Wicken [51], Wiesensalbei [94], mittlerer und Spitzwegerich [95], weiße und gelbe Labkrautarten [101], Skabiosen [104], die Wiesenglockenblume [106], Orakel- oder Wucherblume, Bocksbart [108]. In diesem Entwicklungszustand, dem schönsten unserer Wiesen, fährt im Verlauf des Monats Juni die Sense in die prangende, blühende Herrlichkeit.

Durch diese erste Mahd wird das „Heu" gewonnen; auf den so eingetretenen „zweiten Tiefstand" folgt durch Entwicklung neuer beblätterter Triebe der Wiesengräser und nicht grasartiger Stauden[1] ein „zweiter Hochstand", in dem aber die Gräser schon deshalb, weil die meisten ihre Blütezeit bereits hinter sich haben, nicht mehr die Höhe des ersten Hochstandes erreichen. Die auffälligsten Pflanzen dieses Entwicklungszustandes der Wiesen sind gewisse Stauden, z. B. Flockenblumen, echter Löwenzahn [108] u. a., aber auch zweijährige Kräuter, unter denen üppige Doldenpflanzen (z. B. Bärenklau [80]), in feuchteren Wiesen mittlerer Lagen auch die blaßgelb blühende Kohldistel [108] vorherrschen; den physiognomischen Eindruck aber bestimmen vorwiegend die weißen Blütenschirme der Doldenpflanzen.[2] Im August und September erfolgt in niedrigen und mittleren Lagen der zweite Wiesenschnitt, der das „Grummet" (Emt, Omet) liefert und zum „dritten Tiefstand" führt, in welchem die zahlreichen Blüten der Herbstzeitlose [113], stellenweise auch die mächtigen weißen, kopf- oder brotlaibgroßen Boviste (Staubpilze) in dem kurzen Gras sehr auffallen; dann kann bei günstigem Wetter noch ein bescheidener dritter Hochstand folgen, der die Mühe eines dritten Schnittes lohnt und das „Aftergrummet" (Nachmahd) liefert. Ist der Hochsommer heiß und trocken, so kommt es in manchen Jahren nicht einmal zum zweiten Schnitt. Im Zustand des letzten Tiefstandes überwintert die Wiese, und zwar, wenn nicht der Spätsommer und der Herbst außergewöhnlich trocken, der Winter schneearm und kalt ist, in grünem Zustand, da die Gräser und so manche Stauden (z. B. die Schafgarbe [108]) fortwährend frische Blätter treiben. Manche Wiesen werden nach dem letzten Schnitt noch beweidet, andere, besonders trockene, wiesenartige Bestände werden überhaupt nur als Weide verwendet. Es ist klar, daß nicht alle Pflanzen einen derartig tiefen, fortwährenden oder periodischen Eingriff, wie es das Beweiden und die Mahd ist, vertragen und daß daher durch diese Nutzung im Laufe der Jahrhunderte eine gewisse Auswahl der Wiesenpflanzen stattgefunden hat, die den Botaniker vor interessante Probleme stellt.

Die hochwüchsigen Echten Gräser [122] gehören meist zur Vegetationsform der *Rohrgräser*. Sie sind häufig ausdauernd, haben in diesem Falle einen kriechenden, reich verzweigten Wurzelstock, oft auch oberirdische Ausläufer und einen mindestens 1 m bis über 5 m hohen Halm,

---

[1] Das Abschneiden der Haupttriebe hat bei sehr vielen Stauden, ganz besonders bei Gräsern, eine starke Entwicklung von Seitentrieben aus den Achseln der unterhalb der Schnittstelle gelegenen Blätter zur Folge.

[2] In einem Teil der österreichischen Alpenländer tritt durch die Rote Tagnelke [26] die rote Farbe auf Wiesen, die für den Umbruch bestimmt sind, stark hervor.

der in geringen Abständen verhältnismäßig kurze, breite, lanzettliche Blätter und am Ende eine oft mächtige Rispe trägt.

Das Urbild der Rohrgräser ist das Schilfrohr, bis 3 m hoch, mit braunvioletter Rispe, das auf der ganzen Erde an geeigneten Stellen wächst und das seine gewaltig wuchernden Wurzelstöcke und seine oft viele Meter langen Ausläufer[1] in ganz besonderem Maße befähigen, auf ihm zusagenden Gelände fast mit Ausschluß jeder anderen größeren Pflanze den Boden zu besiedeln. Derartige, oft sehr ausgedehnte Bestände nennt man Röhrichte; sie finden sich hauptsächlich dort, wo seichtes, stehendes Wasser in größerer Ausdehnung vorhanden ist (Rohrsümpfe), oder bilden an Ufern von träge fließenden oder toten Flußarmen, Teichen, Seen Streifen, soweit das Wasser nicht zu tief ist, oder erfüllen schmälere Gräben, z. B. die Grenzgräben (Lagg) der Hochmoore. An all diesen Orten steht oft bei niederem Wasserstand zwischen den Rohrhalmen kein Wasser. Ja auf lockerem Boden, auf Schotter- und Sandbänken, an Erdhängen bildet das Schilfrohr oft „Landröhrichte" und seine Wurzelstöcke festigen zusammen mit anderen Rohrgräsern und mit Weiden das lose Material. Noch sei erwähnt, daß die Früchte des Schilfs in den langen Haaren zwischen den Spelzen ein treffliches Verbreitungsmittel besitzen. An ähnlichen Orten wie das Schilfrohr wächst das Bandgras,[2] das kleiner als das Schilfrohr ist, ferner die ebenfalls kleineren Reitgräser, von denen manche auch auf Holzschlägen Massenvegetation bilden. Manche Ufergräser wachsen weit ins Wasser vor und bilden namentlich in den Tropen riesige *schwimmende Grasdecken*, die für ein Ruderboot schwer durchdringlich sind, da es nur mit großer Anstrengung gelingt, diese Decken so weit unterzutauchen, daß für das Boot genügend Wasser vorhanden ist. Von diesen Grasdecken, die so dick sein können, daß in ihnen sogar kleine Bäume wurzeln, lösen sich manchmal große Stücke *(„Grasinseln")* los und treiben langsam dahin, bis sie irgendwo hängen bleiben.[3] Auch im Mündungsdelta der Donau gibt es derlei schwimmende Schilfinseln („Plaur") von gewaltiger Ausdehnung. Ähnlich sind die Pflanzenbarren (Sudds)[4] in den Flüssen Innerafrikas, die zum größten Teil aus losgerissenen Massen von Papyrusstauden [122] bestehen.

---

[1] Die Ausläufer haben namentlich gegen das Ende oft sehr kurze, steife, stechende Blätter.

[2] Eine Varietät mit der Länge nach gelblich oder weißgestreiften Blättern wird als Zierpflanze gezogen.

[3] Diese Erscheinungen beobachtete ich im Überschwemmungsgebiet des unteren Amazonas, namentlich an seinem Arm „Ayaya" (Maica), zirka 40 km unterhalb Santarem (Abb. 75).

[4] Außer den Papyrusstauden nehmen auch hohe Echte Gräser an der Zusammensetzung der Sudds teil, z. B. das Wilde Zuckerrohr, das auch am Fuß des Himalaja große Flächen überzieht und von dem vielleicht die Kulturpflanze abstammt; ferner ein Gras mit schmaler, kurzgranniger Ähre, *Vossia procera*.

Nutzpflanzen.

Zu den Echten Gräsern gehört eine ungewöhnlich große Anzahl von unentbehrlichen **Nutzpflanzen**, die in größtem Maßstabe **kultiviert** werden, darunter die wichtigsten **Nahrungspflanzen**, die **Getreidearten** (Körnerfrüchte, Zerealien). Sie liefern in weiten Gebieten der Erde den Hauptteil der menschlichen Nahrung, das „tägliche Brot", deren wichtigster Bestandteil das Kohlehydrat **Stärke** ist. Dieser Stoff ist in einer Menge von mehr als 50 bis 75% im „Korn", der einsamigen Schließfrucht der Getreidegräser, enthalten nebst etwas Eiweiß („Kleber") und Fett. Das Korn wird zum Teil als solches als Nahrung verwendet (vgl. Reis, Hirse), meist aber die aus ihm gewonnenen **Mahlprodukte**: Graupen (Rollgerste, in Österreich „Ulmer Gerstel", aus Gerste und Weizen), Grünkorn (aus unreifem Spelz), Grieß (aus Weizen, Reis, Mais), Mehl, Kleie.

Für die Bewohner der **kalten, gemäßigten und trockenwarmen** Teile der Erde kommen als **Stärkelieferanten** fast nur Gräser in Betracht. Ausnahmen sind die **Buchweizenarten** [22]. Der Name **Buchweizen** kommt von der scharfdreikantigen, dunkelbraunen Frucht, die (bis auf die viel geringere Größe) derjenigen der Rotbuche gleicht. Ferner die **Reismelde** [23]. Es sind

Abb. 75. Schwimmende, wachsende Grasdecken an einem Arm des unteren Amazonas. (Original.)

kräftige Kräuter mit mehr oder weniger dreieckigen Blättern. Die Buchweizen, die aus China stammen, werden dort, dann in Nordwesteuropa, im wärmeren Mitteleuropa (als zweite Frucht), die Reismelde in den Anden gebaut. — Ferner ist hier die **Kartoffel** [87], auch Erdapfel (nicht zu verwechseln mit dem gleichfalls mit diesem Namen belegten Topinambur [108]) zu nennen. Ihre Heimat sind die höheren Lagen der Anden von Chile und Peru. Dort und bis Mexiko wachsen ähnliche Arten heute noch wild; die Kartoffel wurde als Kulturpflanze schon bei der Ankunft der Europäer angetroffen. Jetzt wird sie auf der ganzen Erde in den kaltgemäßigten Gebieten gebaut, in Europa vor allem in Deutschland, der Tschechoslowakei, Polen, Rußland; Frühkartoffeln kommen u. a. aus Malta.

Die Bewohner der **immerfeuchten Gebiete der Tropen und Subtropen** beziehen einen großen Teil ihres Bedarfes an **stärkehaltiger Nahrung nicht aus dem Korn** von Getreidegräsern, sondern:

1. Aus dem **Mark des Stammes** von echten Palmen, so den echten Sagopalmen [126] (australasiatisches Gebiet), von Farnpalmen [6] (ebenda); das Stärkemehl aus diesen Pflanzen kommt auch als „Sago" in den Handel; Sago besteht aus Körnchen, die kein Mahlprodukt sind, sondern bei deren Herstellung Wasser und Erhitzung (wie bei Kleister) eine Rolle spielen; man kann ihn aus jeder Art von Stärkemehl bereiten.

2. Aus **Baumfrüchten**, namentlich aus den bis kopfgroßen, unreifen

Früchten des Brotfruchtbaumes [15], zusammengesetzten Früchten, die wie die Maulbeere Fruchtständen entsprechen; der stattliche Baum hat große, fiederspaltige Blätter und enthält Milchsaft; er stammt aus Ostindien, wird überall in den Tropen kultiviert und ist namentlich den Bewohnern der Südseeinseln unentbehrlich.

3. Aus unterirdischen Stammknollen. Hierher gehört die „Süßkartoffel" oder Batate [85], eine in Mittelamerika heimische, ausdauernde, windende Krautliane mit herzförmigen Blättern und ansehnlichen, rötlichen Blüten. — Die Yamswurzel [119], der Batate in fast jeder Beziehung ähnlich, aber mit kleinen, grünen Blüten, wird im indomalaiischen Gebiet und auf den Südseeinseln gebaut. — Der Taro [127] mit schildförmigen Blättern wächst als Sumpfpflanze in Ostindien wild. Seine Kultur ist in den Tropen (namentlich im Südseegebiet) und in den Subtropen weitverbreitet. — Der Mandioka- oder Kassavestrauch [27], etwa 2 m hoch, mit gefingerten Blättern, in Brasilien heimisch, namentlich im tropischen Amerika gebaut, liefert die „Farinha" (sprich: Farinja), eine Art grobkörniges Mehl, und einen Sago, die „Tapioca".

Ährengräser sind Roggen, Weizen und Gerste. Von der erstgenannten Gattung kommt als Kulturpflanze nur der Gemeine Roggen in Betracht, der sich von den Weizen- und Gerstenarten schon durch seinen hohen Wuchs und die (im unreifen Zustand) blaugrüne Farbe der ganzen Pflanze unterscheidet (vgl. S. 3). Die Spelzen sind mittellang, begrannt. Das reife Roggenkorn ist klein, graubraun und „unbeschalt",[1] besser gesagt unbespelzt, d. h. es fällt beim Dreschen aus den Spelzen heraus; es liefert dunkles („schwarzes") Mehl. In Mitteleuropa, jedenfalls aber im Deutschen Reich[2] und in Österreich, ist der Roggen die Hauptbrotfrucht, die hier (und in Polen) ungefähr den vierten Teil der Ackerfläche einnimmt. In der Schweiz und in Frankreich, in Ungarn, Rumänien, in der Ukraine und in Italien herrschen an Stelle des Roggens verschiedene Weizen-Arten vor. Ihr Wuchs ist mittelhoch, die Farbe der Pflanze vor der Reife grasgrün, die Spelzen begrannt („Bartweizen") oder unbegrannt („Kolbenweizen"), die Ähren dick; das reife Weizenkorn ist dick, gelbbraun und unbespelzt. Es liefert helles („weißes") Mehl. In Nordamerika, Argentinien und Australien ist der Weizen weitaus das wichtigste Ährengetreide; Roggen und Weizen werden auch in Rußland in großer Menge gebaut.[3] Das dritte Ährengetreide ist die Gerste. Sie hat

---

[1] Es ist besser, von bespelzten (unbespelzten) als von beschalten (unbeschalten) Getreidekörnern zu sprechen; denn eine Schale, die übrigens aus der verwachsenen Frucht- und Samenschale besteht, hat die Frucht jedes echten Grases, beschalt sind also die Körner aller Getreidearten.

[2] Die statistischen Angaben des Folgenden und die damit zusammenhängenden geographischen Bezeichnungen sind der 1937 erschienenen Jubiläumsausgabe von „Velhagen & Klasings Großer Volksatlas" (Text) entnommen.

[3] In manchen Gebieten der Alpenländer, z. B. in Oberösterreich, werden Roggen und Weizen zusammen angebaut, so daß ein eigenartiges Bild des Getreidefeldes während des Heranwachsens und beim Reifen entsteht. Es soll durch einen solchen Anbau erreicht werden, daß bei Spätfrösten und Hagelschlägen wenigstens ein Teil der Ernte gerettet wird (infolge des zeitlich verschiedenen Wachstums der beiden Getreidearten). Die Körner werden dann nach dem Drusch mechanisch voneinander getrennt (einheimischer Name dafür „Halbweizen").

unter den genannten den niedrigsten Wuchs, grasgrüne Farbe, lange und lang-
begrannte Ähren, in denen die Körner in zwei, vier oder sechs Reihen stehen
(zwei-, vier- und sechszeilige Gerste). Das Gerstenkorn ist bespelzt, d. h. es
ist von den Spelzen so fest umschlossen, daß es beim Dreschen nicht herausfällt; seine Farbe ist braungelb. Die Gerste wird (nebst Hafer), namentlich
in den kühleren Gebieten Europas, in größerem Umfang gebaut.

Roggen, Weizen und Gerste haben noch manches gemeinsam: sie sind einjährig und werden entweder in sommer- oder winterannuellen Rassen (Sommer-
und Wintergetreide) gebaut, allerdings nicht überall beide nebeneinander. Sie
stammen von mehrjährigen Gräsern ab, deren Heimat Südeuropa, Vorder-
oder Zentralasien ist. Diese wilden Getreidegräser unterscheiden sich überdies
von den Kulturrassen dadurch, daß bei ihnen die Ährenspindel bei der Reife
der Länge nach in einzelne Stücke zerfällt, an deren jedem ein Korn oder eine
Körnergruppe samt den begrannten Spelzen stehen bleibt. Dieses ganze
Gebilde kann durch den Wind oder durch Tiere, an deren Fell es sich anhängt,
verbreitet werden; bei den Kulturrassen von Roggen, Weizen und Gerste
dagegen zerbricht bei der Reife die Spindel nicht, sie ist „zähe", und bei den
beiden ersten ist überdies das Korn von den Spelzen so locker umhüllt, daß es
beim Dreschen herausfällt. Es ist klar, daß die genannten Eigenschaften
(zähe Spindel, unbespelztes Korn) für den Menschen außerordentlich vorteil-
haft sind, weil sie die Trennung der Körner von Spreu und Stroh sehr erleichtern, daß sie aber nutzlos, ja schädlich für eine wildwachsende Pflanze
wären, denn das schwere, gerundete, glatte Korn ohne Spelzen usw. hat
keinerlei natürliche Verbreitungsmittel, und wie wenig die Getreidearten im
freien Naturleben konkurrenzfähig sind, wenn die sorgende Hand des Menschen
fehlt, zeigt der Umstand, daß man sie so selten verwildert antrifft.

Die erwähnten und andere für den Menschen nützlichen Eigenschaften
haben sich aus denen der Wildformen („Stammpflanzen") entwickelt und
haben noch nicht bei allen Kulturrassen die gleiche Vollkommenheit erreicht.
So gibt es einige Weizenarten, bei denen die Spindel zerbrechlich ist und die
Körner beim Dreschen nicht aus den Spelzen fallen. Es sind dies: Spelz,[1]
Emmer und Einkorn. Alle drei haben Ähren, die dünner, bei ersterem auch
lockerer sind als die der anderen Weizen; ihr Anbau ist uralt, wird aber heute
nur mehr auf schlechtem Boden in Nordspanien und im Gebiet der aleman-
nischen Mundart[2] betrieben.

Zu den *Rispengräsern* gehören die **Haferarten**. Sie haben einen niedrigen
Wuchs[3] und entwickeln sich später als die übrigen Getreidearten, sodaß im
Spätsommer die Haferfelder noch grün dastehen, während die übrigen schon
reif und gelb oder schon gemäht sind. Hafer wird auch in kühleren Gebieten
und vorwiegend nur als Pferdefutter gebaut. Das Haferkorn ist bespelzt, sehr
schmal und blaßgelb. Was für Roggen, Weizen und Gerste gemeinsam erwähnt worden ist, gilt auch für den **Hafer**. Auch er gehört zu den im **süd-
europäisch-orientalischen Kulturgebiet** heimischen Getreidearten.

In den immerfeuchten Tropenländern wird von den Getreidegräsern vor
allem der **Reis** gebaut, ein einjähriges, bis $1^1/_2$ m hohes Rispengras, das im
australasiatischen Gebiet wild wächst und namentlich in Süd- und Ostasien, aber
auch sonst in den Tropen gebaut wird und für etwa 1000 Millionen Menschen

---

[1] Grünkern (Grünkorn), das unreife Korn vom Winterspelz.

[2] Hier versteht man, da er die Hauptgetreideart ist, unter „Korn" den
Spelz (s. S. 251).

[3] Ausnahmsweise werden einzelne Stücke bis 2 m hoch.

die Hauptnahrung bildet. Auch in Südeuropa (z. B. in der oberitalienischen
Tiefebene) wird etwas Reis gebaut. Das Reiskorn ist flachgedrückt, von den
hellbraunen Spelzen eng umschlossen, kommt aber im europäischen Handel
meist geschält und poliert (weiß) vor. Der meiste Reis wird als Sumpfpflanze,
in flache Wasserbecken büschelweise gesetzt, kultiviert und diese künstlich
bewässerten, durch kleine Erddämme voneinander getrennten Reisfelder
(im malaiischen Gebiet Sawah genannt) überziehen oft weithin die Berghänge und verleihen, indem sich ihre Gestalt genau nach dem Gelände richtet, durch ihre Mannigfaltigkeit der Landschaft ein höchst eigenartiges Gepräge.

Unter den Rispengräsern gibt es einige, die nicht gebaut, sondern deren
Körner von wildwachsenden Pflanzen eingesammelt werden; dies war (oder
ist noch?) der Fall bei einigen an Ufern wachsenden Gräsern in Osteuropa,
namentlich aber beim Wasser- oder Haferreis, einem ausdauernden, bis
3 m hohen, breitblättrigen Gras, das in ganz Nordamerika vorkommt und für
die dortigen Ureinwohner die einzige Getreidepflanze bildete, aber nicht angebaut, sondern wildwachsend genutzt wurde.

Als Hirse bezeichnet man mehrere Rispengräser mit rundlichen,
bespelzten Körnern von weißlicher bis dunkelgelber Farbe. Die Gemeine
Hirse (in Österreich „Brein“) hat sehr breite Blätter, eine ausgebreitete Rispe
und sehr kleine (2 bis 3 mm lange), glatte, glänzende Körner. Sie stammt aus
Ostindien und wird namentlich in China gebaut. Die Kolbenhirse unterscheidet sich durch die stark zusammengezogene, meist gelappte, von Borsten
durchsetzte Rispe und rauhe, matte Körner. Ihr Hauptkulturgebiet ist Süd-
und Ostasien. Wildwachsende Formen mit walzlichen Scheinähren sind als
Ruderalpflanzen verbreitet, eine mit schwärzlichen Scheinähren (Mohár)
wird als Grünfutter gebaut. Eine dritte Hirse, die den Habitus eines Rohr-
grases (ähnlich dem Mais) und einen dicken, $4^{1}/_{2}$ m hohen Halm besitzt, ist die
Mohrenhirse (nicht Moorhirse), die als Hauptgetreide im ganzen tropischen
Afrika gebaut wird und deren Rassen eine ausgebreitete oder stark zusammengezogene Rispe haben;[1] die Körner sind etwa 4 mm lang. In Südeuropa und
in Ungarn wird die Mohrenhirse nicht selten kultiviert.

In großen Teilen des tropischen Afrika und Vorderindiens werden noch
zwei im Deutschen als Hirsearten bezeichnete Gräser als Getreide kultiviert:
die Negerhirse, wegen der Namensähnlichkeit mit der eben erwähnten
Mohrenhirse und wegen des Aussehens besser als Rohrkolbenhirse zu bezeichnen, ein stattliches Gras, das dort Duchn heißt; ferner eine kleinere
Ostindien und den Hochländern Ostafrikas eigentümliche Art, die indische
Fingerhirse, ein Fingerährengras mit kurzen, breiten Ähren, in den Ver-
breitungsländern u. a. Korakan usw. genannt.

Zu den Rohrgräsern gehört auch der Mais (in Teilen Österreichs „Türken“),
ein einjähriges Gras, dessen nicht hohle Halme in warmen Ländern 5 m Höhe
und 6 cm Dicke erreichen können. Er unterscheidet sich von den übrigen Getreidearten durch einhäusige Blüten; die männlichen stehen in Rispen an der
Spitze des Halmes, die weiblichen in mächtigen Ähren mit dicken Achsen
(„Kolben“), die, in große Hüllblätter ganz eingehüllt, seitwärts am Halm
stehen. Die großen Körner werden bei den meisten Sorten nur am Grunde
von sehr kurzen Spelzen eingehüllt, aus denen sie beim Dreschen („Rebeln“)
ausfallen. Der Mais wurde als Kulturpflanze bei den Kulturvölkern Amerikas

---

[1] Die bei manchen Rassen sehr zähen Achsen dieser Rispen sind das
Material für die „Reis“-Bürsten und -Besen.

schon von den Europäern angetroffen und ist wildwachsend nicht bekannt.[1] Er wird jetzt in allen wärmeren Teilen der Erde, besonders in Amerika (auch als Pferdefutter) bis tief in die kaltgemäßigten Gebiete angebaut, in Europa besonders im Osten und Südosten (Ungarn, Rumänien, Jugoslawien).

Es gibt auch echte Gräser, die zwar nicht als Getreide, sondern in anderer Weise dem Menschen nützen. Hierher gehören drei ausdauernde *Rohrgräser*: das Zuckerrohr, dessen Halme bis 4 m hoch und 5 cm dick werden und nur selten die in einer großen Rispe stehenden Blüten entwickeln. Es stammt aus Südostasien und wird überall in den Tropen und Subtropen, besonders in Amerika (z. B. Westindien, Hawaii), in Europa in Sizilien und Andalusien, angebaut. Das Pfahlrohr, bis 5 m hoch und 2,5 cm dick, mit mächtiger, silberglänzender Rispe in den Mittelmeerländern, namentlich im Weingelände häufig in kleinen Gruppen gebaut; seine sehr festen, holzigen Halme werden u. a. als Stützpfähle für die Reben verwendet. Auch das über die ganze Erde verbreitete Schilfrohr ist hier zu erwähnen, da es u. a. zum Festigen des Mauerbewurfes („Stukkaturrohr") Verwendung findet.[2]

Der Anbau jeder Kulturpflanze bedingt einen Eingriff in die ursprüngliche Pflanzenwelt, die dadurch um so mehr zerstört wird, je „rationeller" dieser Anbau betrieben wird; es gibt aber keine anderen Kulturpflanzen, die so riesige, in ebenen Ländern zusammenhängende Flächen einnehmen und deren Anbau daher das ursprüngliche Landschaftsbild weiter Gebiete so gründlich geändert hat, wie die Getreidegräser. Im Deutschen Reich und in der Tschechoslowakei ist ihnen etwa ein Viertel der Bodenfläche gewidmet, in Österreich ein Achtel, in Dänemark etwa die Hälfte, in Frankreich fast ein Fünftel, in Polen ein Drittel, in Ungarn über zwei Fünftel. Wenn man in Vegetationskarten der Erde oder eines Erdteiles, also in Karten von kleinerem Maßstab, die im wesentlichen die Klimaxformationen darstellen, z. B. Mitteleuropa als zum „sommergrünen Laub- und Mischwaldgebiet" gehörig angegeben findet, so bezieht sich das auf den Urzustand; heute und schon seit langer Zeit muß, wenn man sich von der gegenwärtigen Landschaft eine zutreffende Vorstellung machen will, der Einfluß des Menschen in Rechnung gezogen werden, der, wie oben erwähnt, am stärksten im Ackerland ist, das zum größten Teil Getreideland ist (z. B. im Deutschen Reich: 41% Ackerland, 23% Getreideland). Flurnamen, die sich durch Jahrhunderte erhalten haben, deuten oft noch den ursprünglichen Zustand an.

In Mitteleuropa war das Ackerland im Urzustand wohl fast durchaus Waldland, besonders Laubwald aus Holzarten, die der Ebene und dem niederen Hügelland eigentümlich sind, so den kahlblättrigen, sommergrünen Eichen. In anderen dichtbevölkerten Ländern, wie China und Japan, gibt eine Karte der ursprünglichen Vegetation Wälder verschiedener Art (temperierte Regenwälder, sommergrüne Laubwälder usw.) an, wo heute fast überall an ihre Stelle Getreidebau getreten ist. Auch Steppengebiete (Ungarisches Tiefland, Südrußland, Prärien) sind heute größtenteils dem Pflug unterworfen. Nur Länder, die ihr Getreide von auswärts beziehen, wie Großbritannien mit kaum einem Zehntel Getreidefläche, können, auch wenn sie dichtbevölkert sind,

---

[1] Der Mais ist wegen der für eine wildwachsende Pflanze geradezu schädlichen Eigenschaften seines Fruchtstandes und seiner Früchte (vgl. das über Roggen, Weizen und Gerste diesbezüglich Gesagte) vielleicht diejenige Kulturpflanze, die sich am weitesten von ihrer wilden Stammpflanze entfernt hat.

[4] Besonders geschätzt ist das Schilfrohr vom Neusiedlersee, das auch weithin ausgeführt wird.

eine der ursprünglichen näherkommende, in diesem Fall eine Parklandschaft (Wiesen, Buschwerk, Wäldchen) dauernd erhalten. Man spricht, wenn das Getreideland so vorherrscht, daß auch Feldgehölze, Hecken, ja einzelne Bäume und Sträucher entfernt werden, von „Kultursteppe"; diese entbehrt im äußersten Fall sogar der Raine zwischen Feld und Weg (s S. 14).

Monokotyle Grasartige (außer den Echten Gräsern).

Zu den monokotylen Grasartigen gehören außer den Echten Gräsern vornehmlich fast sämtliche Angehörige der Familien Rohrkolbengewächse, Rietgräser und Simsengewächse.

Die meisten Rohrkolbengewächse [130] sind der *Rohrkolben-Form* zuzurechnen, die in Wuchsform und Größe an Rohrgräser erinnern, mit denen sie auch die Wuchsorte teilen (Sümpfe, Massenvegetation bildend); ihr Stengel (bis 2 m hoch) ist jedoch knotenlos, die Blätter alle grundständig, wie bei den Echten Gräsern zweizeilig, verlängert lineal (flach rinnenförmig); die Blüten sind sehr klein, einhäusig und bilden in großer Menge walzenförmige, braune Kolben. Eine noch vollständige Pflanze trägt zwei Kolben übereinander, deren oberer nur männliche Blüten besitzt, hellbraun gefärbt ist und bald zerfällt; der untere dunkelbraune besteht aus unscheinbaren weiblichen Blüten, die sich erst im Spätsommer trennen und dann vermittels der an ihnen haftenden Haare durch den Wind auseinandergetragen werden.

Die beiden anderen Familien (*Cyperaceae* [121] und *Juncaceae* [117]) umfassen fast lauter grasartige Pflanzen, die zwei Vegetationsformen angehören, der *Seggen-Form* und der *Binsen-Form*. Zur *Seggen-Form* rechnen wir Pflanzen, die Echten Gräsern mehr oder weniger ähneln, besonders wenn sie blühen und Bestände von „Gras" (S. 220) bilden. Aber ihr Stengel (Halm) entbehrt der Knoten, ist stielrund oder dreikantig (mit stumpfen oder scharfen Kanten), niemals zweiseitig zusammengedrückt. Die Blätter stehen meist in drei Zeilen, sind schmallineal bis lineal-lanzettlich, flach, rinnig oder von flach $\bigwedge$-förmigem Querschnitt (*Carex* [121]). Die Blüten sind unscheinbar, Blütenhülle und Hochblätter fast nie auffallend, sondern grünlich, gelblich, weißlich, bräunlich gefärbt; sie bilden arm- bis sehr reichblütige kugelförmige, längliche oder walzliche Blütenstände (Ähren), die zu oft sehr umfangreichen und reichblütigen, büschel- oder rispenförmigen Blütenständen vereinigt sein können. Männliche und weibliche Blüten sind oft getrennt (ein- oder zweihäusig) und die von ihnen gebildeten Blütenstände sind oft voneinander recht verschieden.

Eine eigene Vegetationsform bildet die Gattung Wollgras [121], nämlich die *Wollgras-Form*, die sich auf das Verhalten des Blütenstandes bis zur Entwicklung zum Fruchtstand gründet. Während des Blühens sehen die Wollgras-Arten wie andere Seggen (oder Binsen) aus, da die zu mehreren (oder einzeln) stehenden Blütenstände ungefähr grau gefärbt

sind. Zur Fruchtzeit entwickeln sich in jeder Blüte zahlreiche schneeweiße oder rötliche Haare, die mehrere Zentimeter lang sind und den
vorher unscheinbaren Pflanzen das Aussehen von „Blumen" verleihen.

Sehr bezeichnend ist die *Zypergras-Form*. Aus grundständigen, ziemlich langen Blättern erhebt sich ein Halm, der an der Spitze ebenfalls
zu einer schirmähnlichen Krone zusammengedrängte Blätter trägt,
zwischen denen an langen Stielen die kurzen, gelblichen, grünen, braunen
oder gescheckten Ähren stehen, deren Blüten oft zweizeilig angeordnet
sind. Eine Riesenform der Zypergras-Form ist die *Papyrus-Form* [121]:
Halme bis 5 m hoch, stumpfdreikantig; grundständige Blätter sehr
schwach entwickelt, den Stengel als kurze Scheiden umgebend; die Äste
des Blütenstandes krönen wie ein struppiger Schopf den Halm.

Nach der Größe der ganzen Pflanze kann man bei der Seggen-
Form *Groß-* und *Kleinseggen* (Magnocarices, Parvocarices) unterscheiden;
als Grenze mag eine Höhe von $^1/_4$ m angenommen werden.[1]

Der Wuchs der Seggen-Förmigen (im Sinne einer Vegetationsform)
ist sehr verschieden. Einjährige Arten bilden meist kleine (bis 10 cm hohe)
Büschel, *Büschelseggen-Form*. — Ausdauernde Arten haben oft einen
kriechenden Wurzelstock, der in verschieden langen Abständen nach
unten Wurzeln, nach oben Blattbüschel und einzelne oder wenige blühende
Halme treibt, die dann bisweilen in mehrere Meter langen, geraden Zeilen
stehen („*Kriechseggen-Form*"). Bei anderen ausdauernden Seggen bilden
wenige gedrängtstehende Halme kurz seitwärts strebend Rasen („*Rasen-
seggen-Form*"). Zu ihnen können auch die Angehörigen der *Hainsimsen-
Form* (Gattung Hainsimse [117]) gerechnet werden, die sich an den mit
dünnen, langen Haaren („Wimpern") bedeckten Blättern leicht erkennen
lassen, die namentlich am Rande oder am Grunde der Blätter stehen. Sind
die Halme zahlreich, gedrängt und stehen sie nach allen Richtungen auseinander, so bilden sie halbkugelige oder noch mehr gewölbte Polster
(*Polsterseggen-Form*). Andere ausdauernde Seggen, meist von stattlichem
Wuchs (Groß-Seggen), entwickeln zahlreiche gedrängt stehende, steil
nach aus- und aufwärts wachsende Halme, so daß schließlich aus lebenden
und abgestorbenen, in verschiedenem Maße verrotteten Halmen, Blättern
und Wurzeln dicke Säulen[2] entstehen, die (bei uns) bis 1 m hoch werden
können, dabei sehr zäh und fest sind (*Säulen-* oder *Horstseggen-Form*,
ungarisch Zsombék). Die frischen Blätter hängen als dichter Schopf nach
allen Seiten über, so daß die ganzen Pflanzen, von oben gesehen, grünen
Hügeln („Bülten") gleichen.

Die zweite Hauptform der grasartigen, aber nicht zu den Echten
Gräsern gehörigen Pflanzen ist die *Binsen-Form* [117]. Wie bei der

---

[1] Die Groß- und Kleinseggen gehören zu der sehr artenreichen (zirka
800 Arten) Gattung *Carex* („Segge" im engeren Sinn [121]).

[2] Namentlich aus Steifer Segge bestehend.

Seggen-Form ist der Halm knotenlos und stielrund oder dreikantig, jedoch nie zweiseitig zusammengedrückt. Aber die Blätter sind nicht wie Blätter Echter Gräser oder Seggen gestaltet, also nicht flach, sondern entweder zu kurzen, grundständigen Scheiden oder Schuppen verkümmert oder zylindrisch oder borstlich und dann den Halmen mehr oder weniger, ja bisweilen sehr ähnlich. Selbstverständlich tragen sie keine Blüten. Die Blüten sind wie bei Echten Gräsern und Seggen unscheinbar gefärbt und stehen in verschieden großen, büschelförmigen, in der oberen Hälfte des Halmes meist seitlich angeordneten Blütenständen; diese Büschel bestehen oft aus kleinen Blütengruppen verschiedener Form, wie länglichen Ähren oder Kugeln.

Die Größe der Binsen ist sehr verschieden; man könnte hier (etwa durch die Grenzen 10 cm und 50 cm geschieden) eine *Klein-*, *Mittel-* und *Groß-Binsen-Form* unterscheiden. Entsprechend den betreffenden Formen der Seggen kann man nach dem Wuchs unterscheiden die Formen: *Kriechbinsen*, *Säulen-* oder *Horstbinsen*, *Polsterbinsen* und an letztere anschließend die *Stechbinsen*, bei denen die zahlreichen stielrunden, meterlangen, sehr kräftigen stechenden Halme und die ihnen sehr ähnlichen, aber natürlich der Blüten entbehrenden Blätter mächtige, spitzenstarrende Büsche bilden.

Auch einige Wollgräser [121] gehören zur *Binsen-Form*, nämlich diejenigen, die nicht einen Büschel von Blütenständen, sondern nur einen einzigen besitzen. Ihrem Wuchs nach sind sie entweder den Kriechbinsen oder den Säulen- oder Horstbinsen zuzurechnen.

Die *Seggen-* und *Binsen-Form* hat zwar auf der ganzen Erde Vertreter, bevorzugt aber, was Bedeutung für Vegetation und Landschaft sowie Formen und Individuen betrifft, bei weitem die kalten und kaltgemäßigten Gebiete und hier wieder feuchten Boden, Moore und Sümpfe. Bei uns sind die Seggen, so wie es die Echten Gräser für die trockenen und mäßig feuchten („süßen“) Wiesen sind, Charakterpflanzen der *nassen, Sumpf-* oder *„sauren“ Wiesen.*[1] Sie liefern das als Futter wenig beliebte „saure“ Heu, das bisweilen nur als Streu verwendet wird. An Farbenpracht nehmen die sauren es oft mit den schönsten süßen Wiesen auf, in die sie durch Trockenlegung verwandelt werden können. Zu ihren Zierden zählen auch einige Wollgräser. Die Seggen der nassen Wiesen sind meist mittelgroß oder klein. Die Groß-Seggen bilden gern am äußersten Rande seichter stehender Gewässer Streifen, oder wenn das Flachwasser ausgedehnter ist, weite Bestände. Hier findet man auch die *Säulen-* oder *Horstseggen* und zwischen den einzelnen Horsten steht je nach der Jahreszeit verschieden tiefes Wasser. Breitere, weniger hohe Bülten mit allseits abstehenden Blattschöpfen oder Polsterbinsen bilden oft die Oberfläche der *Hochmoore*; aus ihnen entspringen,

---

[1] In diesen entsteht oft Torf; dann sind es „Wiesen-“ oder „Niedermoore“.

nach allen Seiten abstehend, Halme vom Charakter mittelgroßer Binsen oder einköpfiger Wollgräser. Mittelgroße und große Binsen bilden am Rande stehender Gewässer ausgedehnte Bestände, mit Groß-Seggen und Schilf meist so vereinigt, daß erstere zu äußerst (im seichten Wasser) stehen, hierauf folgt das Schilf, zu innerst dann im tiefsten Wasser die Binsen. Der außerhalb der Blütezeit hellgrüne *Seggengürtel* ist der niederste, der *Schilfgürtel*, zur Blütezeit gleichfalls hellgrün (jeder Halm durch den großen, schwärzlichen Blütenstand gekrönt), der höchste. Von mittlerer Höhe ist der *Binsengürtel*, jeder der dunkelgrünen Halme

Abb. 76. Säulen oder Horste von etwa 1,25 m Höhe, mit ebenso langen Blättern, gebildet von einem Rietgras [121]. Hochgebirgsstufe des Itatiaya. Süd-Brasilien. (Original.)

unter der Spitze mit seitlich abstehendem kleinem, braunem Blütenstand. — Die *Stechbinsen* sind sehr bezeichnend für den flachen, besonders den schotterigen, sandigen und schlammigen Strand des Mittelmeeres, wo sie große, kugelige Büsche bilden. Kleine und mittelgroße Zypergräser kommen in Grasbeständen und als Ruderalpflanzen in den Tropen-ländern vor; die großen Papyrusstauden bilden in tropischen Sümpfen (z. B. am oberen Nil; vgl. S. 222) ausgedehnte Bestände.

Seggen verschiedener Größe fehlen, wenn sie auch nasse Standorte vorziehen, doch trockenen und mäßig feuchten nicht gänzlich. So finden sich kleine Seggen in unseren trockenen Wiesen, kleine, mittlere und große, zum Teil durch Blätter mit dem S. 228 angegebenen Blatt-querschnitt auffallend, in unseren Laubwäldern, wo manche Arten weithin Massenvegetation bilden. Ebenda wachsen auch die „Hain-simsen" [117]. Kriechseggen besiedeln gern Flugsand, Polsterseggen Felsgelände. Rasenseggen und kleine kriechende Binsen sind bezeichnende Bestandteile der Alpenmatten und ähnlicher Pflanzengesellschaften der hohen Lagen unserer Gebirge oberhalb der Baumgrenze. Hochwüchsige Horstseggen überziehen, ziemlich dichtgedrängt, Mulden und sanfte Hänge in den Hochlagen der tropischen Hochgebirge und bilden dort eine eigenartige Formation, die man — wohl nicht ganz passend — als Gebirgssavanne bezeichnet. Die einzelnen Horste sind sehr groß; im südbrasilianischen Gebirge maß ich in zirka 2000 m Seehöhe solche von $2^1/_2$ m Höhe, von denen $1^1/_4$ m auf die Säule kamen, das übrige auf den Blätterschopf (Abb. 76).

Im Gegensatz zu den Echten Gräsern ist die Zahl der Nutzpflanzen unter den Seggen und Binsen sehr gering. Welche Verwendung das Mark des Stengels der Papyrusstaude [121] im Altertum fand, ist bekannt. Sonst gibt es für unsere Gegenden nur eine Segge, das „Seegras" („Rasch" in Oberösterreich) anzuführen, die sehr lange (90 cm) und sehr schmale (3 mm) Blätter besitzt und in manchen unserer Wälder in mittleren Lagen den Grund als hellgrünes Dickicht in großen Mengen erfüllt; es wird als „Seegras" zum Füllen von Matratzen verwendet.

B. Wasserpflanzen (Echte, ohne Sumpfpflanzen).

Die zu den Farn- und Blütenpflanzen gehörigen „höheren" unter den Echten Wasserpflanzen[1] sind — mit Ausnahme der Blüten (siehe jedoch „Seegräser, S. 233) — ganz untergetaucht, oder es schwimmen alle oder ein Teil der Blätter an der Wasseroberfläche; Stengel und Blätter sind kahl (unbehaart); sämtliche nicht im Boden befindlichen Achsen sind schlaff, verholzen niemals und fallen außerhalb des Wassers zusammen. Dasselbe ist auch bei den Blättern der Fall.[2]

Die erwähnten besonders hervorgehobenen Eigentümlichkeiten der Wasserpflanzen haben darin ihren Grund, daß sie (mit Ausnahme der Blüten) ganz oder fast ganz von Wasser umgeben sind. Der starke Auftrieb des Wassers „trägt" sie und macht Turgor und mechanische Einrichtungen, auch Verholzung unnötig; nur die Stengel und Verzweigungen im fließenden Wasser wachsender („flutender") Wasserpflanzen besitzen in der Achse des

---

[1] Die „niederen" Wasserpflanzen sind in den Vegetationsformen-Hauptgruppen I, IV, V, XIII untergebracht und gehören meist zu den Algen.

[2] Bei hohem Wasserstand, hervorgerufen durch Niederschläge oder künstliche Bewässerung, geraten nicht selten tiefere Teile von Wiesen, Mulden, Gräben usw., die gewöhnlich trocken liegen, unter Wasser. Manche der dadurch zeitweilig überschwemmten Landpflanzen machen sodann ganz den Eindruck von Wasserpflanzen, um so mehr, als sie die Überschwemmung ganz gut vertragen; sehr oft sieht man in dieser Lage das Pfennigkraut [82], das mit seinen kriechenden Stengeln und gegenständigen, rundlichen Blättern wie eine Wasserpflanze aussieht. Aber sein Stengel bleibt aus dem Wasser genommen steif.

Stengels usw. starkwandige Zellen und Gefäße. Wegen der oft starken Bewegung des Wassers (Wellen, Brandung) sind die Stengel und Blätter vieler Wasserpflanzen sehr biegsam und elastisch (auch bei Tangen). Das völlige Untertauchen macht auch besondere Vorkehrungen für die Wasseraufnahme und für die Aufrechterhaltung der Wasserbilanz (Transpirationsschutz usw.) unnötig; Wurzeln fehlen bisweilen oder sind schwach entwickelt. Die Wasserpflanzen nehmen Wasser und Nährsalze größtenteils durch die ganze Oberfläche auf; es ist daher von Vorteil, wenn diese stark vergrößert wird, z. B. durch Zerschlitzung der ganz untergetauchten Blätter. Auch große Lufträume im Innern der Pflanzen sind wegen der relativen Luftarmut des Wassers von Bedeutung. Sie verringern auch das spezifische Gewicht.

Das Wachstum der Stamm- und Blattorgane ist bei gewissen Wasserpflanzen üppig, so daß sehr häufig dichte Bestände auftreten. Die Vermehrung ist vorwiegend eine „vegetative", d. h. sie erfolgt mehr durch Verzweigung, durch Ausläufer, an denen sich neue Individuen bilden, durch Knospen, die sich ablösen usw., als durch Früchte und Samen. Deshalb spielen bei ihnen die Blüten auch eine viel geringere Rolle als bei den Landpflanzen und manche blühen überhaupt selten. So weitgehend die höheren Wasserpflanzen in ihren vegetativen Teilen an das Leben im Wasser angepaßt sind, so wenig ist dies bei ihren Blüten der Fall, so wenig verleugnen sie in dieser Beziehung ihre Abstammung von Landpflanzen, bei denen ja die Bestäubung stets in der Luft (durch Luftströmungen oder Tiere) vor sich geht.[1]

In der Vollblüte ragen häufig bei sonst ganz untergetauchten Wasserpflanzen die Blüten über das Wasser, während Knospen, verblühte Blüten und Früchte sich unter Wasser befinden. Nur bei den Blütenpflanzen des Meeres, den „Seegräsern", und bei ganz wenigen Arten des Süß- und Brackwassers findet die Bestäubung unter Wasser statt, und zwar durch Pollenzellen von meist fadenförmiger Gestalt; bei diesen Pflanzen bleiben also alle Teile stets untergetaucht.

Wie sehr dieser Vorgang, vor allem das Emportauchen der in Vollblüte stehenden Süßwasserpflanzen, von Bedeutung für die Landschaft ist, zeigt der Vergleich eines blühenden See- oder Teichrosenbestandes mit einem solchen vor oder nach der Vollblüte; oder der Vergleich der Massenbestände des niemals auftauchenden Hornblattes [34] mit dem im Gesamteindruck so ähnlichen Tausendblatt [60], dessen kleine wie Kerzen aussehende Blütenstände über das Wasser emporragen. Außer einem solchen aktiven Auftauchen geben auch die Bewegungen des Wassers (Wellen, Brandung, Gezeiten) oder überreiches Vorkommen, üppiges Wachstum der Wasserpflanzen Anlaß zu deren zeitweiligem Emporsteigen über den Wasserspiegel, zu passivem Auftauchen, und daß auch solche Vorgänge Einfluß auf die Landschaft haben, ist schon erwähnt worden.

Die „höheren" Wasserpflanzen sind über alle Teile der Erde verbreitet, wo sich ihr Lebenselement wenigstens durch einige Zeit in wenn auch geringerer Menge findet. Am zahlreichsten an Arten und Individuen finden sie sich in den das ganze Jahr durchwärmten, stehenden Süßwässern der Tropen; im fließenden Wasser sind sie überhaupt schwächer vertreten als im

---

[1] Vgl. das über das Blühen der Seegräser Gesagte.

stehenden, in den Gebirgen nimmt ihre Zahl nach oben ab, ebenso in der Arktis und Antarktis. In den oberen, licht- und wärmereicheren Schichten gedeihen sie besser als in den tieferen; ihre untere Grenze liegt z. B. bei Laichkräutern [112] bei 6 m, bei Seerosen [33] bei 4 m. Auch in zeitweise austrocknenden Gewässern fehlen sie nicht; Früchte, Samen und Knospen überdauern hier im Schlamm die trockene wie in winterkalten Gebieten die kalte Jahreszeit.

Die Verbreitungsgebiete der einzelnen Arten sind wie bei manchen Sumpfpflanzen oft viel größer als die der Landpflanzen, einmal deshalb, weil das Wasser wegen seiner hohen spezifischen Wärme auch in klimatisch, namentlich in der Temperatur recht verschiedenen Ländern viel gleichmäßigere Lebensbedingungen bietet, dann aber, weil Wasser- und Sumpfvögel unter Umständen geeignet sind, Teile von Wasserpflanzen, insbesondere Samen, direkt oder mit Schlamm, der an ihren Füßen haften bleibt, zu verschleppen, und zwar oft weithin, weil es gerade unter ihnen ausgezeichnete Flieger und weit wandernde Zugvögel gibt. So kommt es, daß z. B. ein Kenner der mitteleuropäischen Flora, wenn er das erstemal in Südeuropa botanisiert, oft an und in einem Binnengewässer neben für ihn frenden Arten auch viele gute Bekannte findet, während ihm ringsum auf dem festen Lande meist neue Gestalten entgegentreten.

Eine Eigentümlichkeit der meisten Sumpf- und Wasserpflanzen in Ländern mit ausgeprägter kühlerer Jahreszeit ist auch die späte Entwicklung sowohl der vegetativen Teile als der Blüten, so daß z. B. in Mitteleuropa die Vegetation der Gewässer in tiefen und mittleren Lagen erst im Hochsommer ihren Höhepunkt erreicht, wenn diejenige des trockenen Bodens, die im Mai und Juni am üppigsten blüht, schon im Abstieg begriffen ist. Nur die echten Seggen (*Carex*-Arten [121]) blühen meist im Frühling und Vorsommer.

Wasserpflanzen finden sich in den verschiedensten Familien, oft auch in Gattungen, deren Arten vorzugsweise das Land bewohnen. Es gibt aber auch einige Familien, die nur Wasserpflanzen enthalten, namentlich unter den Einkeimblättrigen. Familien, die nur aus Holzgewächsen bestehen, entbehren der Wasserpflanzen.

Die wichtigsten Vegetationsformen der Wasserpflanzen[1]   sind:

1. Wurzelnde Wasserpflanzen mit mehr oder weniger, meist schwach entwickelten Wurzeln im weichen (erdigen, sandigen oder schlammigen) Grunde des Gewässers verankert; Hauptstamm (Stengel) oft daselbst kriechend und als Wurzelstock ausgebildet.

α) Alle Blätter ganz untergetaucht.

a) *Laichkraut-Form:* Blätter rundlich bis länglich, ganzrandig, relativ groß. Hierher viele Laichkräuter [112], die sehr lange Stengel besitzen und im Randgebiete unserer Seen etwa bis 6 m Tiefe oft ausgedehnte Bestände bilden; manche Arten auch in Gebirgsbächen. Bei tropischen

---

[1] Der Botaniker wird einige vermissen. Sie sind in diesem Buche absichtlich weggelassen, weil sie nur in der Tiefe, oder wenn auch an der Oberfläche, so doch in geringer Menge auftreten, also nichts für die Landschaft bedeuten.

Wasserpflanzen mit ähnlichem Habitus, so bei der in Madagaskar heimischen Siebblattpflanze [111], sind die Blätter siebartig durchlöchert.

b) *Wasserpest-Form:* Stengel kürzer, Blätter klein, zahlreich, dicht gestellt. Hierher die nordamerikanische „Wasserpest" [110] mit quirlförmig zu drei bis vier gestellten, lanzettlichen, etwa 1 cm langen Blättern; sie verzweigt sich sehr rasch und stark und ist imstande, ganze Wasserläufe dicht zu erfüllen. Gegenwärtig scheint ihr Auftreten bei uns zurückzugehen.

c) *Bandblatt-Form:* Blätter bandförmig, ungeteilt. Hier schließen sich auch einige Sumpfpflanzen an, die außer stets untergetauchten, bandförmigen auch langgestielte, vorn verbreiterte, löffel- oder pfeilförmige, aus dem Wasser hervorragende Blätter besitzen, z. B. die Pfeilkraut-Arten [109]. Ferner gehören hierher die meisten Blütenpflanzen des Meeres; man nennt sie Seegräser [112], obwohl sie keine Echten Gräser sind, ja zum Teil nicht einmal wie Gräser aussehen, da nicht alle schmale, grasartige, sondern manche längliche Blätter haben. Auf dem hellgrauen Sand und Schlamm des Meeresbodens, in welchem die Seegräser wurzeln, erscheinen ihre Bestände („Seegraswiesen"), von oben gesehen, als dunkle Flecken; wenn an Flachküsten das Wasser recht seicht ist, dann tauchen diese „Wiesen" bei Ebbe auf und beherrschen weithin die Landschaft; nach einem stärkeren Wind bilden die losgerissenen Pflanzenteile, durch das Eintrocknen mißfarbig geworden, langgestreckte Wälle am Meeresstrand. Die Anzahl der marinen Blütenpflanzen ist gegenüber den sehr zahlreichen marinen Algen (Vegetationsform IV: Fadenpflanzen und V: Tange) sehr klein und beträgt etwa 35; sie gehören zu den beiden Familien der Laichkrautgewächse [112] und Froschbißgewächse [110] und sind alle rein grün. Die meisten Arten wachsen in wärmeren Meeren.

d) *Haarblatt-Form:* Blätter haar- oder borstenförmig, ungeteilt. Hierher einige Laichkräuter [112] und verwandte Pflanzen, die zum Teil auch schwach salziges (brackiges) Wasser bewohnen.

e) *Schlitzblatt-Form:* Blätter im Umriß länglich oder in verschiedener Weise in borsten- oder haarförmige Zipfel geteilt oder zerschlitzt. Hierher mehrere in stehenden Gewässern oft sehr massig entwickelte Pflanzen (Hornblatt [34])[1] mit gabelspaltigen, Tausendblatt [60] mit fein fiederteiligen Blättern; ferner mehrere Hahnenfußarten [31], die sowohl in stehenden, als auch fließenden Gebirgsbächen große, flach ausgebreitete und zeitweise mit kleinen, weißen Blüten übersäte Ansammlungen bilden. Auch die Armleuchtergewächse *(Characeae)* gehören hierher; es sind keine Blütenpflanzen, sondern Grünalgen, deren

---

[1] Das Hornblatt ist wurzellos, wird aber wegen des Habitus, insbesondere der Ähnlichkeit mit dem Tausendblatt hier genannt.

fadenförmige „Stengel" wirtelförmig angeordnet, natürlich keine Blätter, sondern Äste und diese wieder oft, und zwar ebenfalls in Wirteln, Ästchen tragen, so daß die ganze Pflanze einem mehrfach verzweigten Schachtelhalm ähnelt. Die Pflanzen sind trübgrün gefärbt und sehr zerbrechlich; in dichtem Schluß bilden die Armleuchter ausgedehnte Bestände („Wiesen"). Es sind die am tiefsten gehenden festgewachsenen Süß- und Brackwasserpflanzen und sie finden sich bei genügender Lichtstärke noch bei 30 m Wassertiefe; wenn das Wasser genügend klar ist, erscheinen auf hellgrauem Schlammgrund die Armleuchterwiesen als dunkle Flecken, ähnlich wie auf Schlammboden des Meeres die Seegraswiesen.

β) **Schwimmblatt-Form.** Wenigstens ein Teil der Blätter ist **schwimmend,** so daß nur die Unterseite mit dem Wasser, die Oberseite aber mit der Luft in Berührung ist. Diese **Schwimmblätter** besitzen je nach der Tiefe des Wassers bis 2 m lange, kräftige Blattstiele, die Spreiten sind länglich bis kreisförmig, weshalb der Blattstiel in deren Mittelpunkt entspringt; „schildförmig" nennt man derlei Blätter, wenn die Seitenteile des Blattes miteinander verwachsen sind. Am ausgesprochensten sind diese Eigenschaften bei der *Seerosen-Form,* die den größten Teil der Familie der *Nymphaeaceae* [33] bildet. Bei ihnen sehen die schön gefärbten Blüten wie gefüllt aus und erreichen bis 30 bis 40 cm im Durchmesser. Am Rande aufgebogen sind die bis 2 m im Durchmesser erreichenden Blätter der Riesenseerose des Amazonasgebietes, der *Victoria regia.* Bei uns gibt es weiße „Seerosen" und gelbe „Teichrosen", letztere außer mit (derberen) Schwimm- mit ganz untergetauchten, ähnlich gestalteten, aber viel zarteren Unterwasserblättern. Einige weiß und blau blühende Seerosen Afrikas werden als ägyptischer Lotos bezeichnet; der indische (chinesische) Lotos [33] ist genau genommen eine Sumpfpflanze, deren große, schildförmige Blätter an langen Stielen weit übers Wasser emporragen. Einige Laichkräuter [112] bedecken mit ihren länglichen Schwimmblättern wie die Blätter der Seerosen ausgedehnte Flächen stehender Gewässer. Kleine Wasserpflanzen mit Schwimmblättern, die in breite Abschnitte geteilt sind, und mit fein zerschlitzten Unterwasserblättern sind einige der oben unter „Schlitzblatt-Form" erwähnten Wasserhahnenfuß-Arten [31]. Hierher auch die „*Wasserstern-Form*" (Arten der Gattung Wasserstern) [28]: kleine, sehr zarte Wasserpflanzen mit zweierlei Blättern, nämlich schmallinealen, untergetauchten, in größeren Entfernungen voneinander am Stengel verteilten, und eiförmigen, die am oberen Ende des Stengels dichtgedrängt, eine schwimmende Rosette bilden. Bei uns besonders in kleinen Gräben, Gebirgsbächen und Wiesentümpeln oft in großer Menge.

2. Schwimmende und frei schwebende Wasserpflanzen.

a) *Schwimmfarn-Form:* Kleine Wasserpflanzen mit runden oder länglichen **Schwimmblättern,** manche außerdem mit nicht grünen,

wie fiederig geteilte Wurzeln aussehenden untergetauchten Schlitz-
blättern. Hierher die Arten der Gattung Schwimmfarn [5], die in
allen wärmeren Gebieten der Erde (auch warmgemäßigten) oft weite
Strecken der Oberfläche stehender Gewässer in dichtem Schluß überziehen, oft im Verein mit anderen kleinen Schwimmpflanzen. (Vgl. dazu
die Wasserlinsen-Form S. 96.)

b) *Wasserhyazinthen-Form:* Mittelgroße Pflanzen der Gattung Wasser-
hyazinthe [114], deren Blattspreiten breit, beinahe kreisförmig sind und
auf einem dick angeschwollenen, aus einem sehr lockeren (lufthaltigen)
Gewebe bestehenden Blattstiel sitzen. Die Blätter bilden einen Trichter,
der mittels der Blattstiele ·schwimmt und schöne, lila gefärbte, große

Abb. 77. Schwimmende Vegetations-Inseln von Wasser-Hyazinthen [114] im unteren Amazonas.
(Original.)

Blüten trägt. Die Pflanze bedeckt im tropischen und subtropischen
Amerika weite Strecken stehender und langsam fließender Gewässer
oft in solchen Massen, daß sie die Schiffahrt behindern können (Abb. 77);
einzelne Arten sind auch im tropischen Asien und Afrika verbreitet.
Bisweilen lösen sich einzelne Rosetten los und treiben als „schwimmende
Vegetationsinseln" im Wasser. Wo sie zahlreich sind, z. B. in bestimmten
Teilen des unteren Amazonas, bilden sie mit Grasinseln ein höchst eigen-
artiges Element der Stromlandschaft.

c) *Wasseraloë-Form:* Mittelgroße Pflanzen der Gattung *Stratiotes* [110]
mit bis 40 cm langen, schwertförmigen, am Rande und Mittelnerv scharf
gesägten Blättern, die in eine trichterförmige Rosette gestellt sind. Sie
schwimmt auf dem Wasser und treibt nach allen Seiten reichlich Ausläufer. An ihnen entspringen wieder Blattrichter in großer Menge, so daß
die Oberfläche eines stehenden Gewässers in kurzer Zeit von oft über-
einandergeschobenen Rosetten dicht bedeckt wird und die Pflanze zur
Verlandung eines Gewässers beitragen kann.

D. Systematische Übersicht der in diesem Buch genannten Farn- und Blütenpflanzen.

In der nachstehenden „Übersicht" sind die in diesem Buch angeführten Farn- und Blütenpflanzen aufgezählt und zwar systematisch, d. h. in der Anordnung und Einteilung eines gegenwärtig allgemein anerkannten Sippensystems.[1] Es ist nicht etwa angestrebt, hier den ganzen Aufbau eines solchen Systems zu bringen und durch Einzelbeispiele zu belegen, sondern lediglich es dem botanisch nicht geschulten Leser zu ermöglichen, wenn er im übrigen Text des Buches den Namen einer Pflanze liest, leicht festzustellen, in welche Gruppe sie gehört und welche anderen (großenteils allgemeiner bekannten) Gewächse derselben Gruppe zugerechnet werden. Da als Leser meist Nichtbotaniker in Betracht kommen werden, sind in der Benennung der Arten, Gattungen, Familien und Gruppen höheren Ranges[2] grundsätzlich die nichtwissenschaftlichen (nicht „lateinischen") Namen, also meist deutschsprachige (Volks- und Buchnamen) als erste genannt, selten der „lateinische" Name als einziger angeführt, wenn er sich als der brauchbarste erweist.

Die nichtlateinischen (meist deutschen) und die lateinischen Namen sind in der Übersicht stets in bestimmter, beabsichtigter Weise angeordnet; durch die gewählte Reihenfolge soll ausgedrückt werden, daß dem vorangestellten (nichtlateinischen) Namen der Vorzug gegeben und im Text des übrigen Buches nur dieser gebraucht wird.[3] Hinter diesen Namen steht (im übrigen Text) eine Zahl [1 bis 130]. Wenn der Leser etwa einen anderen nichtlateinischen oder einen lateinischen Namen der betreffenden Pflanze oder Namen von Beispielen aus dem sonstigen Inhalt der Gruppe erfahren will,

---

[1] Nach WETTSTEIN, R.: Handbuch der systematischen Botanik. 3. Aufl. Wien 1924.

[2] Die weitaus meisten der hier erwähnten 132 Gruppen haben den Rang von Familien, nur wenige einen höheren, was übrigens für uns belanglos ist.

[3] Wie S. 25 ausführlich auseinandergesetzt wurde, ist die wissenschaftliche („lateinische") Benennung ersonnen und ihre Allgemeingültigkeit an bestimmte auf internationalem Übereinkommen beruhende Regeln geknüpft worden, um zu erreichen, daß jeder Organismus in der Wissenschaft überall mit demselben Namen bezeichnet wird, so daß es für jeden nur einen Namen gibt. Daß dieses Ideal trotz aller Bemühungen nicht erreicht worden ist, sondern daß hier sehr oft — wie leicht begreiflich — nicht nur mehrere „deutsche", sondern auch mehrere „lateinische" Namen angeführt werden mußten, um den Zusammenhang mit weitverbreiteten Nachschlagebüchern herzustellen, lehrt ein Blick in die nachstehende Übersicht. Warum die erstrebte Einheitlichkeit nicht erreicht werden konnte, warum es Gleiches bedeutende wissenschaftliche Namen („Synonyma") überhaupt gibt, das auseinanderzusetzen, gehört nicht zu den Aufgaben dieses Buches.

so hat er nichts zu tun, als diese Zahl in dieser Übersicht nachzuschlagen. Er findet dann z. B., daß die Rotbuche [12] deutsch noch Waldbuche und Buche (schlechthin) genannt wird, daß sie „lateinisch" *Fagus silvatica* heißt, daß sie zur Familie der Buchengewächse *(Fagaceae)* gehört und daß zu dieser (um andere für uns wichtige Gattungen zu nennen) noch die Echte Kastanie, die Südbuchen, die Eichen gehören.

Der Botaniker wird vielleicht in der Auswahl der Familien, Gattungen und Arten sich über manches wundern, z. B. daß von den mindestens 15000 Orchideenarten, die beschrieben sind, in der Übersicht nur zwei genannt werden, noch dazu nur deren Gattungsname. Aber es kommt hier gar nicht auf die systematische Mannigfaltigkeit an, die vorzugsweise in den Blüten liegt, sondern auf den Habitus und die damit zusammenhängende Lebensweise, und da sind wir mit den zwei Vegetationsformen „Erdorchideen" und „epiphytische Orchideen", denen etwa noch einige saprophytische und daher nichtgrüne Arten anzureihen wären, bald fertig. Anderseits wird der systematische Botaniker sich vielleicht darüber wundern, daß einige recht artenarme Familen erwähnt werden; aber manche davon enthalten Pflanzen, die als Vegetationsformen oder durch Bildung von Massenvegetation für uns von Interesse sind, z. B. die Tausendblattgewächse [60] und die *Gunneraceae* [61].

Endlich sei noch begründet, warum in nachstehende Übersicht die „Kryptogamen" mit Ausnahme der Farnpflanzen, also die Moose und die Lagerpflanzen (Algen, Pilze, Flechten) überhaupt nicht aufgenommen worden sind: erstens ist die ganze systematische Zusammenfassung als „Kryptogamen" (Sporenpflanzen) wissenschaftlich schon längst nicht mehr haltbar, zweitens ist alles, was über die Wuchsform dieser Pflanzen zu sagen ist, in den betreffenden Hauptabschnitten des Buches gesagt, und drittens sind im Text nur ganz wenige Gattungen und Arten namentlich angeführt, deren systematische Stellung für uns ohne Belang ist.

Die Übersicht enthält auch einige Kulturpflanzen, die der Landschaft infolge ihres ausgedehnten Anbaues ein besonderes Aussehen verleihen, aber als Vegetationsformen nicht allzusehr hervortreten. Sie sind daher nicht im Text, sondern bloß hier und im Sachregister aufgenommen, damit sie von Interessenten in der zugehörigen Familie aufgefunden werden können. — In das Namen- und Sachregister sind nicht alle Namen dieser Übersicht aufgenommen, sondern im allgemeinen nur „deutsche" und von diesen nur die als erste angeführten, ferner dort, wo aus einer Gattung mehrere Arten angegeben sind, nur der Gattungsname; z. B. sind alle Arten von Eichen unter diesem Schlagwort zu suchen, alle Tannen unter „Tannen" usw.

Farnpflanzen *(Pteridophyta)*.

1. Bärlappe, *Lycopodiales*. Bärlapp *(Lycopodium)*.

2. *Selaginellales*. *Selaginella*.

3. Schachtelhalme, *Equisetales*. Schachtelhalm *(Equisetum)*; Acker-Sch. *(E. arvense)*.

4. (Eigentliche) Farne, *Filicales*. Hautfarn *(Hymenophyllum)*. — Nestfarn *(Asplenium nidus)*. — Hirschzunge *(Scolopendrium vulgare)*. — Adlerfarn *(Pteridium aquilinum)*. — Gemeiner Tüpfelfarn, Engelsüß *(Polypodium vulgare)*. — Geweihfarn *(Platycerium)*. — Baumfarne.

5. Wasserfarne, *Hydropteridales*. Schwimmfarn *(Salvinia)*.

Blütenpflanzen, Samenpflanzen *(Anthophyta, Spermatophyta, Phanerogamae).*

I. Nacktsamige *(Gymnospermae).*

6. **Palmfarne, Farnpalmen, Zykadeen** *(Cycadinae).* Unechte Sagopalme [s. auch 126] *(Cycas).*

7. *Ginkgoinae. Ginkgo biloba.*

8. **Nadelhölzer, Koniferen** *(Coniferae).* Eibe *(Taxus baccata).* — Stielfruchteibe *(Podocarpus).* — Mammutbaum *(Sequoia gigantea).* — Virginische Sumpfzypresse *(Taxodium distichum).* — (Echte) Zypresse *(Cupressus sempervirens)*; Wuchsformen: *forma horizontalis* und *forma pyramidalis.* — Lebensbaum, *Thuja* (in Mitteleuropa oft „Zypresse" genannt): chinesischer oder morgenländischer L. *(Th. orientalis)*; amerikanischer oder abendländischer L. *(Th. occidentalis).* — Wacholder *(Juniperus)*: gemeiner W. *(J. communis)*, Kranawitten u. ä., Machandel u. ä.; rotfrüchtiger W. *(J. oxycedrus)*; Zwergwacholder *(J. nana)*; Sadebaum, Sevenstrauch *(J. sabina)*; virginischer Sadebaum, rote „Zeder", Bleistiftholz *(J. virginiana).*

Kaurifichte *(Agathis australis).* — Araukarie *(Araucaria)*: brasilianische A. *(A. brasiliana)*; chilenische A. *(A. imbricata).*

Tanne *(Abies)*: Weißtanne, Edeltanne, mitteleuropäische Tanne *(Abies alba)*; sibirische T. *(A. sibirica)*; (süd-)spanische T. *(A. pinsapo)*; griechische T. *(A. cephalonica).*

Fichte *(Picea)*: (europäische) Fichte, Rottanne, fälschlich oft „Tanne" *(P. excelsa)*; sibirische F. *(P. obovata).*

Lärche *(Larix)*: (europäische) Lärche *(L. decidua)*; sibirische L. *(L. sibirica).* — Zeder (echte) *(Cedrus)*: Libanon-Z. *(C. Libani)*; Atlas-Z. *(C. atlantica)*; Himalaja-Z. *(C. deodora).*

Föhre, Kiefer *(Pinus)*: Weißföhre, Rotföhre, Waldföhre, Föhre (Fuhre) und Kiefer (schlechtweg) *(P. silvestris)*; Bergföhre *(P. montana)*; hierher: Spirke (Berg- und Moorspirke), Legföhre, Latsche, Knieholz, Krummholz; Schwarzföhre *(P. nigra, nigricans)*; hierher u. a. *P. austriaca*; (echte) Pinie *(P. pinea)*; Sternföhre (oft mit der „echten" Pinie verwechselt), auch „Meerstrandföhre" *(P. pinaster)*; Strandföhre (oft mit der „echten" Pinie verwechselt), Aleppo-Föhre *(P. halepensis)*; kanarische Föhre *(P. canariensis)*; Pitch-Pine, Sumpfkiefer *(P. palustris, australis)*; Weymouthskiefer *(P. strobus)*; Zirbelkiefer, Zirbe, Arve *(P. cembra)*; ostsibirische Zwergzirbe *(P. pumila).*

9. *Gnetinae. Gnetum.* — Meerträubchen *(Ephedra).* — *Welwitschia mirabilis (= Tumboa Bainesii).*

II. Bedecktsamige *(Angiospermae)*.

1. Zweikeimblättrige, Blattkeimer *(Dicotyledones)*.

10. *Casuarinaceae. Casuarina* (einige Arten „Eisenholz'', manche australische „Eiche, oak'').

11. Birkengewächse, *Betulaceae.* Birke *(Betula)*; Gemeine B., Rauh-B., Ruch-B. *(B. pendula, verrucosa)*; Moorbirke *(B. pubescens, alba)*. — Erle *(Alnus)*: Schwarz-E., Eller *(A. glutinosa)*; Grau-E., Weiß-E. *(A. incana)*; Grün-E., Berg-E. *(A. viridis)*. — Weißbuche, Hainbuche, Hornbaum *(Carpinus betulus)*. — Hopfenbuche *(Ostrya carpinifolia)*. — Haselnuß, Hasel *(Corylus)*: gemeiner Haselstrauch, „Haselstaude'' *(C. avellana)*.

12. Buchengewächse *(Fagaceae)*. (Echte) Kastanie, Edelkastanie *(Castanea sativa)*. — Rotbuche, Waldbuche, Buche *(Fagus silvatica)*. — Südbuche *(Nothofagus)*. — Eiche *(Quercus)*: (Immergrüne) Stein-E. *(Qu. ilex.)*; Kermes-E. *(Qu. coccifera)*; (echte) Kork-E. *(Qu. suber)*; (falsche) Kork-E., *(Qu. pseudosuber, crenata)*; Zerr-E. *(Qu. cerris, austriaca)*; Flaum-E. *(Qu. lanuginosa, pubescens)*; Winter-E. *(Qu. sessiliflora, petraea)*; Sommer-, Stiel-E. *(Qu. robur, pedunculata)*; Rot-Eiche *(Qu. rubra)*.

13. Walnußgewächse *(Juglandaceae)*. Nußbaum, Walnußbaum *(Juglans regia)*. — Flügelnußbaum *(Pterocarya)*.

14. Weidengewächse *(Salicaceae)*. Pappel *(Populus)*: Silber-P., Weiß-P. *(P. alba)*; Zitter-P., Espe *(P. tremula)*; Schwarz-P. *(P. nigra)*; hierher die Italienische oder Pyramiden-P. *(P. nigra* var. *italica* oder *pyramidalis)*. — Weide *(Salix)*: Silber-W. *(S. alba)*; Bruch-W. *(S. fragilis)*; Sahl-W. *(S. capraea)*.

15. Maulbeergewächse *(Moraceae)*. Weißer Maulbeerbaum *(Morus alba)*. — Feige *(Ficus)*: Echter Feigenbaum *(Ficus carica)*; Kautschuk-F., Gummibaum, „Fikus'' *(F. elastica)*; Banyan *(F. bengalensis)*. — Brotfruchtbaum *(Artocarpus)*: (echter) B. *(A. incisa, communis)*; Jackfruchtbaum *(A. integrifolia)*. — Imba-uba *(Cecropia)*.

16. Hanfgewächse *(Cannabaceae)*. Hopfen *(Humulus)*: Gemeiner H. *(H. lupulus)*; Japanischer H. *(H. japonicus)*. — Hanf *(Cannabis sativa)*.

17. Ulmengewächse *(Ulmaceae)*: Ulme, Rüster *(Ulmus)*: Flatter-U. *(U. laevis, pedunculata, effusa)*; Feld-U. *(U. campestris, glabra)*; Berg-U. *(U. scabra, montana)*. — Europäischer Zürgelbaum *(Celtis australis)*.

18. Nesselgewächse *(Urticaceae)*. Brennessel *(Urtica)*: große B. *(U. dioica)*; kleine B. *(U. urens)*. — (Aufrechtes) Glaskraut *(Parietaria officinalis)*.

19. Pfeffergewächse *(Piperaceae)*. Pfeffer *(Piper)*: (schwarzer) P. *(P. nigrum)*; Betel-P. *(P. betle)*.

20. Proteazeen *(Proteaceae)*.

21. Mistelgewächse *(Loranthaceae)*. Eichenmistel, Riemenmistel, Riemenblume *(Loranthus europaeus)*. — Mistel *(Viscum album)*.

22. Knöterichgewächse *(Polygonaceae)*. Ampfer *(Rumex)*: Wilder Sauerampfer *(R. acetosa)*; Alpen-Ampfer *(R. alpinus)*. — Rhabarber *(Rheum)*. — Knöterich *(Polygonum)*: Vogel-K. „Hansl am Weg" *(P. aviculare)*; Wasser-K. *(P. amphibium)*. — Japanischer Flügelknöterich *(Pleuropterus [Polygonum] cuspidatus, -um)*. — Buchweizen, Heiden, Heide(n)korn *(Fagopyrum sagittatum, esculentum, Polygonum fagopyrum)*.

23. Gänsefußgewächse *(Chenopodiaceae)*. Gänsefuß *(Chenopodium)*: „Guter Heinrich" *(Ch. bonus Henricus)*; Reismelde *(Ch. quinoa)*. — Melde *(Atriplex)*. — Runkelrübe *(Beta vulgaris)*: Zuckerrübe; Rote Rübe, Salatrübe, Burgunderrübe, Futterrübe. — Krautiges Glasschmalz, Queller[1] *(Salicornia herbacea)*. — Saxaul *(Haloxylon ammodendron)*. — *Anabasis aretioides*.

24. Eiskrautgewächse *(Aizoaceae)*. Eiskraut, Kristallkraut, Mittagsblume *(Mesembri(y)anthemum)*.

25. (Echte) Kakteen[2] *(Cactaceae)*. *Peireskia*. — Feigenkaktus, Feigendistel *(Opuntia)*: Echter F. *(O. ficus indica)*. — Geißelkaktus *(Rhipsalis)*. — Warzenkaktus *(Mamillaria)*. — Igel-, Kugel-Kaktus *(Echinocactus)*; Riesen-I. *(E. ingens)*. — Blattkaktus *(Phyllocactus)*. — *Pilocereus Gounellii*. — Säulenkaktus *(Cereus)*: Riesen-S. *(C. giganteus)*; „Königin der Nacht" *(C. grandiflorus* und *C. nycticalus)*. — „Greisenhaupt" *(Cephalocereus senilis)*.

26. Nelkengewächse *(Caryophyllaceae)*. Mieren *(Alsinoideae)*: Sternmiere, Hühnerdarm *(Stellaria media)*. — *Arenaria musciformis*. — Leimkraut *(Silene)*: Aufgeblasenes L. *(S. vulgaris, inflata)*; Stengelloses L. *(S. acaulis)*. — Rote Tagnelke *(Melandryum silvestre, rubrum)*. — Nelke *(Dianthus)*: Garten-N. *(D. caryophyllus)*. — Kornrade *(Agrostemma githago)*.

27. Wolfsmilchgewächse *(Euphorbiaceae)*. Wunderbaum *(Ricinus communis)*. — Parakautschukbaum *(Hevea brasiliensis)*. — Maniok, Mandioka, Kassave *(Manihot utilissima)*. — Wolfsmilch *(Euphorbia)*: Baumförmige W. *(E. dendroides)*.

28. Wassersterngewächse *(Callitrichaceae)*. Wasserstern *(Callitriche)*.

29. Platanengewächse *(Platanaceae)*. Platane *(Platanus)*: Morgenländische P. *(P. orientalis)*; Amerikanische P. *(P. occidentalis)*; ahornblättrige P. *(P. acerifolia)*.

---

[1] Siehe auch Salzgras, *Atropis* [122].

[2] Dieser Name wird im Publikum ganz allgemein für Sukkulente jeder Art gebraucht.

30. **Lorbeergewächse** *(Lauraceae)*. Echter Lorbeer *(Laurus nobilis)*.

31. **Hahnenfußgewächse** *(Ranunculaceae)*. Sumpf-Dotterblume[1] *(Caltha palustris)*. — Trollblume[1] *(Trollius europaeus)*. — Schneerose, schwarze Nießwurz *(Helleborus niger)*. — Winterling *(Eranthis hiemalis)*. — Eisenhut *(Aconitum)*. — Feld-Rittersporn *(Delphinium consolida, Consolida regalis)*. — Windröschen und Küchenschelle *(Anemone)*. — (Gemeine) Waldrebe *(Clematis vitalba)*. — Hahnenfuß[1] *(Ranunculus)*. — Wasserhahnenfuß *(Batrachium)*. — Feuerröschen *(Adonis)*.

32. **Sauerdorngewächse** *(Berberidaceae)*. Sauerdorn, Berberitze, *(Berberis vulgaris)*.

33. **Seerosengewächse** *(Nymphaeaceae)*. Indische Lotosblume, indischer Lotos *(Nelumbo nucifera, Nelumbium speciosum)*. — (Gelbe) Teichrose, Nixenblume, (gelbe) Mummel *(Nuphar luteum)*. — (Weiße) Seerose, Wasserrose, Wasserlilie *(Nymphaea alba, Castalia alba)*; ägyptische (weiße) Lotosblume *(N. lotus)*. — Victoria regia.

34. **Hornblattgewächse** *(Ceratophyllaceae)*. Hornblatt *(Ceratophyllum)*.

35. **Kannenpflanzengewächse** *(Nepenthaceae)*. Kannenpflanze *(Nepenthes)*.

36. *Sarraceniaceae (Sarracenia)*.

37. **Mohngewächse** *(Papaveraceae)*. Mohn *(Papaver)*: Klatschmohn *(P. rhoeas)*; Gartenmohn *(P. somniferum)*. — Schöllkraut *(Chelidonium maius)*.

37a. *Capparidaceae*. Kappernstrauch *(Capparis spinosa)*.

38. **Kreuzblütler** *(Cruciferae)*. Brunnenkresse *(Nasturtium officinale)*. — Meerrettich, Kren *(Armoracia rusticana, lapathifolia)*. — Goldlack, gelber Feigel, „Veilchen" *(Cheiranthus, Erysimum cheiri)*. — Levkoje *(Matthiola incana)*. — Frühlings-Hungerblümchen *(Draba verna)*. — Gemüsekohl *(Brassica oleracea)*; Kulturrassen: Blätterkohl (flach- und krausblättrig); Sprossen- oder Rosenkohl; Wirsing, „Kelch", Kohl (schlechtweg); Kopfkohl, Kraut (Weiß-, Rot-); Kohlrabi, „Kohlrübe"; Blumenkohl, Karfiol; Rübenkohl *(Brassica rapa, campestris)*, Kulturrassen: weiße Rübe, Stoppelrübe, Rübsen; Repskohl *(Brassica napus)*; Kulturrassen: Kohlrübe, Krautrübe, Wruke, Raps; Schwarzer Senf *(Brassica nigra)*. — Senf *(Sinapis)*: weißer S. *(S. alba)*; Acker-S., „Hederich" *(S. arvensis)*. — Rettich, Rettig *(Raphanus)*. Garten-R. *(R. sativus)*; (echter) Hederich *(R. raphanistrum)*. — Tatarischer Meerkohl *(Crambe tatarica)*. — Hirtentäschel *(Capsella bursa pastoris)*.

---

[1] Dotterblume, Trollblume sowie die gelbblühenden, wiesenbewohnenden Arten von Hahnenfuß werden im Volksmund als Butterblume und Schmalzblume bezeichnet.

39. Resedagewächse *(Resedaceae)*. Garten-Reseda *(Reseda odorata)*.

40. Zistrosengewächse *(Cistaceae)*. Zistrose *(Cistus)*. — Sonnenröschen *(Helianthemum)*.

41. Tamariskengewächse *(Tamaricaceae)*. Tamariske *(Tamarix)*.

42. Sonnentaugewächse *(Droseraceae)*. Sonnentau *(Drosera)*.

43. Veilchengewächse *(Violaceae)*. Veilchen und Stiefmütterchen *(Viola)*: Ackerveilchen, wildes St. *(V. arvensis)*.

44. *Caricaceae*. Melonenbaum *(Carica papaya)*.

45. *Begoniaceae*. Schiefblatt *(Begonia)*: Königsbegonie *(B. rex)*.

46. Teegewächse *(Theaceae)*. *Camellia*: Teestrauch *(C. sinensis, Thea sinensis)*.

47. Dickblattgewächse *(Crassulaceae)*. Hauswurz *(Sempervivum)*. — Fetthenne, Mauerpfeffer *(Sedum)*. — Dickblatt *(Crassula)*.

48. Steinbrechgewächse *(Saxifragaceae)*. Steinbrech *(Saxifraga)*.

49. *Podostemonaceae*.

50. Rosengewächse *(Rosaceae)*. Brombeere *(Rubus)*: Himbeere, *(R. idaeus)*. — Erdbeere *(Fragaria)*. — Silberwurz *(Dryas octopetala)*. — Rose *(Rosa)*: Wilde oder Heckenrosen — gefüllte oder Gartenrosen; z. B. Essigrose *(R. gallica)*; Zentifolie *(R. centifolia)*. — Birnbaum *(Pirus communis)*. — Apfelbaum *(Malus domestica)*. — *Sorbus*: Eberesche, Vogelbeerbaum *(S. aucuparia)*; Mehlbeerbaum *(S. aria)*. — Steinobst *(Prunus)*: Kirschlorbeer *(P. laurocerasus)*; Mandelbaum *(P. communis, amygdalus)*; Pfirsichbaum *(P. persica)*; Marillen-, Aprikosenbaum *(P. armeniaca)*; Weichsel-, Sauerkirschbaum *(P. cerasus)*; (Süß-)Kirschbaum *(P. avium)*; Schlehdorn, Schwarzdorn *(P. spinosa)*; Zwetschken-, Pflaumenbaum *(P. domestica)*; Reineclaude-, Ringlottenbaum *(P. italica)*; Steinweichsel *(P. mahaleb)*.

51. Hülsenfrüchtler *(Leguminosae)*: a) Mimosengewächse *(Mimosoideae)*. (Echte) Akazien, „Mimosen" *(Acacia)*. — (Echte) Mimose, Sinnpflanze *(Mimosa pudica)*. — b) Caesalpiniengewächse *(Caesalpinioideae)*. Johannisbrot- („Bockshörndl"-) Baum *(Ceratonia siliqua)*. — Judasbaum *(Cercis siliquastrum)*. — Schotenbaum, „Christusdorn" *(Gleditschia triacanthos)*. — Affenstiege, Schildkrötenleiter *(Bauhinia)*. — c) Schmetterlingsblütler *(Papilionoideae)*. Tragant *(Astragalus)*. — Robinie, (falsche) Akazie *(Robinia pseudacacia)*. — Wicke, *Vicia*: Pferdebohne, Saubohne, Ackerbohne *(V. faba)*. — Erbse *(Pisum)*. — Linse *(Lens culinaris, esculenta)*. — Bohne, Fisole *(Phaseolus)*; Feuerbohne *(Ph. coccineus)*. — Sojabohne *(Soja hispida)*. — (Echter) Klee *(Trifolium)*. — Schneckenklee *(Medicago)*; Luzerne *(M. sativa)*. — Hauhechel *(Ononis)*. — Lupine, Wolfsbohne *(Lupinus)*; Gelbe L. *(L. luteus)*. — Ginster *(Genista* u. a. Gattungen*)*. — Esparsette *(Onobrychis sativa, viciaefolia)*. — Erdnuß *(Arachis hypogaea)*.

52. Seidelbastgewächse *(Thymelaeaceae)*. *Daphne:* (gemeiner) Seidelbast *(D. mezereum)*; Steinröslein *(D. cneorum)*.

53. Ölweidengewächse *(Elaeagnaceae)*. Sanddorn *(Hippophaë rhamnoides)*. — Ölweide[1] *(Elaeagnus angustifolia)*.

54. *Rhizophoraceae*. Manglebaum *(Rhizophora)*.

55. Topffruchtbaumgewächse *(Lecythidaceae)*. Topffruchtbaum *(Lecythis)*. — Paranuß-Baum, brasilianischer Kastanienbaum *(Bertholletia excelsa)*.

56. *Combretaceae (Terminalia catappa)*.

57. Myrtengewächse *(Myrtaceae)*. Myrte *(Myrtus italica)*. — „Gummibaum“, gum tree *(Eucalyptus)*; Fieberheilbaum *(E. globulus)*; manche der meist australischen Arten von E. werden von den dortigen Ansiedlern mit Namen bezeichnet, die an die Verwendung des Holzes und der Rinde erinnern, die oft derjenigen anderer Holzgewächse ähnelt: „Eisenrindenbäume“, „Mahagonibäume“ usw.

58. *Melastomataceae*.

59. Nachtkerzengewächse *(Oenotheraceae)*. (Gemeines) Weidenröschen, Unholdenkraut *(Chamaenerion angustifolium, Epilobium angustifolium)*. — Nachtkerze *(Oenothera)*. — *Fuchsia*.

60. Tausendblattgewächse *(Halorrhagidaceae)*. Tausendblatt *(Myriophyllum)*.

61. *Gunneraceae (Gunnera)*.

62. Malvengewächse *(Malvaceae)*. Baumwollpflanze *(Gossypium)*. — Käsepappel *(Malva)*: mehrere Arten. — Rosen-Eibisch *(Hibiscus rosa sinensis)*.

63. Wollbaumgewächse *(Bombacaceae)*. Affenbrotbaum, Baobab *(Adansonia digitata)*. — Dickbauchbaum, Barrigudo *(Chorisia)*. — Kapokbaum, Wollbaum *(Ceiba pentandra, Eriodendron anfractuosum)*.

64. Lindengewächse *(Tiliaceae)*. Linde *(Tilia)*: Winter-, kleinblättrige L. *(T. cordata, parvifolia)*; Sommer-, großblättrige L. *(T. platyphyllos, grandifolia)*. — Jute-Pflanze *(Corchorus capsularis)*.

65. *Sterculiaceae*. Kakaobaum *(Theobroma cacao)*. — Flaschenbaum *(Brachychiton)*. — Kolanuß-Baum *(Cola vera u. a. Arten)*.

66. Leingewächse *(Linaceae)*. Lein, Flachs *(Linum usitatissimum)*.

67. Sauerkleegewächse *(Oxalidaceae)*. Sauerklee *(Oxalis)*.

68. Storchschnabelgewächse *(Geraniaceae)*. Storchschnabel *(Geranium)*. — Pelargonie, „Geranium“ *(Pelargonium)*; Gürtel-P. *(P. zonale)*; Schild-P. *(P. peltatum)*.

69. *Erythroxylaceae*. Koka, Kokain-Strauch *(Erythroxylon Coca)*.

69a. *Zygophyllaceae*. Kreosotstrauch *(Larrea mexicana)*.

70. *Rutaceae*. Agrume *(Citrus)*. Orange (Pomeranze, Bergamotte,

---

[1] In Mitteleuropa auch „Ölbaum“ [100] genannt.

Apfelsine, Pompelmus, Grape fruit) *(C. aurantium)*; Zitrone (Limone) *(C. medica)*; Mandarine *(C. nobilis)*.

71. **Bitterholzgewächse** *(Simarubaceae)*. Götterbaum *(Ailanthus altissima, glandulosa)*.

72. *Meliaceae*. Echter Mahagonibaum *(Swietenia mahagoni)*.

73. **Pistazien- oder Sumachgewächse** *(Anacardiaceae)*. Indischer Mango-Baum *(Mangifera indica)*. — Mastix-Pistazie *(Pistacia lentiscus)*.

74. **Ahorngewächse** *(Aceraceae)*. Ahorn *(Acer); Spitz-A. (A. platanoides)*; Berg-A. *(A. pseudoplatanus)*; Feld-A. *(A. campestre)*; Eschen-Ahorn *(Negundo aceroides, Acer negundo)*.

75. **Roßkastaniengewächse** *(Hippocastanaceae)*. *Aesculus*, Roßkastanie: Weißblühende R. *(A. hippocastanum)*; *A. Pavia*; rotblühende R. *(A. carnea, rubicunda)* (Bastard).

76. **Stechpalmengewächse** *(Aquifoliaceae)*. *Ilex*, Stechpalme, Hülse(n), engl. holly *(I. aquifolium)*; Maté-Baum, Paraguay-Tee *(I. paraguariensis)*.

77. *Icacinaceae*. Quellpflanze, Wasserrebe *(Phytocrene)*.

78. **Rebengewächse** *(Vitaceae)*. Weinstock *(Vitis)*; Wald-W. *(V. silvestris)*; edler W. *(V. vinifera)*. — Jungfernrebe *(Parthenocissus, Ampelopsis)*; Wilder Wein *(P. quinquefolia)*; „Vitis Veitchii"*(P. tricuspidata)*.

79. **Araliengewächse** *(Araliaceae)*. Efeu *(Hedera helix)*.

80. **Doldengewächse, Doldenpflanzen** *(Umbelliferae)*. *Azorella*. — Mannstreu, Donardistel *(Eryngium)*. — Koriander *(Coriandrum sativum)*. — Kümmel *(Carum carvi)*. — Dill *(Anethum graveolens)*. — Petersilie *(Petroselinum hortense, sativum)*. — Sellerie, Zeller *(Apium graveolens)*. — Wasserschierling *(Cicuta virosa)*.[1] — Engelwurz *(Angelica)*; Echte E., Erzengelwurz *(A. archangelica)*; quirlige E. *(A.[Tommasinia] verticillaris; A. ursina)*. „Steckenkraut" *(Ferrula communis)*. — (Gemeine) Bärenklau *(Heracleum sphondylium)*. — Gelbe Rübe, Möhre, Karotte *(Daucus carota)*.

81. **Bleiwurzgewächse** *(Plumbaginaceae)*. Igelpolster *(Acantholimon)*.

82. **Primelgewächse** *(Primulaceae)*. Schlüsselblume *(Primula)*; Stengellose Schl. *(P. vulgaris, acaulis)*; Frühlings-Schl., Himmelsschlüssel *(P. veris, officinalis)*; Aurikel *(P. auricula)*; haarige Schl. *(P. hirsuta)*; Gartenaurikel, Bastard dieser beiden Arten; „blauer Speik",[2] klebrige Schl. *(P. glutinosa)*. — Mannsschild *(Androsace, Aretia)*. — Zyklamen, Erdbrot, Erdscheibe, „Alpenveilchen" *(Cyclamen europaeum)*. — Pfennigkraut *(Lysimachia nummularia)*.

---

[1] Es gibt bei uns mehrere „Schierling" genannte Doldenpflanzen-Arten.
[2] Vgl. [103], [108] (Schafgarbe).

83. Heidegewächse *(Ericaceae)*. Andenrose *(Bejaria, Befaria)*. — *Rhododendron:* Alpenrose, Almrausch *(Rh. ferrugineum* und *hirsutum; Rh. ponticum)*; „Azalee" *(Rh. indicum)*. — Alpen-Azalee, Niederliegende Azalee, Gemsenheide *(Loiseleuria procumbens)*. — *Erica:* Frühlings-Heide *(E. carnea)*. — Heidekraut, Besenheide *(Calluna vulgaris)*. — *Vaccinium:* Preis(s)elbeere, Kronsbeere *(V. vitis idaea)*; Heidelbeere, Blaubeere, Schwarzbeere, Bickbeere *(V. myrtillus)*.

84. Ebenholzgewächse *(Ebenaceae)*. *Diospyros.*

85. Windengewächse *(Convolvulaceae)*. Süßkartoffel, Batate [vgl. 119] *(Ipomoea batatas);* Ziegenfußwinden *(I. Pes-caprae* und *brasiliensis)*. — Winde, Windling *(Convolvulus* und *Pharbitis)*. — Seide *(Cuscuta)*.[1]

86. Boretschgewächse, Rauhblättrige *(Bor(r)aginaceae)*. — Beinwurz *(Symphytum)*: Gemeine B. *(S. officinale)*. — Vergißmeinnicht *(Myosotis)*. — Ochsenzunge *(Anchusa officinalis)*. — Natter(n)kopf *(Echium)*.

87. Nachtschattengewächse *(Solanaceae)*. Tollkirsche *(Atropa belladonna)*. — Bilsenkraut *(Hyoscyamus niger)*. — Kartoffel, Erdapfel [vgl. 108, *Topinambur*], Grundbirne *(Solanum tuberosum)*. — Stechapfel *(Datura stramonium)*. — Tabak *(Nicotiana)*: Virginischer T. *(N. tabacum)*; Bauern-T. *(N. rustica)*. — *Petunia.*

88. Braunwurzgewächse *(Scrophulariaceae)*. Königskerze *(Verbascum)*. — Ehrenpreis *(Veronica)*. — Roter Fingerhut *(Digitalis purpurea)*. — Löwenmaul *(Antirrhinum)*. — Zimbelkraut, Judenbart *(Cymbalaria muralis)*. — Augentrost *(Euphrasia)*. — Schuppenwurz *(Lathraea squamaria)*.

89. Wasserschlauchgewächse *(Lentibulariaceae)*. Fettkraut *(Pinguicula)*. — Wasserschlauch *(Utricularia)*.

90. Sommerwurzgewächse *(Orobanchaceae)*. Sommerwurz *(Orobanche)*.

91. Bignoniengewächse *(Bignoniaceae)*. Kalebassenbaum [vgl. 105] *(Crescentia cujete)*.

92. *Pedaliaceae.* Sesam *(Sesamum indicum)*.

93. Eisenkrautgewächse *(Verbenaceae)*. Echter Teakbaum, Djati *(Tectona grandis)*.

94. Lippenblütler *(Labiatae)*. Rosmarin *(Rosmarinus officinalis)*. — Lavendel *(Lavandula)*. — Salbei *(Salvia)*: echter S. *(S. officinalis)*; klebriger S. *(S. glutinosa)*; Wiesen-S. *(S. pratensis)*. — *Thymus:* echter Thymian *(Th. vulgaris)*; Quendel *(Th. „serpyllum")*. —Minze *(Mentha)*.— Ysop *(Hyssopus officinalis)*. — Taubnessel *(Lamium)*: kleine T. *(L. purpureum)*.

---

[1] Wird auch als Vertreter einer eigenen Familie *(Cuscutaceae)* betrachtet.

95. **Wegerichgewächse** *(Plantaginaceae)*. Wegerich *(Plantago)*: mittlerer W. *(P. media)*; Spitz-W. *(P. lanceolata)*; großer W., *(P. major)*.

96. **Enziangewächse** *(Gentianaceae)*. Enzian *(Gentiana)*: gelber E. *(G. lutea)*; ungarischer E. *(G. pannonica)*; Schwalbenwurz-E. *(G. asclepiadea)*; stengelloser E. *(G. „acaulis“)*; Frühlings-E. *(G. verna)*.

97. *Menyanthaceae*. Sumpfblume, Sumpfrose, Seekanne *(Nymphoides peltata, Limnanthemum nymphoides)*.

98. **Hundsgiftgewächse** *(Apocynaceae)*. Oleander *(Nerium oleander)*. — *Adenium*. — Jasmin de India *(Plumiera)*.

99. **Seidenpflanzengewächse** *(Asclepiadaceae)*. Aasblume *(Stapelia)*.

100. **Ölbaumgewächse** *(Oleaceae)*. Esche *(Fraxinus)*: (gemeine) E. *(F. excelsior)*; Manna-E., Blumen-E. *(F. ornus)*. — (Spanischer) Flieder, blauer Holler *(Syringa vulgaris)*. — Rainweide, Liguster *(Ligustrum)*. — Ölbaum [vgl. 53], Olive *(Olea europaea)*.

101. **Krappgewächse** *(Rubiaceae)*. Chinarindenbaum *(Cinchona)*. — Kaffeebaum *(Coffea)*: „arabischer“ K. *(C. arabica)*; Liberia-K. *(C. liberica)*. — Waldmeister *(Asperula odorata)*. — Labkraut *(Galium)*: Wald-L. *(G. silvaticum)*.

102. **Geißblattgewächse** *(Caprifoliaceae)*. (Schwarzer) Hol(l)under, schwarzer Holler *(Sambucus nigra)*. — Heckenkirsche und Geißblatt *(Lonicera)*.

103. **Baldriangewächse** *(Valerianaceae)*. (Echter) Speik [vgl. 82, 108, Schafgarbe] *(Valeriana celtica)*. — Feldsalat, Vogerlsalat, Rapunzelsalat *(Valerianella)*.

104. **Kardengewächse** *(Dipsacaceae)*. Karde *(Dipsacus)*. — Skabiose *(Scabiosa* und *Knautia)*.

105. **Kürbisgewächse** *(Cucurbitaceae)* Wassermelone *(Citrullus vulgaris)*. — *Cucumis*: (Zucker-) Melone *(C. melo)*; Gurke *(C. sativus)*. — Kürbis *(Cucurbita)*. — Flaschenkürbis, „Kalebasse“ [vgl. 91] *(Lagenaria vulgaris)*.

106. **Glockenblumengewächse** *(Campanulaceae)*. Glockenblume, *(Campanula)*: Wiesen-G. *(C. patula)*; Aaronsrute *(C. pyramidalis)*.

107. **Lobeliengewächse** *(Lobeliaceae)*. Kerzenbäume *(Lobelia)*.

108. **Korbblütler** *(Compositae)*. Wasserdost *(Eupatorium cannabinum)*. — Goldrute *(Solidago)*: Spätblühende G. *(S. serotina)*; kanadische G. *(S. canadensis)*. — Sternblume, *(Aster)*; (die großköpfige „Garten-Aster“ gehört in eine andere Gattung). — Berufkraut *(Erigeron)*: Kanadisches B. *(E. canadensis)*; Weißes B., Feinstrahl *(E. annuus, Stenactis bellidiflora)*. — (Großköpfige) Garten-Aster *(Callistephus chinensis)*. — Gänseblümchen *(Bellis perennis)*. — Vegetable sheep (Pflanzen-Schaf) *(Haastia)*. — Immerschön *(Helichrysum)*: korsisches „Edelweiß“

(H. frigidum); „Edelweiß“ vom Kilimandscharo *(H. Hoehnelii, Newii und andere Arten)*. — (Alpen-) Edelweiß *(Leontopodium alpinum)*. — Elelescho *(Tarchonanthus camphoratus)*. — *Raoulia*. — Schlitzblättrige Rudbeckie *(Rudbeckia laciniata)*. — Sonnenblume *(Helianthus)*: (echte) S. *(H. annuus)*; Topinambur, Erdapfel (auch die Kartoffel — [87] — wird so genannt), Erdbirne *(H. tuberosus)*. — Dahlie, Georgine *(Dahlia variabilis)*. — *Zinnia*. — Frailejon (d. h. Riesenmönch) *(Espeletia grandiflora)*. — Samtblume, „türkische Nelke“ *(Tagetes)*. — Zypressenkraut *(Santolina chamaecyparissias)*. — Schafgarbe *(Achillea)*: „weißer Speik“ [vgl. 82, 103] *(A. Clavennae)*. — Hundskamille *(Anthemis)*. — (Echte) Kamille *(Matricaria chamomilla)*; strahllose K., „Eisenbahn-K.“ *(M. discoidea)*. — *Chrysanthemum*: Wucherblume, Orakelblume, Margerite, große Gänseblume *(Chr. leucanthemum)*; dalmatinische Insektenpulverpflanze *(Chr. cinerariaefolium)*; Chrysantheme *(Chr. morifolium, sinense, indicum)*. — Beifuß *(Artemisia)*: Wermut *(A. absinthium)*; Sagebrush *(A. tridentata)*. — Kreuzkraut „Gespensterbäume“ *(Senecio)*. — Pestwurz *(Petasites)*: gemeine P. *(P. hybridus, officinalis)*; weiße P. *(P. albus)*; schneeweiße P. *(P. niveus, paradoxus)*. — Huflattich *(Tussilago farfara)*. — Kugeldistel *(Echinops)*. — *Saussurea*. — Wetterdistel *(Carlina acaulis)*. — (Echte) Distel *(Carduus)*. — Kratzdistel *(Cirsium)*: Kohldistel, Wiesendistel *(C. oleraceum)*; Sumpf-K. *(C. palustre)*; Feld-K. *(C. arvense)*. — Flockenblume *(Centaurea)*: Kornblume *(C. cyanus)*. — Klette *(Arctium, Lappa)*. — Bocksbart *(Tragopogon)*. — (Echter) Löwenzahn *(Leontodon)*. — Kuhblume, Pfaffenröhrlein, „Löwenzahn“ *(Taraxacum)*. — Zichorie, Wegwarte *(Cichorium intybus)*.

2. Einkeimblättrige, Spitzkeimer *(Monocotyledones)*.

109. **Froschlöffelgewächse** *(Alismataceae)*. Gemeines Pfeilkraut *(Sagittaria sagittifolia)*. — Gemeiner Froschlöffel *(Alisma plantago)*.

110. **Froschbißgewächse** *(Hydrocharitaceae)*. Wasserschere, Wasseraloë *(Stratiotes aloides)*. — Wasserpest *(Helodea canadensis, Elodea.)*. — Einige „Seegräser“.

111. *Aponogetonaceae*. Gitterkraut, Siebblatt *(Aponogeton fenestralis, Ouvirandra f.)*.

112. **Laichkrautgewächse** *(Potamogetonaceae)*. Laichkraut *(Potamogeton)*. — Gemeines Seegras *(Zostera)*.

113. **Liliengewächse** *(Liliaceae)*. Herbstzeitlose *(Colchicum autumnale)*. — Germer *(Veratrum)*. — Affodill *(Asphodelus)*. — Steppenlilie *(Eremurus)*. — (Echte) Aloë *(Aloë* nebst *Gasteria* und *Haworthia)*. — Grasbaum *(Xanthorrhoea* und *Kingia)*. — Lauch *(Allium)*: Bärenlauch *(A. ursinum)*; Knoblauch *(A. sativum)*; Schnittlauch *(A. schoenoprasum)*; Zwiebel *(A. cepa* und *fistulosum)*. — Gelbstern *(Gagea)*. —

Lilie *(Lilium)*. — Tulpe *(Tulipa)*. — Blaustern *(Scilla)*. — Milchstern *(Ornithogalum)*. — Traubenhyazinthe *(Muscari)*. — Garten-Hyazinthe *(Hyacinthus orientalis)*. — Meerzwiebel *(Urginea maritima)*. — Palm-lilie *(Yucca)*. — *Dasylirion*. — Drachen(blut)Baum *(Dracaena)*: kanari-scher D. *(D. draco)*. — *Sansevier(i)a*. — Garten-Spargel *(Asparagus officinalis)*. — Weißwurz, Salomonssiegel *(Polygonatum)*: quirlblättrige W. *(P. verticillatum)*. — Einbeere *(Paris quadrifolia)*.

114. *P o n t e d e r i a c e a e*. Wasser-Hyazinthe *(Eichhornia crassipes)*.

115. Narzissengewächse *(Amaryllidaceae)*. Narzisse *(Narcissus)*: weiße N., Dichter-N. *(N. poeticus)*; gelbe N., Märzenbecher *(N. pseudo-narcissus)*. — Schneeglöckchen *(Galanthus nivalis)*. — Frühlings-Knoten-blume, großes Schneeglöckchen *(Leucoium vernum)*. — Agave: (hundert-jährige) „Aloë", Jahrhundertpflanze *(Agave americana)*; Sisal-Agave *(A. rigida)*.

116. Schwertliliengewächse *(Iridaceae)*. Safran *(Crocus)*: echter S. *(C. sativus)*; Frühlings-S. *(C. albiflorus)*. — Schwertlilie *(Iris)*. — Schwertel, Siegwurz *(Gladiolus)*.

117. Simsengewächse *(Juncaceae)*. Simse *(Juncus)*. — Hainsimse *(Luzula)*.

118. Ananasgewächse *(Bromeliaceae)*. Ananas *(Ananas sativus)*. — *Pourretia gigantea*. — *(Tillandsia)*: Louisiana-Moos, Greisenbart *(T. us-neoides)*.

119. *Dioscoreaceae*. Yams *(Dioscorea batatas* [vgl. 85] und andere Arten).

120. *Eriocaulaceae (Eriocaulon)*.

121. Rietgräser *(Cyperaceae)*. Papyrusstaude *(Cyperus papyrus)*. — Teichbinse *(Schoenoplectus lacustris, Scirpus l.)*. — Wollgras *(Eriophorum)*. — Segge *(Carex)*: Waldhaar, „Seegras", „Rasch" *(C. brizoides)*; steife S. *(C. elata, stricta)*.

122. (Echte) Gräser *(Gramineae)*. Bambusgräser *(Bambuseae)*. — Reis *(Oryza sativa)*. — Indianerreis, Wasserreis, Tuscarorareis *(Zizania aquatica)*. — *Triodia*. — Buntes Elfengras, Blaugras *(Sesleria varia, S. „coerulea")*. — Pampasgras *(Cortaderia Selloana, Gynerium argenteum)*. — Schilfrohr, Schilf, Rohr, Reit(h) *(Phragmites communis)*. — Pfahlrohr, italienisches Rohr *(Arundo donax)*. — Pfeifengras *(Molinia coerulea)*. — Zittergras *(Briza media)*. — Knäuelgras *(Dactylis glomerata)*. — (Eigent-liches) Rispengras *(Poa)*: einjähriges R. *(P. annua)*; Tussockgras *(P. flabellata)*. — Queller (siehe auch: Glasschmalz *[Salicornia* 23]), Salz-gras *(Atropis)*. — Schwingel *(Festuca)*. — Trespe *(Bromus)*: aufrechte T., *(B. erectus)*. — Korakan *(Eleusine coracana)*. — Hundszahngras, Ber-muda-Gras *(Cynodon dactylon)*. — Büffelgras *(Buchloë dactyloides)*. — Borstgras, Bürstling, Hirschhaar *(Nardus stricta)*. — Weizen *(Triticum)*: Einkorn *(T. monococcum)*; Em(m)er *(T. dicoccum)*; Spelz, Spelt, Dinkel

(T. spelta); gemeiner W. (Bart-W., Kolben-W.) *(T. vulgare)*. — Gerste *(Hordeum)*: zwei-, vier-, sechszeilige G. *(H. distichum, tetrastichum [H. vulgare], hexastichum)*; Mauer- oder Mäuse-G. *(H. murinum)*; Strandgerste, Blauer Helm *(H. arenarium, Elymus arenarius)*. — Korn[1] *(Secale cereale)*. — Gemeiner Lolch, englisches Raygras *(Lolium perenne)*. — Quecke *(Agropyrum repens)*. — *Aira antarctica*. — Gemeiner Hafer *(Avena sativa)*. — Glatthafer, französisches Raygras *(Arrhenatherum elatius)*. — Pfriemengras *(Stipa)*: Federgras, Frauenhaar (in Ungarn: Árvaleánghai, d. i. Waisenmädchenhaar) *(St. pennata)*; Haargras *(St. capillata)*; Esparto, Halfa *(St. tenacissima)*. — Reitgras *(Calamagrostis)*. — Sandrohr, Strandhafer, echer Helm *(Ammophila arenaria, Psamma a.)*. — Wiesen-Fuchsschwanz *(Alopecurus pratensis)*. — Wiesen-Lieschgras, Timotheusgras *(Phleum pratense)*. — Bandgras *(Phalaris arundinacea, Typhoides a., Baldingera a., Digraphis a.)*. — (Echte) Hirse, Rispenhirse, Brein *(Panicum miliaceum)*. — Kolbenhirse, Vogelhirse *(Setaria italica)*; eine Varietät: Mohár, var. *moharia*. — *Pennisetum*: Negerhirse, Duchn. *(P. americanum, typhoideum)*; Elefantengras, Marianka-Gras *(P. Benthamii)*. — Mohrenhirse, Durra *(Sorghum vulgare)*. — Zuckerrohr *(Saccharum)*: Echtes Z. *(S. officinarum)*; Wildes Z. *(S. spontaneum)*. — Alang-alang, Silbergras *(Imperata arundinacea, cylindrica)*. — *Vossia procera*. — Mais, Kukuruz, Welschkorn, türkischer Weizen, „Türken" *(Zea mays)*.

123. **Bananengewächse** *(Musaceae)*. Banane, Pisang *(Musa)*: (Eigentliche) B. *(M. paradisiaca, sapientum)*; chinesische B. *(M. Cavendishii)*; Manila-Hanf *(M. textilis)*; abessinische B. *(M. ensete)*. — „Baum der Reisenden" *(Ravenala madagascariensis)*.

124. **Blumenrohrgewächse** *(Cannaceae)*. Blumenrohr *(Canna indica)*.

125. **Orchideen** *(Orchidaceae)*. Knabenkraut *(Orchis)*. — Nestwurz *(Neottia)*. — *Grammatophyllum*. — Vanille *(Vanilla planifolia)*.

126. **Palmen** *(Palmae)*. Dattelpalme *(Phoenix)*: echte D. *(Ph. dactylifera)*; kanarische D. *(Ph. canariensis, Jubae)*. — Europäische Zwergpalme *(Chamaerops humilis)*. — „Chinesische Zwergpalme", Hanfpalme *(Trachycarpus excelsa, „Chamaerops excelsa")*. — Rohrpalme, Steckenpalme *(Rhapis flabelliformis)*. — Schirmpalme, Talipot-Palme *(Corypha umbraculifera)*. — Brasilianische Wachspalme, Carnauba-Palme *(Copernicia cerifera)*. — Südkalifornische Wüstenpalme *(Washingtonia filifera, Pritchardia filifera)*. — Dum-Palme *(Hyphaene thebaica)*. — Deleb-Palme, Palmyra-Palme *(Borassus flabelliformis)*. — Echte Sagopalme (s. auch [6]) *(Metroxylon)*. — (Altweltliche) Kletter-

---

[1] Der Bauer versteht unter „Korn" meist die am häufigsten gebaute Getreideart des Gebietes.

palmen, Rotang *(Calamus)*. — *Chamaedorea*. — Königspalme *(Oreodoxa regia)*. — Betelnuß-Palme *(Areca catechu)*. — Assai-Palme *(Euterpe)*. — Ölpalme *(Elaeis guineensis)*. — Kokospalme *(Cocos nucifera)*. — (Neuweltliche) Kletterpalme *(Desmoncus)*. — Steinnuß-Palme *(Phytelephas)*: großfrüchtige St. *(Ph. macrocarpa)*; kleinfrüchtige St. *(Ph. microcarpa)*. — Nipa-Palme *(Nipa fruticans)*.

127. **Arongewächse** *(Araceae)*. *Pothos*. — *Monstera deliciosa*, „*Philodendron pertusum*". — Aninga *(Montrichardia arborescens)*. — Taro *(Colocasia antiquorum, esculenta)*. — Aron(s)stab *(Arum maculatum)*. — *Pistia stratiotes*.

128. **Wasserlinsengewächse** *(Lemnaceae)*. Wasserlinse, Entengrütze *(Lemna)*.

129. **Schraubenbaumgewächse** *(Pandanaceae)*. Schraubenbaum, Schraubenpalme *(Pandanus)*.

130. **Rohrkolbengewächse** *(Typhaceae)*. Rohrkolben, Lieschkolben *(Typha)*.